高等职业教育制冷与空调专业教材

制冷技术

主　编／狄春红

副主编／李改莲　刘瑞新

主　审／邵长波

西南交通大学出版社

·成　都·

内容简介

本书参照制冷工国家职业标准编写而成，内容包括制冷剂、载冷剂、蓄冷剂与润滑油，单级蒸气压缩式制冷循环，多级蒸气压缩式制冷循环，复叠式制冷循环，溴化锂吸收式制冷循环，热泵原理，蓄冷和蓄热系统，以及蒸气喷射式制冷、吸附式制冷、涡流管制冷、热电制冷、空气膨胀制冷等制冷方法。

本书可作为高等职业院校、成人高校制冷及相关专业教材，也可作为五年制高职、中职相关专业教材及制冷工从业人员的参考书和培训用书。

图书在版编目（CIP）数据

制冷技术／狄春红主编. —成都：西南交通大学出版社，2016.8

高等职业教育制冷与空调专业教材

ISBN 978-7-5643-4877-9

Ⅰ. ①制… Ⅱ. ①狄… Ⅲ. ①制冷技术－高等职业教育－教材 Ⅳ. ①TB66

中国版本图书馆 CIP 数据核字（2016）第 184899 号

高等职业教育制冷与空调专业教材

制冷技术

主编　狄春红

责任编辑　李　伟

特邀编辑　欧阳柳

封面设计　墨创文化

出版发行　西南交通大学出版社（四川省成都市二环路北一段 111 号 西南交通大学创新大厦 21 楼）

发行部电话　028-87600564　028-87600533

邮政编码　610031

网　址　http://www.xnjdcbs.com

印　刷　成都中铁二局永经堂印务有限责任公司

成品尺寸　185 mm × 260 mm

印　张　12.75

字　数　319 千

版　次　2016 年 8 月第 1 版

印　次　2016 年 8 月第 1 次

书　号　ISBN 978-7-5643-4877-9

定　价　36.00 元

课件咨询电话：028-87600533

前　言

为满足制冷与空调相关专业课程教学的需求，编者结合我国制冷空调行业发展现状及相关职业技术岗位的要求，本着“必需、够用”的原则，选取与制冷技术理论相关的内容进行编写。

全书共 8 个学习情境，内容包括制冷剂、载冷剂、蓄冷剂与润滑油，单级蒸气压缩式制冷循环，多级蒸气压缩式制冷循环，复叠式制冷循环，溴化锂吸收式制冷循环，热泵原理，蓄冷和蓄热系统，以及蒸气喷射式制冷、吸附式制冷、涡流管制冷、热电制冷、空气膨胀制冷等制冷方法。此外，本书每一个学习情境都增加了相应的实际应用案例，以供读者参考。

为检验学生学习效果、引导学生自学，本书每一个学习情境后面配有思考与练习题，且有部分习题要求学生到制冷设备所在商场、企事业单位冷库及中央空调现场完成。

全书由辽宁阜新高等专科学校狄春红副教授担任主编，由山东商业职业技术学院邵长波副教授担任主审。其中，狄春红编写学习情境一、二、三、六、七、八及附录部分，郑州轻工业学院李改莲副教授编写学习情境四，山东日照市机电工程学校刘瑞新讲师编写学习情境五。全书由狄春红统稿。

由于编写人员水平有限，书中不足之处在所难免，恳请广大读者批评指正。

编　者

2016 年 6 月

目　录

学习情境一 制冷剂、载冷剂、蓄冷剂与润滑油

制冷剂、载冷剂、蓄冷剂都是制冷系统中的工作介质。其中，制冷剂是制冷系统完成制冷循环所必需的工作介质；载冷剂是间接制冷系统中的传热介质；蓄冷剂是既能储存冷量又能释放冷量的介质。

制冷机用的润滑油又称“冷冻机油”，要求其在制冷系统的最低运行温度下仍能流动，以保证制冷机运动的良好润滑，减少零件的磨损，延长零件的使用寿命。

模块一 制冷剂的发展史

19 世纪中期出现了机械制冷。雅各布·帕金斯（Jacob Perkins）在 1834 年建造了世界上首台实用机器。该机器用乙醚作制冷剂，是一种蒸气压缩系统。二氧化碳（CO_2）和氨（NH_3）分别在 1866 年和 1873 年首次被用作制冷剂。其他化学制品包括化学氰（石油醚和石脑油）、二氧化硫（R764）和甲醚，曾被作为蒸气压缩用制冷剂，其应用限于工业过程。多数食物仍用冬天收集或工业制备的冰块来保存。

20 世纪初，制冷系统开始作为大型建筑的空气调节手段。位于德克萨斯圣安东尼奥的梅兰大厦是第一个全空调高层办公楼。

1926 年，托马斯·米奇尼（Thomas Midgely）开发了首台 CFC（氯氟碳）机器，使用 R12. CFC 族（氯氟碳）制冷剂，该制冷剂不可燃、无毒（和二氧化硫相比）并且能效高。该机器于 1931 年开始商业生产并很快进入家用。威利斯·开利（Willis Carrier）开发了第一台商用离心式制冷机，开创了制冷和空调的纪元。

20 世纪 30 年代，一系列卤代烃制冷剂相继出现，杜邦公司将其命名为氟利昂（Freon）。这些物质性能优良、无毒、不燃，能适应不同的温度区域，显著地改善了制冷机的性能。之后，有几种制冷剂在空调中普遍被应用，包括 CFC-11、CFC-12、CFC-113、CFC-114 和 HCFC-22。

20 世纪 50 年代，开始使用共沸制冷剂。

20 世纪 60 年代，开始使用非共沸制冷剂。

空调工业从“幼小”成长为几十亿美元的产业，使用的都是以上几种制冷剂。到 1963 年，这些制冷剂产量占到整个有机氟工业产量的 98%。

到 20 世纪 70 年代中期，臭氧层变薄的问题越来越受到关注，CFC 族物质的大量使用要承担部分责任。1987 年，蒙特利尔议定书要求淘汰 CFC 和 HCFC 族制冷剂。新的解决方案是开发 HFC 族制冷剂，来担当制冷剂的主要角色。HCFC 族制冷剂作为过渡方案继续使用并将逐渐被淘汰。

20世纪90年代，全球变暖对地球生命构成了新的威胁。虽然全球变暖的因素很多，但因为空调、冷柜制冷能耗巨大（约占美国建筑物总能耗的1/3），且许多制冷剂本身就是温室气体，因此制冷剂被列入了讨论范围。

模块二　制冷剂分类与命名

中国国家标准（GB/T 7778—2008）规定了制冷剂编号方法和安全性分类。规定编号方法是用英文单词“制冷剂”（Refrigerant）的首写字母“R”作为制冷剂的代号，在“R”后用规定的数字及字母来表示制冷剂的种类和化学构成。具体命名如下：

一、无机化合物类制冷剂

无机化合物类制冷剂是最早被采用的一类制冷剂，主要有水（H_2O）、氨（NH_3）、二氧化碳（CO_2）等。无机化合物类制冷剂的代号由字母R和700序号组成。700序号中的后两个数字表示该化合物的相对分子质量。当有两种或多种无机制冷剂具有相同的相对分子质量时，可用A、B、C等字母予以区别。例如，H_2O、NH_3、CO_2、N_2O的相对分子质量分别为18、17、44、44，对应符号表示为R718、R717、R744、R744A。

二、卤代烃类制冷剂

氟利昂是烷烃的卤族元素衍生物，即用氟、氯、溴元素部分或全部取代烷烃中的氢而生成的化合物，故称为卤代烃或氟氯烷。氟利昂的分子通式为$C_mH_nF_pCl_qBr_r$，其中m、n、p、q、r分别是构成该种氟利昂制冷剂的C、H、F、Cl、Br元素的原子个数，满足关系式$2m+2=n+p+q+r$。编号原则：用字母R和随后的数字（m−1）（n+1）（p）B（r）组成。在编号中：

（1）如果r=0，则B可省略。

（2）对于甲烷系列，R后面用两个数字表示，如氯二氟甲烷$CHClF_2$，$m-1=0$，$n+1=2$，$p=2$，$r=0$，命名为R22。

（3）当乙烷系列有异构体时，每一种都具有相同的编号。但为了区别其分子之间的结构，最对称的一种只用编号，其他结构后加a、b、c等字母以示区别。如三氯三氟乙烷CCl_2FCClF_2，命名为R113；CCl_3CF_3命名为R113a。

（4）当丙烷系列有异构体时，每一种异构体有相同的编号，编号后用两个小写字母来区分其不对称性。

常用氟利昂制冷剂的命名详见表1-1（GB/T 7788—2008《制冷剂编号方法和安全性分类》）。

表 1-1　常用氟利昂制冷剂的命名

制冷剂代号	化学名称	化学分子式	制冷剂代号	化学名称	化学分子式
R11	三氯氟甲烷	CCl_3F	R12	二氯二氟甲烷	CCl_2F_2
R13	氯三氟甲烷	$CClF_3$	R20	三氯甲烷	$CHCl_3$
R22	氯二氟甲烷	$CHClF_2$	R30	二氯甲烷	CH_2Cl_2
R40	氯甲烷	CH_3Cl	R111	五氯氟乙烷	CCl_3CCl_2F
R113	1，1，2—三氯—1，2，2 三氟乙烷	CCl_2FCClF_2	R113a	1，1，1—三氯—2，2，2 三氟乙烷	CCl_3CF_3
R123	2，2—二氯—1，1，1—三氟乙烷	$CHCl_2CF_3$	R134a	1，1，1，2—四氟乙烷	CH_2FCF_3
R150a	1，1—二氯乙烷	CH_3CHCl_2	R152a	1，1—二氟乙烷	CH_3CHF_2

三、饱和碳氢化合物制冷剂

饱和碳氢化合物制冷剂的命名也按氟利昂的命名方法进行，但丁烷写成 R600，其具体命名见表 1-2。

表 1-2　饱和碳氢化合物制冷剂的命名

制冷剂代号	化学名称	化学分子式	制冷剂代号	化学名称	化学分子式
R50	甲烷	CH_4	R600a	异丁烷	$CH(CH_3)_3$
R170	乙烷	CH_3CH_3	R600	丁烷	$CH_3CH_2CH_2CH_3$
R290	丙烷	$CH_3CH_2CH_3$			

四、不饱和碳氢化合物及其卤族元素衍生物类制冷剂

烯烃属于不饱和碳氢化合物，分子通式为 C_mH_{2m}。

编号原则：在 R 后先加数字 1，再按氟利昂编号规则编写，其具体命名见表 1-3。

表 1-3　不饱和碳氢化合物及其卤族元素衍生物类制冷剂的命名

制冷剂代号	化学名称	化学分子式	制冷剂代号	化学名称	化学分子式
R1112a	1，1—二氯—2，2 二氟乙烯	$CCl_2=CF_2$	R1114	四氟乙烯	$CF_2=CF_2$
R1113	1—氯—1，2，2 三氟乙烯	$CClF=CF_2$	R1120	三氯乙烯	$CHCl=CCl_2$
R1130	1，2—二氯乙烯	$CHCl=CHCl$	R1132a	1，1—二氟乙烯	$CH_2=CF_2$
R1140	氯乙烯	$CH_2=CHCl$	R1141	氟乙烯	$CH_2=CHF$

五、共沸混合物制冷剂

共沸混合物制冷剂是指两种或两种以上互溶的单组分制冷剂在常温下按一定的质量比或容积比相互混合而成的制冷剂。共沸混合物制冷剂有一个共同沸点，在该点处，蒸气成分与

溶液成分相同，在一定压力下，液体蒸发成气体时沸腾温度不发生变化。

在一定压力下，共沸混合物制冷剂标准沸腾温度比组成它的各种单组分制冷剂的标准沸腾温度都低。因此，在相同的工作温度条件下，采用共沸混合物制冷剂的制冷压缩机具有压力比小、压缩终温低、单位容积制冷量大等优点。

已经商品化的共沸混合物制冷剂的命名是在 R 后的 500 序号中按开发的顺序编写，其具体命名见表 1-4。

表 1-4 共沸混合物制冷剂的命名

制冷剂代号	组 分	混合质量比	制冷剂代号	组 分	混合质量比
R500	R12/R152a	73.8/26.2	R501	R22/R12	75/25
R502	R22/R115	48.8/51.2	R503	R23/R13	40.1/59.9
R504	R32/R115	48.2/51.8	R505	R12/R31	78.0/22.0
R506	R31/R114	55.1/44.9	R507A	R125/R143a	50.0/50.0
R508A	R23/R116	39/61	R508B	R23/R116	46/54
R509A	R22/R218	44/56			

六、非共沸混合物制冷剂

非共沸混合物制冷剂是指由两种或两种以上相互不形成共沸溶液的单组分制冷剂混合而成的制冷剂。在溶液被加热时，在一定的蒸发压力下易挥发的组分蒸气比例大，难挥发的组分蒸气比例小，形成气、液相的组分不相同。已经商品化的非共沸混合物制冷剂是在 R 后的 400 序号中顺次编写。

七、环状有机化合物类制冷剂

环状有机化合物类制冷剂在 R 后先加字母 C，再按氟利昂编号规则编写，其具体命名见表 1-5。

表 1-5 环状有机化合物类制冷剂的命名

制冷剂代号	化学名称	化学分子式
RC316	1，2—二氯—1，2，3，3，4，4—六氟环丁烷	$C_4CL_2F_6$
RC317	氯七氟环丁烷	C_4CLF_7
RC318	八氟环丁烷	C_4F_8

八、有机化合物类制冷剂

有机化合物类制冷剂主要包括有机氧化物、有机硫化物、有机氮化物。有机化合物类制冷剂的命名是在 R 后的 600 序号中编写，6 后 1 代表氧化物、2 代表硫化物、3 代表氮化物，第三位编号任选，其具体命名见表 1-6。

表 1-6　有机化合物类制冷剂的命名

制冷剂代号	化学名称	化学分子式	制冷剂代号	化学名称	化学分子式
R610	乙醚	$C_2H_5OC_2H_5$	R630	甲胺	CH_3NH_2
R611	甲酸甲酯	$HCOOCH_3$	R631	乙胺	$C_2H_5NH_2$

以上分类方法是按制冷剂的化学种类来划分的。如果根据标准蒸发温度的高低和 30 °C 时冷凝压力的大小，又可将制冷剂分为高温低压、中温中压、低温高压制冷剂，见表 1-7。

表 1-7　制冷剂的分类

类　别	制冷剂	冷凝压力 /MPa	标准蒸发温度 /°C	使用范围
高温低压制冷剂	R11、R21、R113、R114	<0.3	>0	空调、热泵
中温中压制冷剂	R717、R12、R22、R134a、R502	0.3 ~ 2	−60 ~ 0	制冰、冷藏
低温高压制冷剂	R13、R14、R23、R503	>2	≤−60	复叠式制冷装置的低温部分

模块三　制冷剂的选择要求

一、制冷剂的选择

制冷剂的性质将直接影响制冷机的种类、构造、尺寸和运行特性，同时也会影响制冷循环的形式、设备结构及经济技术性能，因此，合理选择制冷剂很重要。通常对制冷剂的性能要求从热力学方面、物理化学方面、安全性方面、全球环境影响方面和经济性方面等加以考虑。

1. 热力学方面的要求

（1）沸点要低，可获得较低的蒸发温度。同时，沸点低的制冷剂具有较高的蒸气压力。

（2）临界温度要高，凝固温度要低，以保证制冷剂在较广的温度范围内安全工作。临界温度高的制冷剂在常温条件下能够液化，即可用普通冷却介质使制冷剂冷凝，同时能使制冷剂在远离临界点下节流而减少损失，提高循环的性能。凝固温度低，可使制冷剂在达到较低蒸发温度时不发生凝结现象。

（3）制冷剂具有适宜的工作压力。要求制冷剂的蒸发压力接近或略高于大气压力，避免制冷系统低压部位出现真空而增大空气渗入系统的机会。要求冷凝压力不能过高，低的冷凝压力可降低制冷设备、管道的强度和施工要求，减少制冷系统的建设投资和制冷剂向外泄漏的可能性。要求冷凝压力与蒸发压力的压力比（p_k/p_0）和压力差（p_k-p_0）小。这样不仅可降低制冷机的排气温度，减少压缩耗功，同时也可提高制冷机的输气性能，减少制冷系统的压缩级数，改善制冷机运行机构的受力，从而使制冷设备结构紧凑、简化，运行平稳、安全。

（4）制冷剂的汽化潜热大。制冷系统在得到相同的产冷量 Q_0 时，可减少制冷剂的循环量；同时，也可减少制冷机、设备的投资，降低运行能耗，提高制冷效率。

（5）对于大型制冷系统，要求制冷剂的单位容积制冷量 q_v 尽可能大。在产冷量一定时，可减少制冷剂的循环量，缩小制冷机的尺寸和管道的直径。但对于小型制冷系统，要求单位容积制冷量 q_v 小，可适当增大制冷剂的通道截面，减小流动阻力。

（6）制冷剂的等熵指数 κ 小时，可使压缩耗功减少，排气温度降低，改善运行性能并简化系统设计。

（7）对于离心式制冷压缩机，应采用相对分子质量适中的制冷剂。因为相对分子质量大，可增大每一级的升压比，在系统的压力比（p_k/p_0）一定时，可减少压缩级数。另外，大多数物质在沸点下汽化时，其摩尔熵增相似，因此标准沸点相近的制冷剂，相对分子质量大时，汽化热小。

（8）热导率高，可提高换热设备的表面传热系数，减少换热设备的换热面积。

2. 物理化学方面的要求

（1）制冷剂的黏度要小，以减少制冷剂在系统中的流动阻力，缩小制冷系统管道的直径，降低金属的消耗量。黏度小也可提高制冷剂的传热性能。

（2）制冷剂的纯度要高，所选用的制冷剂应无不溶性杂质、无污物、无不凝性气体、无水。要求制冷剂具有一定的吸水性，当制冷剂中渗进极少的水分时，虽会导致蒸发温度升高，但不会导致在低温下产生冰塞而影响制冷系统的正常工作。

（3）制冷剂的热化学稳定性要好，在高温下不易分解。制冷剂与油、水相混合时，对金属材料不应有明显的腐蚀作用。对制冷机密封材料的膨润作用也要尽可能小。

（4）制冷剂的溶油性表现为完全溶解、微溶解和完全不溶解。当制冷剂与润滑油完全溶解时，能为机件润滑创造良好条件，在冷凝器等换热器的换热面上不易形成油膜，传热效果较好；但会使制冷剂的蒸发温度升高，低温下的润滑油黏度降低，还会使制冷剂沸腾时泡沫增多，蒸发器中的液面不稳定以及运行时制冷机的耗油增大，系统回油不易。当制冷剂与润滑油完全不溶时，对制冷系统的蒸发温度影响较小，但在换热器换热表面易形成油膜而影响换热。微溶解于油的制冷剂的优缺点介于两者之间。

（5）理解制冷剂与润滑油的互溶性，有利于掌握制冷系统的运行特性。一般可认为 R717、R13、R14 等是不溶于油的制冷剂，R22、R114 等是微溶于油的制冷剂，R11、R12、R21、R113 等是完全溶于油的制冷剂。同时，制冷剂与润滑油的互溶性，除了与制冷剂的种类有关外，还与温度、压力、润滑油的成分有关。

（6）在半封闭和全封闭式制冷机中，压缩机的电动机线圈与制冷剂、润滑油直接接触，不仅要求制冷剂具有良好的电绝缘性，同时也要求制冷剂对线圈绝缘材料的腐蚀作用尽可能小。制冷剂的电绝缘性可用电击穿强度、介电常数、电导率 3 项指标来表示。其中，电击穿强度的大小对全封闭和半封闭式制冷机的影响最大。同时还应注意的是，即使是介电常数高的制冷剂，若含有微量杂质和灰尘，也会使其绝缘电阻明显下降，使半封闭、全封闭式制冷机的绝缘性降低。

3. 安全性方面的要求

（1）要求制冷剂在工作温度范围内不燃烧、不爆炸。必须使用某些易燃、易爆制冷剂时，一定要有防火、防爆的安全措施。

（2）要求所选择的制冷剂无毒或低毒，相对安全性好。

（3）由于某些制冷剂带有一定的毒性和危害性，要求所选择的制冷剂应具有易检漏的特点，以确保运行安全。

（4）如果泄漏的制冷剂与食品接触，要求制冷剂不会导致食品变色、变味，不会污染及损伤食品组织。空调用制冷剂应对人体的健康无损害，无刺激性气味。

4. 全球环境影响方面的要求

（1）存在于大气层中的时间要短。

（2）消耗臭氧层潜值 ODP（Ozone Depletion Potential）要小。

氟利昂除了作为制冷剂大量用于电冰箱和空调器等制冷设备之外，还有两种用途：一是作为隔热材料的发泡剂，在电冰箱隔热层发泡和预制泡沫塑料板生产中使用；二是在卫生杀虫和化妆品生产中用作气雾罐的抛射剂。因此，全世界的氟利昂用量非常大。消耗的氟利昂排入大气后聚集在大气上层，会使臭氧层遭到破坏。

臭氧（O_3）是大气中具有微腥臭的浅蓝色气体，主要集中在离地面 15 ~ 60 km 的平流层内，科学家称此为臭氧层。它是地球上生命的保护伞，阻挡了 99% 的紫外线辐射，使地球生物免遭紫外线的伤害。臭氧浓度每降低 1%，太阳紫外线的辐射就增加 2%，皮肤癌的患者会增加 7%，白内障患者增加 0.6%。紫外线还会破坏植物的光合作用和受粉能力，最终降低农业产量。

1997 年，美国南极科考队在南极上空发现了臭氧层空洞。此后，科学家进一步查明，这种臭氧层空洞是由于地球上空臭氧层消减所造成的，出现空洞的原因主要有两种：一是自然因素，太阳黑子爆炸产生的带电质子轰击臭氧层，使臭氧分解，加上气流的上升运动使南极上空的臭氧浓度降低；二是人为因素，制冷剂、发泡剂、灭火剂、消毒剂等向大气中排放了氟利昂，氟利昂在太阳紫外线的照射下会分解出氯原子，氯原子会夺取臭氧分子中的一个原子而使臭氧变成普通氧。科学家们发现臭氧层在遭到破坏以后，呼吁国际社会为拯救地球臭氧层而限制和禁止使用氟利昂中的某些品种。

1974 年，美国莫利纳（M. J. Molina）和罗兰（F. S. Rowland）教授在自然杂志上发表论文，指出全世界大量生产和使用的 CFC 类物质，由于其化学稳定性好，不易在大气对流层中分解，而通过大气环流进入臭氧层，在短波紫外线的照射下，分解出 Cl 的自由基，参与对臭氧层的消耗。

下面分析以 CFC12（R12）为例的 Cl 自由基消耗臭氧的过程。CF_2Cl_2 分子在强紫外线的照射下，分子开始破裂，释放出 Cl 的自由基，它与臭氧分子发生反应，产生氧分子 O_2 和 ClO，ClO 再去夺取一个氧原子 O，生成 Cl 和 O_2，其中 Cl 再去与 O_3 反应，由于进行连锁反应，一个 Cl 可以消耗 10 万个臭氧分子，造成对臭氧层的严重破坏。CF_2Cl_2 消耗臭氧的反应式如下：

$$CF_2Cl_2 \rightarrow CF_2Cl + Cl$$

$$Cl + O_3 \rightarrow ClO + O_2$$

在以上化学反应中，Cl 只起催化作用，而自身并不消耗。含有氯、溴或类似的另一种原子都能参与 O_3 变 O_2 的化学反应。

含有氯或溴原子的氟利昂对大气臭氧层有潜在的消耗能力，为了描述对臭氧的消耗特征和强度分布，通常使用 ODP（Ozone Depletion Potential）值表示消耗臭氧层潜值，它以 R11（CFC11）作为基准，其值被人为地定为 1.0。

（3）全球变暖潜值 GWP（Global Warming Potential）要小。

地球大气层中能吸收地面反射的太阳辐射能，并重新发出辐射的一些气体称为“温室气体”，如水蒸气、二氧化碳、甲烷、臭氧和大部分的制冷剂等。它们的作用是使地球表面变暖，类似于玻璃温室截留太阳辐射能，并加热温室内空气的作用。这种由温室气体使地球表面变得更温暖的现象称为“温室效应”。过量的温室气体排放到大气层后会增强地球表面的温室效应，影响了气温和降雨量，导致气候暖和，海平面升高。因此，为了保护地球的环境，有关国际公约也规定了对温室气体排放量的限制，这也涉及某些制冷剂要被限量或禁用。

这类制冷剂的全球变暖潜值 GWP 的取值，以前用二氧化碳作为基准，人为规定二氧化碳的 GWP=1.0，后来选用 R11（CFC11）作为基准。

GWP 虽然反映了温室气体进入大气后所造成的全球变暖效应，但它却不能反映由于这些气体而导致化石燃料能源消耗而引起的二氧化碳排放量增加所带来的间接全球变暖效应。考虑到这一因素，人们提出用“总等效温室效应”（Total Equivalent Warming Impact，TEWI）来描述温室气体的全球变暖效应。它包括两部分：一部分是直接温室效应，指温室气体的排放、泄漏及系统维修和报废时进入大气后产生的影响；另一部分是间接温室效应，它是指以制冷剂为主的温室气体的装置因能耗（电能和化石燃料燃烧的热能）引起二氧化碳排放所带来的温室效应。由于 TEWI 的影响因素复杂，因此目前还不能给出某一温室气体的 TEWI 值。

从上述分析可以看出，R11、R12 不仅 ODP 值很高，而且 GWP 值也很高，对环保很不利，因此要被禁止使用。作为替代 R12 的 R134a，虽然 ODP=0，但仍有较高的 GWP 值，会引起全球变暖效应。而 R600a、R717 和 R290 等自然制冷剂，既不破坏臭氧层，又不使全球变暖，是完全环保的制冷剂。

（4）无光雾反应，对大气、水源及土壤等影响要小。

（5）总等效温室效应 TEWI 值要小。为了降低 TEWI 值，可以从以下几方面着手：

① 采用 GWP 值低的制冷剂；

② 力求减少制冷系统的泄漏；

③ 降低制冷系统的制冷剂充注量；

④ 在制冷装置维修或废弃时提高制冷剂的回收率；

⑤ 提高制冷系统的 COP 值，以降低能耗。

5. 经济方面的要求

（1）要求制冷剂的生产工艺简单，以降低制冷剂的生产成本。

（2）价廉、易得。

当然，完全满足上述要求的制冷剂是不存在的。各种制冷剂总是在某些方面有其长处，在另一些方面又有不足。使用要求、机器容量和使用条件的不同，对制冷剂性质要求的侧重面就不同，应把握主要要求选择相应的制冷剂。一旦选定制冷剂后，由于其本身性质，又反过来要求制冷系统在流程、结构设计及运行操作等方面与之相适应。这些都必须在充分掌握制冷剂性质的基础上恰当地加以处理。

最早较全面地进行 CFCs 替代物研究的是美国国家标准与技术研究院（简称 NIST）的麦克林顿（McLinden）等人。他们从制冷剂的基本要求出发，对 860 种纯物质用计算机进行全面筛选，结果发现较有前途的替代物仍然是氟利昂家族中的 HFCs，从而提出用 R134a 替代

R12，用 R123 替代 R11。由于 HCFCs 最终也要被禁止使用，因此，R123 只能作为过渡性的替代物。

由于 R134a 对温室效应仍有较大影响，欧洲特别是德国、丹麦等国的一些科学家提出用自然物质作为替代物，如 NH_3、CO_2、碳氢化合物等。这些物质环境特性优良，被称为自然制冷剂。

总之，到目前为止还没有找到一种完全可用于替代的理想制冷剂，各种研究仍在努力地进行中。

二、制冷剂的使用注意事项

制冷剂属于化学制品，在一般温度下呈气体状态。有些制冷剂还有可燃性、毒性、爆炸性，所以在保管、使用、运输中必须注意安全，防止造成人身伤害和财产损失。制冷剂在保管和使用时应注意以下几点：

（1）盛放制冷剂的钢瓶必须经过检验，确保能承受规定的压力。

（2）各种制冷剂的钢瓶外应标有明显的品名、数量、质量卡片，以防错用。

（3）制冷剂钢瓶应放在阴凉处，应避免高热和太阳直晒。在搬动和使用时应轻拿轻放，禁止敲击，以防爆炸。

（4）保存制冷剂时，钢瓶阀门处不应有慢性泄漏现象，否则会使制冷剂泄漏和污染环境。

（5）分装或充灌制冷剂时，室内空气必须畅通，禁止在室内泄漏有毒的气体。如果发生严重泄漏，应立即设法通风，防止中毒。

（6）分装和充灌制冷剂时，要戴手套、眼镜，以防制冷剂喷出造成人身冻伤。

（7）制冷剂使用后，应立即关闭控制阀，重新装上钢瓶帽盖或铁罩。

（8）在检修系统时，如果需要从系统中将制冷剂抽出，在压入钢瓶时，钢瓶应得到充分的冷却，并严格控制注入钢瓶的制冷剂质量，绝不能装满，一般按钢瓶容积装 60%左右为宜，使其在常温下有一定的膨胀余量，避免发生意外事故。

模块四　常用制冷剂性质

一、氨

R717 为氨，化学式为 NH_3，属于无机化合物类制冷剂，是目前应用较广的中温制冷剂之一。氨有较好的热力学性质和热物理性质。

氨在标准状态下是无色气体，标准大气压下的沸点为−33.4 °C，临界压力为 11.28 MPa，临界温度为 132.4 °C，凝固温度为−77.70 °C，在常温和普通低温范围内压力适中，单位容积制冷量大，黏性小，流动阻力小，传热性能好，价格低廉，对大气臭氧层无破坏作用，因而广泛用于蒸发温度为−65 °C 以上的大中型活塞式、螺杆式制冷压缩机中。

氨的主要缺点是对人体有较大的毒性。氨蒸气无色，具有强烈的刺激性臭味。它可以刺激人的眼睛及呼吸器官。当氨液飞溅到人的皮肤上时，会引起肿胀甚至冻伤，应以大量的清水冲洗并及时治疗。当氨蒸气在空气中的含量（体积分数，后同）达到 0.5%以上时，人在其中停留 30 min 即会中毒。

氨易燃烧和爆炸，当空气中氨的含量达到 16% ~ 25%时可引起爆炸；含量达到 11% ~ 14%时即可点燃，燃烧时呈黄色火焰。因此，车间工作区内氨蒸气的量不得超过 0.02 mg/L。车间内必须设置通风换气装置。若制冷系统中含有较多的空气，也会引起制冷装置爆炸。因此，氨制冷系统中应设有空气分离器，及时排出系统中的空气及其他不凝性气体。

氨对钢铁不起腐蚀作用，但含有水分时对锌、铜和铜合金（除磷青铜外）有腐蚀作用。因此，在氨制冷系统中不使用铜和铜合金材料，只有连杆衬套、密封环等零部件才允许使用高锡磷青铜。

二、氟利昂

1. R12

R12 的分子式为 CCl_2F_2，化学名称为二氯二氟甲烷，它的沸点为-29.8 °C，凝固点为-155 °C，压力适中，广泛应用于冷藏、空调及低温设备，可制取-70 °C 以上的低温。

R12 无色，气味很弱，有芳香气味，当它在空气中的含量达 20%时，人才会闻到。R12 毒性小、不燃烧、不爆炸，但当温度达到 400 °C 以上时，与明火接触会分解出有剧毒的光气。

R12 的单位容积制冷量小、密度大、流动阻力大、热导率小，因此，应用于制冷装置时要增加换热设备的换热面积。

水在 R12 中的溶解度很小，且随温度的降低而减小，在低温状态下水易析出而形成冰堵。因此，R12 系统内必须严格控制含水量。

R12 对一般金属没有腐蚀作用，但能腐蚀镁及含镁量（质量分数）超过 2% 的铝镁合金。R12 对天然橡胶及塑料有膨润作用，故密封材料应用耐腐蚀的丁腈橡胶或氯醇橡胶。在封闭式压缩机中，电动机线圈导线要用耐氟绝缘漆，电动机采用 B 级或 E 级绝缘。

R12 的渗透性极强，易通过机器设备接合面的不严密处、铸件中的小孔及螺纹接合处泄漏，所以，要求铸件质量高，机器的密封性良好。

近年来，发现 R12 对大气臭氧层有严重的破坏作用，并引起温室效应，危及人类的生存环境，属于首先要被替代的制冷剂。其 ODP 值为 1.0，GWP 值为 3.0，这限制了 R12 的长期使用。根据目前的研究，最有可能替代 R12 的物质是 R134a 和 R152a，还有一些混合物，如 R134a/R152a、R22/R152a、R22/R142b、R22/R124 和 R22/R152a /R124 等。

2. R22

R22 的分子式为 $CHClF_2$，化学名称为氯二氟甲烷。它是较常用的中温制冷剂，其沸点为-40.8 °C，凝固点为-160 °C。在相同的蒸发压力和冷凝压力下，R22 的饱和蒸气压力比 R12 约大 65%。其单位容积制冷量稍低于氨，但比 R12 大得多。压缩终温介于氨与 R12 之间，能制取的最低蒸发温度为-80 °C。它广泛应用于冷藏、空调及低温设备中。

R22 无色、无味、不燃烧、不爆炸，毒性比 R12 略大，但仍属于安全的制冷剂。R22 的含水量仍限制在 0.0025%以内。为防止制冷系统冰堵，需装设干燥器。

R22 的化学性质不如 R12 稳定，对有机物的膨润作用更强。密封材料可采用氯乙醇橡胶。封闭式制冷压缩机中的电动机线圈可采用 QF 改性缩醛漆包线（E 级）或 QZY 聚酯亚胺漆包线。

R22 对金属的作用与 R12 相同，比 R12 有更强的渗透性和泄漏性。

R22 对大气臭氧层有微弱的破坏作用，属于过渡性替代制冷剂。其 ODP 值为 0.05，GWP 值约为 0.35。混合物制冷剂 R23/R152a 有可能替代 R22，它是典型的非共沸混合物，两个组分均为无氯卤代烃（HFC）类物质。

3. R134a

R134a 的分子式为 CH_2FCF_3，化学名称为 1，1，1，2—四氟乙烷。它属于中温制冷剂，沸点为-26.2 °C，凝固点为-101 °C，热力学性质与 R12 接近，不燃烧、不爆炸，但遇明火或高温时会分解出有毒和刺激性物质，现被广泛应用于汽车空调、电冰箱及部分离心式制冷压缩机中。R134a 被认为是最有可能代替 R12 的制冷剂，其 ODP 值为 0，GWP 值为 0.24 ~ 0.29。

R134a 与金属有良好的相容性，与铜、铁和铅等金属材料不发生作用。R134a 中不含氯原子，与现有的矿物性润滑油的相溶性差。研究表明，R134a 能与聚烯烃乙二醇和聚酯类等润滑油相溶。R134a 的渗漏性强，对密封材料要求高，丁腈橡胶和氟化橡胶由于吸收 R134a 后发生膨胀裂变，一般可采用聚丁腈橡胶、三聚乙丙橡胶或氯丁橡胶等。另外，还应增加封闭式制冷压缩机电动机线圈的绝缘等级。

R134a 合成工艺复杂，目前生产成本较高。

4. R11

R11 的化学分子式为 CCl_3F，化学名称为三氯氟甲烷。它是高温低压制冷剂，临界温度为 198 °C，凝固点为-111 °C，标准沸点为 23.82 °C。R11 分子量大，单位容积制冷量小，常使用于空调用离心式制冷压缩机或热泵装置中。

R11 的传热性能与 R22 相似，黏性比 R12 大，R11 分子中有 3 个氯原子，与明火接触时更易放出光气，毒性比 R12 大。R11 的溶水性、溶油性与 R12 相近，对金属的腐蚀性与 R12 相似。

常温常压下，R11 以液态存在，除夏季外，可用普通密闭容器贮运，但需防尘、防水。

R11 是一种 CFC 类氟利昂，ODP 值较大，也是首先被限制使用的制冷剂之一。

5. R13

R13 的化学分子式是 $CClF_3$，化学名称为氯三氟甲烷。它是低温高压制冷剂，临界温度为 28.8 °C，凝固点为-181 °C，标准沸点为-81.4 °C。

R13 蒸气比容小，单位容积制冷量大，临界温度低，所以 R13 不宜使用普通冷却水和空气作为冷却介质。R13 一般用于-110 ~ -70 °C 复叠式制冷装置的低温部分。

R13 毒性比 R12 小，不燃烧、不爆炸。R13 对润滑油不溶解，溶水性与 R12 相近。

6. R114

R114 的化学分子式为 $C_2Cl_2F_4$，化学名称是二氯四氟乙烷。它是乙烷衍生物，属于高温低压制冷剂，其临界温度为 145.7 °C，凝固点为-94 °C，标准沸点为 3.8 °C。R114 的分子量大，常用于离心式制冷压缩机中。R114 的毒性和溶水性与 R12 相近；传热性、流动性比 R12 差；溶油性与 R22 相似。R114 遇明火会分解出有毒的光气。

R114 在温熵图中的饱和液体与干饱和蒸气线向同一个方向倾斜，干饱和蒸气经等熵压缩后会进入湿饱和蒸气区，造成制冷机湿冲程，因此 R114 制冷系统必须采用回热循环。

7. R152a

R152a 的化学分子式为 CH_3CHF_2，化学名称为 1,1—二氟乙烷。它是中温中压制冷剂，临界温度为 113.5 °C，凝固点为-117 °C，标准沸点为-25 °C，无毒。R152a 属于 HFCs 物质，ODP、GWP 值较小。R152a 具有比 R12 和 R134a 高的能效比和单位容积制冷量。但当蒸发压力较低时，制冷机的负荷有所变化，会导致制冷机效率有所下降。就其热力性能而言，可用于替代 R12。R152a 与现有的润滑油能较好地相溶，且 R152a 合成工艺简单，售价低。

R152a 具有可燃性，在空气中的爆炸极限为 4%～17%，所以作为纯工质使用方案时受到国际上大多数专家的否认。为改变这一缺陷，现正研究将 R152a 与其他制冷剂进行一定的组合配比，如 R22/R152a、R22/R152a/R124 等，在保持 R152a 的高制冷性能的前提下，来抑制 R152a 的可燃性。

8. R123

R123 的化学分子式为 $CHCl_2CF_3$，化学名称为 2,2—二氯 1,1,1—三氟乙烷。它是高温低压制冷剂，其热物性接近于 R11，化学稳定性明显优于 R11，对全球环境影响比 R11 低，当前被看作可替代 R11 而使用于离心式制冷压缩机中，但仍属于过渡性替代物质。

R123 的溶油性与 R11 相近，汽化潜热较小，液体比热较大，黏度较大，在蒸发器与冷凝器中传热系数有所下降，在改用 R123 后，为维持与 R11 相同的制冷量，必须相应增大换热面积。

R123 可用于蒸发压力较低的工况。采用 R123 后，机组制冷量略有下降，但与 R11 相近。研究表明，R123 的毒性略大。

三、混合制冷剂

混合制冷剂是由两种或两种以上的单组分制冷剂按一定的比例混合而成。混合制冷剂按其混合后特性分成共沸溶液制冷剂和非共沸溶液制冷剂。

1. 共沸溶液制冷剂（R502）

共沸溶液制冷剂与单组分制冷剂一样，在一定压力下具有恒定的饱和温度和恒定的气、液相组分。共沸溶液制冷剂具有下列特点：

① 在一定的蒸发压力下，具有恒定的蒸发温度，并且比组成它的单组分制冷剂的蒸发温度低。

② 由于共沸溶液制冷剂的标准沸点低，工作时蒸发压力高，比容小，所以共沸溶液制冷剂的单位容积制冷量一般比组成它的单组分制冷剂的单位容积制冷量大。

③ 采用共沸溶液制冷剂可使制冷压缩机的排气温度降低，这一特性对封闭式制冷压缩机

来说尤为重要。

④ 共沸溶液制冷剂的化学稳定性较各组分制冷剂要好。

⑤ 在封闭式制冷机中采用共沸溶液制冷剂，可使电机得到更好的冷却，电机绕组温升减小。

R502 是常用的共沸混合物制冷剂之一，是由 R22/R115 按质量比 48.8/51.2 混合而成的共沸混合物制冷剂，其平均相对分子质量为 112，沸点为-45.4 °C，是性能良好的中温制冷剂，可代替 R22 用于获得低温。当在相同的吸气温度和压比下使用 R502 时，压缩机的排气温度比使用 R22 时低 10 ~ 25 °C。

R502 的溶水性比 R12 大 1.5 倍，在 82 °C 以上与矿物油有较好的溶解性；低于 82 °C 时，对矿物油的溶解性差，油将与 R502 分层。

由于 R502 构成组分中含有大量的 R115，因此，它的 ODP 值较高，在发达国家已经被禁止使用。

R507 是由 R125/R143a 按质量比 50/50 混合而成的共沸混合物制冷剂，其平均相对分子质量为 98.9，沸点为-46.7 °C，与 R502 的沸点非常接近。它是一种新的制冷剂，是作为 R502 的替代物提出来的，其 ODP 值为 0。相同工况下，它的制冷系数比 R502 略低，单位容积制冷量比 R502 略高，压缩机排气温度比 R502 略低，冷凝压力比 R502 略高，压比略高于 R502。它不溶于矿物油，但能溶于聚酯类润滑油。凡是使用 R502 的场合，都可以用 R507 来替代。

2. 非共沸溶液制冷剂（R407C、R410A）

非共沸溶液制冷剂在定压汽化与冷凝时，汽化、液化温度不恒定；气相与液相的组成成分也不同。

非共沸溶液制冷剂的特点如下：

（1）非共沸溶液制冷剂相变过程中不等温，所以更适宜于变温热源。在变温热源间工作时，可缩小传热温差，减少传热不可逆耗散损失，提高循环效率。

（2）与组成它的单一组分制冷剂相比，非共沸溶液制冷剂可增大制冷机的制冷量。

（3）降低了变温热源中工作的制冷循环压力比，使单级压缩制冷循环能获得更低的蒸发温度。

（4）在恒定热源下工作时，非共沸溶液制冷剂循环制冷系数要比采用共沸溶液制冷剂或单组分制冷剂循环制冷系数小。

R407C 是一种三元非共沸混合物制冷剂，它是作为 R22 的替代物而提出来的。在压力为标准大气压时，其泡点（在一定压力下，混合液体开始沸腾，即开始有气泡产生时的温度称为泡点）为-43.8 °C，露点为-36.7 °C，与 R22 的沸点较接近。与其他 HFC 制冷剂一样，R407C 不能与矿物油互溶，但能溶解于聚酯类合成润滑油。研究表明，在空调工况时，R407C 的单位容积制冷量以及制冷系数比 R22 略低（约 5%）。因此，将 R22 的空调系统换成 R407C 的空调系统时，只要将润滑油和制冷剂改换就可以了，而不需要更换制冷压缩机，这是 R407C 作为 R22 替代物的最大优点。但在低温工况下，虽然其制冷系数比 R22 低得不多，但它的单位容积制冷量比 R22 要低 20%。

R410A 是一种两元混合物制冷剂，它也是作为 R22 的替代物提出来的。虽然在一定的温度下它的饱和蒸气压比 R22 和 R407C 均要高一些，但它的其他性能优于 R407C。它具有与共沸混合物制冷剂类似的优点，它的单位容积制冷量在低温工况时比 R22 要高约 60%，制冷系数比 R22 高约 5%。在空调工况时，其容积制冷量和制冷系数均与 R22 差不多。与 R407C 相比，尤其是在低温工况下，使用 R410A 的制冷系统具有更小的体积（单位容积制冷量大）、更高的能量利用率。但在 R22 的制冷系统里，R410A 不能直接用来替换 R22，在使用 R410A 时要用专门的制冷压缩机，而不能用 R22 的制冷压缩机。

四、天然制冷剂

1. 水

水也是一种常用的制冷剂，它的代号是 R718。水作为制冷剂具有很多优点，如无毒、无味、不燃、不爆、来源广，高温下具有热稳定性和化学稳定性、高 COP、热导率大、易获得，是安全而便宜的制冷剂。

水的标准沸点为 100 °C，冰点为 0 °C，因此用水作制冷剂所能达到的低温仅限于 0 °C 以上。水蒸气的比容很大，水的正常蒸发温度较高，蒸发压力又很低，使系统处于高真空状态（如 35 °C 时，饱和水蒸气的比体积为 25 m^3/kg，压力为 5.63 kPa；5 °C 时，饱和水蒸气的比体积大到 147 m^3/kg，压力仅为 0.87 kPa），即需要在亚大气压下运行，且压缩机的气缸体积必须很大。由于这两个特点，水不宜在压缩式制冷机中使用，只适合在吸收式和蒸发喷射式冷水机组中作制冷剂。另外，对于水，还需解决润滑问题。

2. 空气

空气在很久以前就被用于飞机上的制冷。尽管其 COP 值很低，但由于特殊的运行情况和严格的规范使它仍然有使用价值。由于空气在普通的制冷运行工况下不会发生相变，它作为制冷剂的技术完全不同于其他工质，由于 COP 值低，能量消耗中的 TEWI 比例会很高，所以能否忍受它的高 TEWI，有待进一步研究。

3. 二氧化碳

二氧化碳是一种古老的制冷工质，又是一种新兴的自然工质。干冰是固体二氧化碳的俗称。干冰的三相点参数为：三相点温度为-56.6 °C，三相点压力为 520 kPa。因此，在大气压下，二氧化碳为固态或气态，不存在液态。干冰在大气压力下的升华热为 573.6 kJ/kg，升华温度为-78.5 °C。

19 世纪 80 年代至 20 世纪 30 年代，二氧化碳作为制冷剂被广泛应用于制冷空调系统中，与氨制冷剂一样，是当时最为常用的制冷工质。卤代烃类制冷剂被广泛应用后，二氧化碳迅速被取代。作为一种已经使用过且已证明对环境无害的制冷工质，近几年二氧化碳又一次引起了人们的重视。在几种常用的自然工质中，可以说二氧化碳最具竞争力，在可燃性和毒性有严格限制的场合，二氧化碳是最理想的自然工质。

二氧化碳作为制冷工质有许多独特的优势：从对环境的影响来看，除水和空气以外，二氧化碳是与环境最为友善的制冷工质。除此以外，二氧化碳还具有下列特点：

（1）良好的安全性和化学稳定性。二氧化碳安全无毒，不可燃，适应各种润滑油、常用机械零部件材料，即便在高温下也不产生有害气体。

（2）具有与制冷循环和设备相适应的热物理性质，单位容积制冷量相当高，运动黏度低。

（3）优良的流动和传热特性，可显著减小压缩机与系统的尺寸，使整个系统非常紧凑，而且运行维护也比较简单，具有良好的经济性能。

（4）二氧化碳制冷循环的压缩比要比常规工质制冷循环低，压缩机的容积效率可维持在较高的水平。二氧化碳由于临界温度较低，所以用于夏季制冷工况时，宜采用跨临界循环的方式，排热过程在超临界工况下进行。相对于二氧化碳跨临界循环的运行工况，二氧化碳在超临界状态下具有优越的流动传热性能，用于排热的气体冷却器的结构可更为紧凑。由于工质的放热过程在超临界区进行，整个放热过程没有相变现象的产生。压缩机的排气温度较高（可达到 100 °C 以上），并且放热过程为变温过程，有较大的温度滑移。这种温度滑移可以被用于与所需的变温热源相匹配。作为热回收和热泵系统时，通过调整压缩机的排气压力可得到所需要的热源温度，并且具有较高的放热效率。对于二氧化碳跨临界循环，当蒸发温度一定时，循环效率主要受气体冷却器出口温度和排气压力的影响。当气体冷却器出口温度保持不变时，随着高压侧压力的变化，循环系统的 COP 存在最大值，对应于该点的压力，称为最优高压侧压力。就典型工况而言，最优压力一般为 10 MPa 左右。二氧化碳作为制冷工质的主要缺点是，运行压力较高和循环效率较低。理论分析和实验研究证明，二氧化碳单级压缩跨临界循环的 COP 要低于 R22、R134a 等传统工质的循环效率。

二氧化碳作为制冷工质可以应用于制冷空调系统的大部分领域，就目前发展现状而言，在汽车空调、热泵和复叠式循环等领域应用前景良好。二氧化碳跨临界循环由于排热温度高、气体冷却器的换热性能好，因此比较适合汽车空调这种恶劣的工作环境。除此以外，二氧化碳系统在热泵方面的特殊优越性，可以给车厢提供足够热量。二氧化碳跨临界循环气体冷却器所具有的较高排气温度和较大的温度滑移与冷却介质的温升过程相匹配，使其在热泵循环方面具有独特的优势。通过调整循环的排气压力，可使气体冷却器的排热过程较好地适应外部热源的温度和温升需要。用于热泵系统时可使被加热流体的温升从 15 ~ 20 °C 增至 30 ~ 40 °C，甚至更高，因而可较好地满足采暖、空调和生活热水的加热要求。二氧化碳作为制冷剂的另一个较有前途的应用方式就是在复叠式制冷系统中用作低温级制冷剂。与其他低压制冷剂相比，即使处在低温，二氧化碳的黏度也非常小，传热性能良好。与 NH_3 两级压缩系统相比，低温级采用二氧化碳，其压缩机体积可减小到原来的 1/10，二氧化碳环路可达到-45 ~ -50 °C 的低温，而且通过干冰粉末作用可降低到-80 °C。

二氧化碳作为制冷剂可以追溯到 20 世纪初。CO_2 无毒，比较安全，所以曾在船用冷藏装置中也延续应用了 50 年之久，直到 1955 年才被氟利昂制冷剂所取代。现在由于 CO_2 对环境无害，它作为制冷剂可以减少其在大气中的排放量，会对环境产生积极影响；而且它是许多能量转换的副产品，可以很便宜地获得，所以它也重新成为可选用的替代制冷剂。目前，二氧化碳-碳氢化合物的混合物被推荐为可能的制冷剂。其中 CO_2 有助于降低碳氢化合物的可燃性。

常温下，CO_2 是一种无色、无味的气体，其相对分子质量为 44.01，临界压力为 7.372 MPa，临界温度为 31.1 °C，临界比体积为 0.002 14 m^3/kg，比热容为 0.833 kJ/(kg · K)，三相温度为 216 K，三相点压力为 416 kPa。CO_2 的热物理性可详见国际理论与应用化学专业委员会（IUPAC）所属的物理化学分会于 1976 出版的关于 CO_2 物理性计算的专著。

目前，车用空调普遍使用的制冷剂为 R134a，而二氧化碳是其最佳的替代品，德国宝马、奥迪和日本丰田公司均准备将二氧化碳作为新一代制冷剂。试验表明，二氧化碳空调工作效率与 R134a 没有任何区别，而且空调可以做得更紧凑。但 CO_2 在使用温度下的压力比较高（常温下冷凝压力高达 8 MPa），为此，系统需要增加一台压缩机；还需增加一台换热器，否则室外气温高于 30 °C 时便无法正常工作，这会使机器设备极为笨重。

4. 碳氢化合物

碳氢化合物制冷剂的共同特点是：凝固点低，与水不起反应，不腐蚀金属，溶油性好。由于它们是石油化工流程中的产物，故易于获得、价格便宜。其共同缺点是燃爆性很强。因此，它们主要用作石油化工制冷装置中的制冷剂。石油化工生产中具有严格的防火防爆安全措施，制冷剂又是取自流程本身的产物，其相宜性是显而易见的。用碳氢化合物作制冷剂的制冷系统，低压侧必须保持正压，否则一旦有空气渗入，便有爆炸的危险。

（1）R600a。

R600a 的分子式为 $CH(CH_3)_3$，化学名称为 2—甲基丙烷（异丁烷），是常用的碳氢化合物制冷剂。其沸点为-11.73 °C，凝固点为-160 °C，曾在 1920—1930 年作为小型制冷装置的制冷剂，后由于可燃性等原因，被氟利昂制冷剂所取代。在人们发现 CFCs 制冷剂会破坏大气臭氧层后，作为自然制冷剂的 R600a 又重新得到重视。尽管 R134a 在许多方面表现出作为 R12 替代制冷剂的优越性，但它仍具有较高的 GWP 值，因此，许多人提倡在制冷温度较低的场合（如电冰箱）用 R600a 作为 R12 的永久替代物。

R600a 的临界压力比 R12 低，临界温度及临界比体积均比 R12 高，其标准沸点高于 R12 的标准沸点约 18 °C，饱和蒸气压力比 R12 低。在一般情况下，R600a 的压力比要高于 R12，单位容积制冷量要小于 R12。为了使制冷系统能达到与 R12 相近的制冷能力，应选用排气量较大的制冷压缩机。但它的排气温度比 R12 低，后者对压缩机工作更有利。两者的黏性相差不大。

R600a 的毒性非常低，但在空气中可燃，因此安全类别为 A3，在使用 R600a 的场合要注意防火防爆。当制冷温度较低（低于-11.7 °C）时，制冷系统的低压侧处于负压状态，外界空气有可能泄漏进去。因此，使用 R600a 作为制冷剂的系统，其电器绝缘要求较一般系统要高，以免产生电火花引起爆炸。

R600a 与矿物油能很好地互溶，不需要价格昂贵的合成润滑油。

除可燃性外，R600a 与其他物质的化学相溶性很好，而与水的溶解性很差，这对制冷系统很有利。但为了防止“冰堵”现象，制冷剂允许含水量较低，对除水要求相对较高。此外，R600a 的检漏不能用传统的检漏仪，而应该用专门适合于 R600a 的检漏仪。

（2）R290。

R290 即丙烷，其分子式为 $CH_3CH_2CH_3$，属于碳氢制冷剂，具有优良的热力学性能，价格低廉，而且 R290 与普通润滑油和机械结构材料具有兼容性，ODP=0，GWP 值很小，不需要合成，不改变自然界碳氢化合物的含量，对温室效应没有直接影响，实属当今最环保的制冷剂。从环保的角度来讲，全世界几乎所有国家对 R290 制冷剂在新制冷设备上的初装，以及售后维修过程中的使用均没有限制。

R290 的单位容积制冷量较大，很适合小型回转式压缩机。R290 的主要物理性质与 R22 极其相近，可采用 R22 系统，不需要对原机和生产线进行改造，直接灌装 R290 即可，属于直接替代物。由于 R290 易燃，通常只用于充液量较少的低温制冷设备中，或者作为低温混配冷媒的一种组分。

R290 作制冷剂的不利之处就是它具有可燃性，制冷系统的压缩机、冷凝器、蒸发器、管路等部件可能会造成工质的泄漏，而温控器、压缩机继电器、照明灯、融霜按钮等电子元器件都可能是点燃源。所以，电冰箱中的 R290 最大充灌量应控制在 150 g 左右。为了保证安全运行，应将制冷系统和控制元件分别设置在不同的空间内；在压缩机内设置保护器和阻燃继电器；加强系统局部通风，避免浓度聚集，经常用气体传感器检测容易泄漏的地方。R290 制冷系统应是封闭的，并且在充灌制冷剂之前应进行严格的检漏。

部分制冷剂的一般使用范围见表 1-8。

表 1-8 部分制冷剂的一般使用范围

制冷剂	使用范围		
	温度/℃	制冷剂形式	特点和用途
R717	-60 ~ 10	活塞式、回转式、离心式	压力适中，用于制冰、冷藏、化学工业及其他工业，由于有毒，人多的地方最好不用
R11、R123	-5 ~ 10	离心式	沸点较高（23.7 °C），无毒、不燃烧，用于大型空调及其他工业
R12、R134a、R152a	-60 ~ 10	活塞式、回转式、离心式	压力适中，压缩终温低。化学性能稳定，无毒，用于冷藏、空调、化学工业及其他工业，从家用冰箱到大型离心式制冷剂都可用它作为制冷工质
R13、R14	-90 ~ -60 -120 ~ -60	活塞式、离心式	沸点低，临界温度低，低温下蒸气比体积小，无毒，不燃烧，用于低温化学工业和低温研究，可用作复叠式制冷机的低温部分
R21	-20 ~ 10	活塞式、离心式、回转式	即使在 70 °C，冷凝压力也不高，用于空调、化学工业小型制冷剂，特别适用于高温车间、起重机控制室的风冷式降温设备
R22	-80 ~ 0	活塞式、离心式、回转式	压力和制冷能力与 R717 相当，排气温度比 R12 高，广泛用于冷藏、空调、化学工业及其他工业
R113	0 ~ 10	离心式	相对分子质量大，运输和储存方便(可装在铁桶中)，主要用于小型空调离心式制冷机中
R114、R142b	-20 ~ 10	离心式、回转式、活塞式	沸点为 3.6 °C，比 R21 低，介于 R12 和 R11 之间，主要用于小型制冷机，当用作高温车间或起重机控制室的风冷式降温设备时，其电器性能比 R21 优越
R500	-60 ~ 10	活塞式、离心式	是氟利昂的共沸混合物，无毒，不燃烧，制冷能力比 R12 高，用于空调、冷藏
R502	-8 ~ 0	活塞式、离心式	是氟利昂的共沸混合物，热力学特性比 R12 好，压力和制冷能力与 R22 相当，电气性能和 R12 一样优良，排气温度比 R22 低，无毒，不燃烧，是一种良好的制冷剂，特别适用于密封式制冷机
R50	<-60	活塞式、离心式	可燃烧，有爆炸危险，用于低温化学和低温研究，可用作复叠式制冷机的低温部分
R503	-90 ~ -70	活塞式	用于低温制冷和低温研究，可用作复叠式制冷机低温部分的工质
R290、R1270	-60 ~ -40	活塞式、离心式	可燃烧，有爆炸危险，用于低温化学和低温研究

五、禁用制冷剂 CFC

1. 禁用制冷剂 CFC

由于 CFC 是含氯的氟利昂，对大气的臭氧层有严重的破坏作用，因此 CFC 被列为禁用的制冷剂，并于 2010 年停止使用。从旧的制冷系统中回收的 CFC 可用于部分制冷设备的添加，其数量将大大减少。不久，这类制冷剂将从市场上消失。与 CFC 相关的制冷剂有 R11、R12、R13、R113、R114、R115、R500、R502、R13B1 等。

2. 过渡制冷剂 HCFC

这类制冷剂也含氯原子，但分子结构中部分氯原子已被氢原子替代，对大气臭氧层的破坏作用较弱，目前还允许使用，最终也将于 2040 年停止使用。这类制冷剂的代表是 R22，以及以 R23 为基础的混合制冷剂，其品种有 R22、R401、R402、R403、R408、R409 等。

3. 替代制冷剂 HFC

这是一类不含氯的制冷剂，对环境无害，如 R134a、R404A、R407A/B/C 和 R507 等。目前，R134a 已替代 R12 用于制冷设备中。使用时应注意的问题是润滑，它们与润滑油不相溶。

4. 自然制冷剂

与人工合成的制冷剂相比，这类制冷剂在自然界也存在，它们不破坏臭氧层，对环境也无害。其缺点是可燃、有毒、液化压力高等，因而使用受到一定的限制。这类制冷剂包括 R717（氨）、R290（丙烷）、R600（丁烷）等。这类制冷剂在一定的安全规程下可以使用。其中氨早已用作制冷剂，今后的应用范围还会扩大。R290 和 R600 已成功地用在电冰箱等制冷设备中，并取得了节能的效果。

模块五　载冷剂

一、载冷剂与载冷剂循环

载冷剂又称冷媒，它是将制冷系统产生的冷量传递给被冷却物体的中间介质，这种中间介质在制冷工程中也称为第二制冷剂。载冷剂在蒸发器中被制冷剂冷却后，送到冷却设备中，吸收被冷却物体或环境的热量，再返回蒸发器被制冷剂重新冷却，如此不断地循环，以达到连续制冷的目的。采用载冷剂的制冷系统，被称为间接式制冷系统，如图 1-1 所示。

二、载冷剂的选择要求和方法

（1）载冷剂是依靠显热来运载热量的，所以要求载冷剂在工作温度下处于液体状态，不发生相变。要求载冷剂的凝固温度至少比制冷剂的蒸发温度低 5 ~ 8 °C，沸点比制冷系统所能达到的最高温度高。

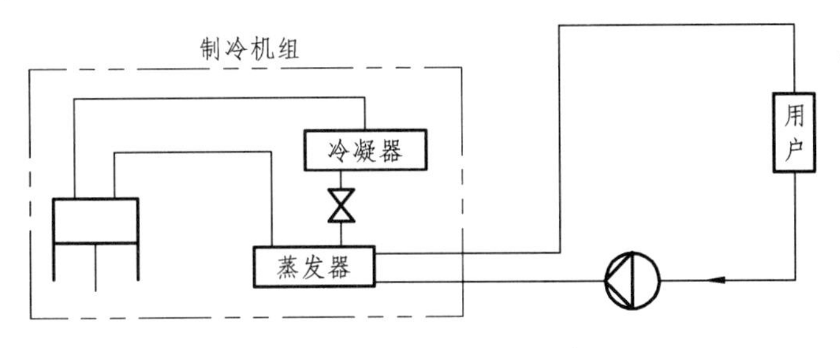

图 1-1　间接式制冷系统

（2）比热容要大，在传递一定热量时，可使载冷剂的循环量减少，使输送载冷剂的泵耗功减少，管道的耗材量减少，从而提高循环的经济性。

（3）热导率要大，可增加传热效果，减少换热设备的传热面积。

（4）密度要小，黏度要小，以减少流动阻力和输送泵功率。

（5）化学性能要求稳定，载冷剂在工作温度内不分解；不与空气中的氧化合，不改变其物理化学性能；不燃烧，不爆炸，挥发性要小，载冷剂与制冷剂接触时化学性质稳定，不发生化学反应。

（6）要求对人体、食品及环境无毒、无害，不会引起其他物质的变色、变味、变质。

（7）要求不腐蚀设备和管道，如果载冷剂稍具有腐蚀性，应添加缓蚀剂阻止腐蚀。

（8）要求价格低廉，易于获得。

三、常用载冷剂

载冷剂按化学成分分为有机载冷剂和无机载冷剂。常用的无机载冷剂有水、氯化钙溶液和氯化钠溶液，常用的有机载冷剂有乙二醇水溶液、丙三醇水溶液、乙醇水溶液、二氯甲烷、甲醇等。

1. 水

水的凝固点为 0 °C，标准沸点为 100 °C，水是常用于空调制冷装置及 0 °C 以上的生产工艺冷却的一种载冷剂。

水的相对密度小，黏度小，流动阻力小，所采用的设备尺寸较小。水的比热容大，传热效果好，循环水量少。水的化学稳定性好，不燃烧，不爆炸，纯净的水对设备和管道的腐蚀小，系统安全性好。水无毒，对人、食品和环境都是无害的，所以在空调系统中，水不仅可作为载冷剂，也可直接喷入空气中进行调湿和空气洗涤。

水的缺点是凝固点高，这限制了它的应用范围，并且在作为接近 0 °C 的载冷剂时，应注意壳管式蒸发器等换热设备的防冻措施。

2. 盐　水

盐水是指将盐（$CaCl_2$、NaCl）溶于水中形成的溶液，所以又称为盐溶液。盐溶液有较低的凝固温度，适用于在中低温制冷装置中载冷。

盐水的性质与溶液中的盐量多少有关。图 1-2 所示为氯化钠盐水的凝固点（冰点）与浓度的关系。图中左边的曲线表示随着盐水浓度的增加，盐水的凝固温度（冰点）会降低，一直降低到冰盐共晶点为止。此点的全部盐水冻结成一块冰盐结晶体。冰盐共晶点是最低的冰点，如果盐水的浓度不变，而温度降低，低于该浓度所对应的冰点时，则有冰从盐水中析出，所以共晶点左面的曲线就是析冰线。可见，当盐水浓度一定时，其凝固点的温度也是一定的，在一定范围内，浓度增加，冰点降低。当浓度超过共晶点时，就会有结晶盐从盐溶液中析出而冰点升高，所以冰盐共晶点右面的曲线又称为析盐线。不同的盐溶液的共晶点是不同的。例如，氯化钠盐水中氯化钠的质量分数为 23.1%时，其共晶点温度为−21.2 °C；氯化钙盐水中氯化钙的质量分数为 29.9%时，其共晶点温度为−55 °C。图 1-3 所示为氯化钙溶液浓度与冰点的关系。

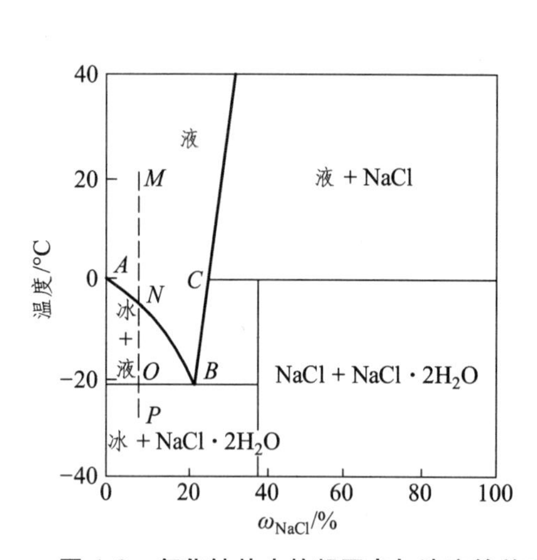

图 1-2 氯化钠盐水的凝固点与浓度的关系

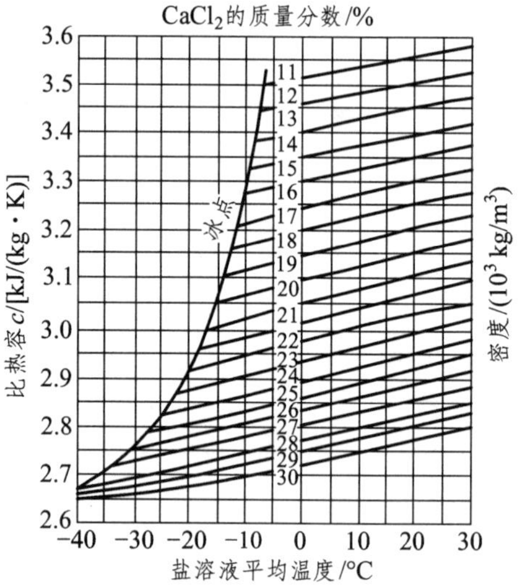

图 1-3 氯化钙溶液浓度与冰点的关系

上述盐水浓度与凝固点的关系说明，凝固点取决于盐水的浓度，当载冷剂传送冷量时，其凝固点必须低于工作温度。因此，必须合理地选择盐水的浓度。若浓度选得太小，凝固点就高，如果蒸发温度稍低于规定值，就有可能使盐水冻结。若浓度选得较大，凝固点就低，这样虽然可以使工作温度有余量，但由于盐水浓度增大而使盐水循环的功耗增加。因此，盐水浓度过大或过小都是不利的。一般情况取盐水凝固点比系统中制冷剂的蒸发温度低 5 ~ 8 °C。氯化钠水溶液的最低使用温度为−16 ~ −13 °C。氯化钙水溶液的最低使用温度为−50 ~ −47 °C。

配制共晶温度为−55 °C 的氯化钙水溶液，在 100 份水中，应加入约 43 份氯化钙。

盐水溶液的相对密度和比热容都比较大，因此，传递一定的冷量所需的容积循环量小。但盐水溶液有腐蚀性，尤其是略呈酸性并与空气相接触的稀盐溶液，其腐蚀性很强。因此，应采用较浓的盐水并要避免它因通风而被氧化。另外，载冷剂返回盐水池的入口应设在液面以下。

为了减轻或防止盐水的腐蚀性，可在盐水溶液中添加适量的缓蚀剂。加入缓蚀剂后，必须使盐水溶液呈弱碱性。具体做法是：1 m^3 氯化钠水溶液，加入 3.2 kg 的重铬酸钠（$Na_2Cr_2O_7$）和 0.86 kg 的氢氧化钠（NaOH）；1 m^3 氯化钙水溶液，加入 1.6 kg 的重铬酸钠和 0.43 kg 的氢氧化钠。

3. 有机溶液

用作载冷剂的有机溶液有乙二醇、丙三醇、甲醇、乙醇、二氯甲烷等。有机溶液的凝固点普遍比水和盐水溶液的凝固点低，所以被广泛用于低温制冷装置中。

（1）乙二醇水溶液。

纯乙二醇（CH_2OHCH_2OH）具有无色、无味、无电解性、不燃烧、化学性质稳定的特性。乙二醇水溶液略有毒性，但无危害，不损害食品，并略具腐蚀性，对金属无腐蚀作用，使用时需加缓蚀剂。乙二醇水溶液的凝固点随浓度增大而降低。当浓度为 45% 时，其使用温度可达-35 °C，但-10 °C 时效果最好，其共晶温度为-60 °C。

（2）丙三醇水溶液。

丙三醇（$CH_2OHCHOHCH_2OH$）是无色、无味、无电解性、无毒、对金属不腐蚀且极稳定的化合物，可与食品直接接触而不引起腐蚀，并有抑制微生物生长的作用，所以常被用于啤酒、制乳工业以及某些接触式食品冷冻装置中。

（3）乙醇水溶液。

乙醇（C_2H_5OH）是具有芳香味的无色易燃液体。无水乙醇的凝固点为-117 °C，可用作-100 °C 以上的低温载冷剂。通常使用纯乙醇或乙醇水溶液作载冷剂。乙醇可以任意比例溶于水，易挥发，无毒，对金属无腐蚀性，常用于食品加工业。乙醇可燃，所以适用于密闭循环系统。

（4）二氯甲烷。

二氯甲烷（CH_2Cl_2）的标准沸点为 40.7 °C，凝固点为-96.7 °C，无色，并带有少许丙酮臭味。纯净的二氯甲烷和带水的（水在二氯甲烷中的溶解度很小）二氯甲烷对铝、铜、锡、铅和铁不起腐蚀作用。二氯甲烷在 80 °C 时能腐蚀黄铜中的锌（青铜也相同）；高温下带有大量水分时，会腐蚀铁。纯净的二氯甲烷在 120 °C 时开始分解，在 400 °C 时呈现最大分解。二氯甲烷可燃性很小、无毒，空气中浓度达 5.1% ~ 5.3%时，会使人窒息。

（5）甲醇。

在制冷系统中，有时也使用和乙醇性质近似的甲醇。甲醇的冰点为-97.5 °C，对金属无腐蚀性、有毒、可燃、价格便宜。甲醇作为水溶液使用，当浓度为 15% ~ 40% 时，其温度范围为-35 ~ 0 °C。

模块六 常用蓄冷剂

随着经济的发展，我国的用电量也越来越大，其中空调用电量占据了很大份额。为了实现电能的移峰填谷，利用夜晚用电低峰电价低的特点，使空调机组制冷并蓄冷，白天用电高峰期释放冷量完成空气调节，故蓄冷技术得到迅速发展。因此，选择性能较好的蓄冷剂对制冷系统的性能和经济性有重要的意义。现阶段的空调蓄冷介质主要有以下几种。

一、水

水是利用显热来蓄冷的蓄冷剂，水的比热容为 4.18 kJ/(kg · K)，蓄冷温度为 4 ~ 6 °C。其主要特点是易于利用现有空调用常规冷水机组。蓄冷槽的体积和效率取决于供冷回水与蓄冷槽供水之间的温差，受蓄冷水和回水之间分层程度的影响。为减小并充分利用蓄冷水槽的体积，应该尽可能提高空调的回水温度。对于大多数建筑的空调系统来说，供冷回水与蓄冷槽供水之间的温差可为 8 ~ 11 °C，蓄冷水槽的体积可为 0.086 ~ 0.118 m^3/(kW・h)。

二、冰

冰属于潜热式蓄冷剂，是利用水的相态变化，结冰时吸收冷量，融冰时释放冷量。冰的融化潜热为 331 kJ/kg，由于水的凝固点为 0 °C，因此蓄冷温度为−9 ~ −3 °C。冷水机组的供水温度大大低于常规空调使用的冷水机组，导致 COP 值下降，而且需要换热流体——载冷剂。蓄冷冰槽的体积一般为 0.02 ~ 0.025 m^3/(kW・h)，只有水槽的 1/6 左右，设备占用体积大大减小。蓄冰装置可以提供较低的冷媒水供空调系统使用，有利于提高空调供回水温差，同时可与低温送风技术相结合，进一步降低空调系统的配管尺寸和输送电耗，同时完成对空气进行降温和除湿的功能。

三、共晶盐

这是一种以硫酸钠无水化合物为主要成分，与水及添加剂调配而成的混合物。这种无机盐类混合物的冻结和融解温度，可随配比的改变而变化。如今市场上常见的共晶盐有 5.5 °C 和 8 °C 两种相变温度。

模块七　润滑油

一、润滑油的功效

在制冷装置中，润滑油保证压缩机正常运转，对压缩机各个运动部件起润滑与冷却作用，对保证压缩机运行的可靠性和使用寿命起着极其重要的作用，具体包括：

（1）由油泵将油输送到各运动部件的摩擦面，形成一层油膜，降低压缩机的摩擦功和带走摩擦热，减少运动零件的磨损量，提高压缩机的可靠性和延长机器的使用寿命。

（2）由于润滑油带走摩擦热，不至于使摩擦面的温升太高，因而能防止运动零件因发热而“卡死”。

（3）对于开启式压缩机，在密封件的摩擦面间隙中充满润滑油，不仅起到润滑作用，而且还可防止制冷剂气体的泄漏。

（4）润滑油流经润滑面时，可带走各种机械杂质和油污，起到清洗作用。

（5）润滑油能在各零件表面形成油膜保护层，防止零件的锈蚀。

二、对润滑油的要求

在制冷系统中，制冷剂与润滑油直接接触，不可避免地有一部分润滑油与制冷剂一起在系统中流动，温度变化较大。因此，为了实现上述功效，润滑油应满足如下基本要求：

（1）在运行状态下，为了实现润滑，润滑油应有适当的黏度。黏度过小实现不了润滑的目的，黏度过大，摩擦阻力过大，压缩机功耗增大。由于制冷压缩机在工作中有高压排出的高温气，希望此时油的黏度不要降得过小；又有低压侧吸入的低温气，希望此时黏度不致过大。因此，对制冷用的润滑油还要求黏度随温度变化尽量小。一般情况下，低温冷冻范围使用低黏度的润滑油，空调高温范围使用高黏度的润滑油。有时也使用添加剂，以改善润滑油的黏度特性。

（2）凝固点要低，在低温时有良好的流动性。

（3）不含水分、不凝性气体和石蜡。冷冻机润滑油中含有水分时，易引起系统冰堵，降低油的热稳定性和化学稳定性以及引起电器绝缘性能的降低，应引起足够的重视。与水分一样，油中溶解有空气等不凝性气体时将引起冷凝压力升高而使压缩机排气温度升高，降低制冷能力。在实际工作中，充灌润滑油时应采用小桶封装，拆封后应尽快用完。

采用大桶油时应进行加热脱气和真空干燥处理，在石蜡型润滑油中，低温下石蜡要分离析出，析出时的温度称为絮凝点。石蜡析出将引起制冷系统中的滤网和膨胀阀（或毛细管）堵塞，妨碍制冷剂流动，因此，絮凝点和凝固点一样，越低越好。

（4）对制冷剂有良好的兼容性，本身应具有较好的热稳定性和化学稳定性。润滑油在制冷系统中经常与制冷剂接触，因此要求它们具有良好的兼容性。与制冷剂一样，润滑油要求能在非常广泛的温度范围内工作。在高温下，油分解产生积炭，这些堆积物会妨碍压缩机阀片等部件的运动，使制冷效率降低，因此要求润滑油分解产生积炭的温度越高越好。

化学稳定性一般不指其抗氧化能力，而是指其抵抗与制冷剂的反应以及与压缩机零、部件材料反应的能力。在制冷剂-油-金属的共存体系中，高温时润滑油易发生化学反应产生腐蚀性酸，而润滑油缓慢劣化易生成弱酸。这些反应生成物不仅腐蚀金属，还将侵蚀电动机漆包线的涂层，引起电动机烧坏或镀铜现象，产生积炭或生成焦油状物质。各国对冷冻机用润滑油的总酸值都有严格的规定。我国的冷冻机用润滑油标准 GB/T 16630—2012《冷冻机油》规定酸值（以 KOH 计）为 0.03 ~ 0.08 mg/g 以下。

（5）绝缘耐电压要高。在封闭式压缩机中，冷冻机油与电动机一起装在封闭壳内，润滑油应有绝缘的特性。一般来说，制冷剂都具有优良的电器特性，然而，油与制冷剂混合后，其电器特性有降低的倾向。油的绝缘耐电压是重要指标，在我国 GB/T 16630—2012 和日本 JKSK—83 标准中均为 25 kV。

（6）价格低廉，容易获得。

三、分类与特性

冷冻机润滑油按制造工艺可分为天然矿物油和人工合成油两大类。

1. 天然矿物油

天然矿物油简称矿物油，即从石油中提取的润滑油。作为石油的馏分，矿物油通常具有较小的极性，它们只能溶解在极性较弱或非极性的制冷剂中，如 R600a、R12 等。

2. 人工合成油

人工合成油简称合成油，即按照特定制冷剂的要求，用人工化学的方法合成的润滑油。合成油主要是为了弥补矿物油难以与极性制冷剂互溶的缺陷而提出来的，因此，合成油通常都有较强的极性，它们能溶解在极性较强的制冷剂中，如 R134a、R717 等。人工合成润滑油主要有聚醇类、聚酯类和极性合成碳氢化合物等。

过去冷冻机润滑油命名编号是根据该润滑油在一定的温度下其黏度值确定的，现在的国家标准 GB/T 16630—2012 将矿物油分成 4 种：L-DRA/A、L-DRA/B、L-DRB/A 和 L-DRB/B，并给出了这 4 种矿物油的具体要求。

四、润滑油的选择

润滑油的选择主要取决于制冷剂种类、压缩机形式和运转工况（蒸发温度、冷凝温度）等，一般是使用制冷机制造厂推荐的牌号。选择润滑油时，首先要考虑的是润滑油的低温性能和对制冷剂的相溶性。从压缩机出来随制冷剂一起进入蒸发器的润滑油出于温度的降低，如果制冷剂对润滑油的溶解性能不好的话，则润滑油要在蒸发器传热管壁面上形成一层油膜从而增加热阻，降低系统性能。由于润滑油的存在，R22 的表面传热系数明显比纯制冷剂的表面传热系数要低；此外，由于 R22 对矿物油的溶解能力大于酯类油，因此，酯类润滑油对 R22 的传热性能影响更大。从传热角度看，应该选取与制冷剂互溶性好的润滑油。根据制冷剂和润滑油溶解性大小可把润滑油分为 3 类：完全溶油、部分溶油、难溶或微溶油。制冷剂与润滑油互溶性见表 1-9。

表 1-9 制冷剂与润滑油互溶性

润滑油种类	完全溶油	部分溶油	难溶或微溶油
矿物油	R11、R12、R600a	R22、R502	R717、R134a、R407C
聚酯类油	R134a、R407C	R22、R502	R11、R12、R600a
聚醇类油	R717	R134a、R407C	R11、R12、R600a
烷基苯油	R134a、R407C	R22、R502	R11、R12、R600a

制冷系统中的膨胀阀和蒸发器对润滑油也有一定的要求，如表 1-10 所示。

值得指出的是，极性润滑油如聚酯类油和聚醇类油都具有很强的吸水性，这一特性对制冷系统极其不利，在使用时要特别注意。极性合成碳氢化合物油，虽然对极性制冷剂的溶解性没有聚酯类油好，但由于在这些油里加入了一定的添加剂，使该类润滑油能溶于极性制冷剂但又不太吸收水分，可以避免因吸水而引起的一系列问题。

选择润滑油除了要考虑与制冷剂的互溶性以外，还要考虑润滑油的黏度。一般来说，在较高温度范围内工作的制冷系统选用黏度较高的润滑油；反之，选用较低黏度的润滑油。运动速度较高的压缩机选用黏度较低的润滑油；反之，选用黏度较高的润滑油。

表 1-10　制冷系统对润滑油的要求

制冷循环系统	性能要求
压缩机	与制冷剂共存时具有优良的化学稳定性
	有良好的润滑性
	与制冷剂有极好的互溶性
	对绝缘材料和密封材料具有优良的适应性
	有良好的抗泡沫性
冷凝器	与制冷剂有优良的相溶性
膨胀阀	无蜡状物絮状分离
	不含水
蒸发器	有优良的低温流动性
	无蜡状物絮状分离
	不含水
	与制冷剂有极好的互溶性

思考与练习题

1. 对制冷剂的基本要求和选用原则是什么？
2. 如何表示各种制冷剂的种类和代号？
3. 什么是共沸制冷剂和非共沸制冷剂？它们各有哪些特点？
4. 载冷剂在制冷系统中起什么作用？常用的载冷剂有哪些？
5. 常用的蓄冷剂有哪些？
6. 不同类型的润滑油与制冷剂的相溶性如何？
7. 社会调查：深入学校所在市区各大制冷空调设备商场及专卖店，了解不同类型、不同品牌制冷设备所用的制冷剂类型。

学习情境二　单级蒸气压缩式制冷循环

蒸气压缩式制冷机是目前应用最广泛的一种制冷机。这类制冷设备比较紧凑，可以制成小、中、大型，以适应不同场合的需要，能达到的制冷温度范围比较广，且在普通制冷温度范围内具有较高的循环效率。因此，它广泛用于国民经济各部门及人民生活的各个领域。

模块一　卡诺循环、逆卡诺循环、热泵

一般情况，热机可通过工质的热力状态变化，将热能转化为机械能而对外做功。工质做功必须具备膨胀过程，但是任何一个热力膨胀过程都是有一定限度的。为了使工质能够不断地重复具备膨胀做功的条件，必须使工质在做功后再经历某些压缩过程，使它恢复到膨胀前的原来状态。这种使工质经过一系列的状态变化，重新恢复到原来状态的全部过程，称为循环。将热能转化为机械能的循环称为正循环，又称动力循环或热机循环；将机械能转化为热能的循环称为逆循环，又称制冷循环或热泵循环。

一、卡诺循环（理想热机循环）

卡诺循环是由法国工程师卡诺提出的一种理想热机循环。它是工作于两热源间的，由两个可逆绝热过程和两个等温过程组成的可逆正向循环，如图 2-1 所示。

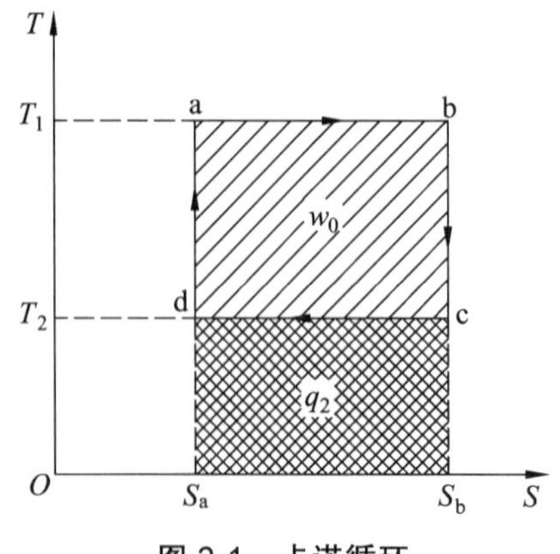

图 2-1　卡诺循环

d—a 为绝热压缩过程，工质温度自 T_2 升到 T_1，以利从高温热源吸热。

a—b 为等温膨胀过程，工质在温度 T_1 下从同温度的高温热源吸收热量 q_1。

b—c 为绝热膨胀过程，工质温度从 T_1 降到 T_2，以利向低温热源放热。

c—d 为等温压缩过程，工质在温度 T_2 下向同温度的低温热源放出热量 q_2，从而完成一个可逆循环。

循环的热效率为

$$\eta_c = \frac{w_0}{q_1} = \frac{q_1 - q_2}{q_1} = 1 - \frac{T_2}{T_1} \tag{2-1}$$

式中 w_0——1 kg 工质所做的功（称为理论比功）；

q_1、q_2——1 kg 工质所吸收和放出的热量。

由式（2-1）可得到以下结论：

（1）卡诺循环的热效率仅取决于热源温度 T_1 和冷源温度 T_2，而与所用工质的性质无关。提高 T_1 或降低 T_2 可提高其效率，其中以降低 T_2 的效果尤为显著。

（2）卡诺循环的热效率总是小于 1，而且不可能等于 1。因为要等于 1，就必须使 $T_1=\infty$ 或 $T_2=0$ K，这显然是不可能的。

（3）当 $T_2=T_1$ 时，即单热源的热机不能使热量转化为功，所以循环中的温差是能量转换的必要条件。

二、热源温度不变的逆向可逆循环——逆卡诺循环（理想制冷循环）

在热力学中，逆卡诺循环是工作在一个恒温热源和一个恒温冷源之间的理想可逆循环。逆卡诺循环与卡诺循环路线相同，但沿相反方向进行，由两个等熵过程和两个等温过程组成，如图 2-2 所示。

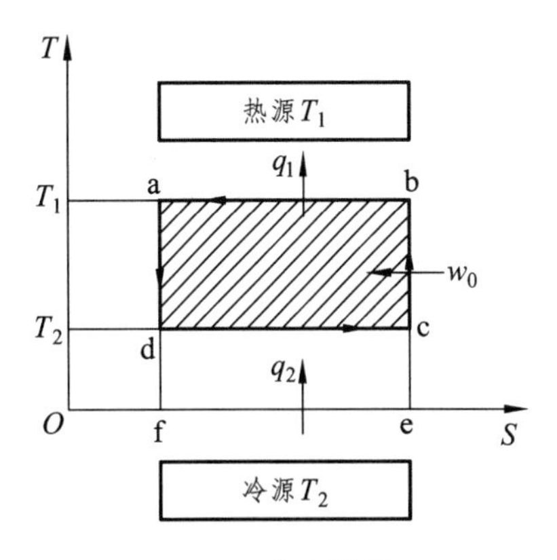

图 2-2 逆卡诺循环

如图 2-2 所示的逆卡诺循环中，制冷工质沿绝热线 ad 定熵膨胀，温度从 T_1 降到 T_2；沿等温线 dc 膨胀，在 T_2 温度下，从低温冷源吸收热量 q_2。工质再从状态 c 被绝热压缩至状态 b，温度从 T_2 升至 T_1。最后沿等温线 ba 压缩，在 T_1 温度下向高温热源（环境介质）放出热量 q_1。在整个循环过程中，工质从低温热源吸收 q_2，消耗循环净功 w_0，向高温热源放出热量 q_1。根据热力学第一定律有

$$q_1 = q_2 + w_0 \tag{2-2}$$

在热力学中，用制冷系数 ε 来定义制冷循环的经济性。制冷系数表示完成制冷循环时，从被冷却系统中吸收的热量 q_2 与所消耗功 w_0 的比值，即

$$\varepsilon = q_2/w_0 \tag{2-3}$$

完成逆卡诺循环的结果是，消耗了一定数量的机械功，并和从冷源取得的热量一起排给热源。由于热量由低温移向高温，类似于将水从低处泵送到高处，所以按逆卡诺循环工作的“热机”称为制冷机或热泵。

可得逆卡诺循环制冷系数 ε_c 为

$$\varepsilon_c = T_2/(T_1 - T_2) \tag{2-4}$$

由式（2-4）可得到以下结论：

（1）ε_c 取决于冷源和热源的温度，而与所用工质（制冷剂）的性质无关。

（2）冷热源的温差（T_1-T_2）越大，热量的“泵送”就越困难，ε_c 就越小，制冷循环的经济性越差。

（3）在一定的温度条件下，逆卡诺循环的制冷系数 ε_c 最大，任何实际制冷循环的制冷系数 ε 都小于 ε_c。制冷系数 ε 可以小于 1.0，也可以等于或大于 1.0。

三、热　泵

热泵是凭借消耗机械功（或热能）而将热量从低温物体转移到高温物体的设备。它能有效地利用低温热源的热量。热泵的工作原理与制冷机是相同的，其区别在于它们的任务与工作温度范围不同。制冷机是把低温物体的热量转移至自然环境（水或空气），以实现并维持物体的低温；而热泵是把自然环境（水或空气）中的热量转移至需要较高温度的环境中去。前者的任务是制冷，后者的任务是供热。

热泵的经济性用制热系数来衡量，即获得的供热量与所消耗的功之比，并用符号 Q_h 表示。按逆卡诺循环工作的热泵制热系数为

$$\varepsilon_h = \frac{Q_h}{P} = \frac{Q_0 + P}{P} = \varepsilon_c + 1 \tag{2-5}$$

或

$$\varepsilon_h = \frac{q_k}{w_0} = \frac{q_0 + w_0}{w_0} = \varepsilon_c + 1 \tag{2-6}$$

供热系数总大于 1，说明热泵循环的供热量总大于耗功量。供热量 Q_h 总大于相同功率 P 的电热量（即 $Q_h>P$）。这就是目前冬季广泛使用热泵供热得以省电的原因。但是，热泵装置必须在制冷装置的基础上增设四通换向阀等辅助设备，热泵运行也有一些必要的限定条件。

模块二　单级蒸气压缩式制冷理论循环

单级压缩蒸气制冷机是指将制冷剂经过一级压缩从蒸发压力压缩到冷凝压力的制冷机。

空调器和电冰箱以及中央空调用的冷水机组大都采用单级压缩蒸气制冷机。单级压缩蒸气制冷机一般可用来制取-40 °C 以上的低温。

一、单级蒸气压缩式制冷理论循环的组成

单级蒸气压缩式制冷理论循环由制冷压缩机、冷凝器、节流机构和蒸发器（通常称为制冷四大部件）组成，如图 2-3 所示。

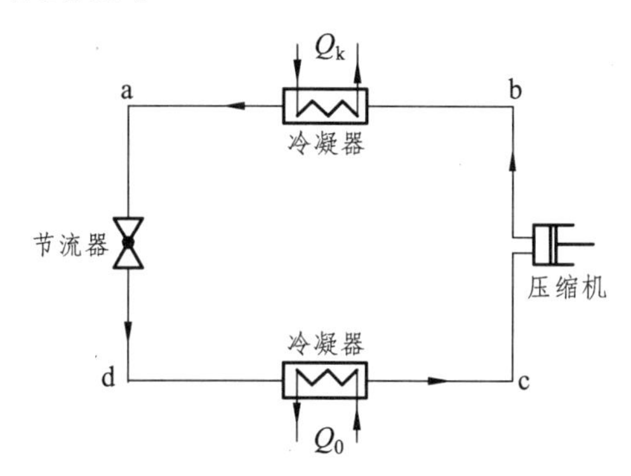

图 2-3　单级蒸气压缩式制冷理论循环

单级蒸气压缩式制冷循环工作过程如下：压缩机不断地抽吸蒸发器中产生的干饱和蒸气，并将其压缩到冷凝压力。然后，制冷剂被送往冷凝器，在冷凝压力下等压冷却、冷凝成饱和液体，制冷剂冷却和冷凝时放出的热量传给冷却介质（通常是水或空气）。故与冷凝压力相对应的冷凝温度一定要高于冷却介质的温度。冷凝后的制冷剂液体进入节流器。当制冷剂通过节流器时，压力从冷凝压力降到蒸发压力，部分液体汽化，剩余液体的温度降至蒸发温度，变成蒸发温度下的气、液两相状态的制冷剂。最后，离开节流器的制冷剂进入蒸发器，在蒸发器中，蒸发温度低于被冷却物体（环境介质）的温度，制冷剂在蒸发压力下沸腾，吸收环境介质的热量，实现制冷。蒸发器出口的制冷剂饱和气体又被压缩机吸入，开始新一轮的循环。如此周而复始，不断循环。

二、单级蒸气压缩式制冷理论循环的性能指标

单级蒸气压缩式制冷理论循环是建立在一些假设条件的基础上的。

（1）压缩过程为等熵过程，即在压缩过程中不存在任何不可逆损失。

（2）在冷凝器和蒸发器中，制冷剂的冷凝温度等于冷却介质的温度，蒸发温度等于被冷却介质的温度，且冷凝温度和蒸发温度都是定值。

（3）离开蒸发器和进入压缩机的制冷剂蒸气为蒸发压力下的饱和蒸气，离开冷凝器和进入节流阀的液体为冷凝压力下的饱和液体。

（4）制冷剂在管道内流动时，没有流动阻力损失，忽略动能变化，除了蒸发器和冷凝器内的管子外，制冷剂与管外介质之间没有热交换。

（5）制冷剂在流过节流装置时，流速变化很小，可以忽略不计，且与外界环境没有热交换。

它不涉及制冷系统的大小和复杂性，因此理论循环的性能指标不考虑循环量 q_m，只讨论单位质量制冷量 q_0、单位容积制冷量 q_v、单位理论功 w_0、单位冷凝器热负荷 q_k、制冷系数 ε_0 和热力完善度 β 等性能指标。图 2-4 为单级蒸气压缩式理论循环压焓图。

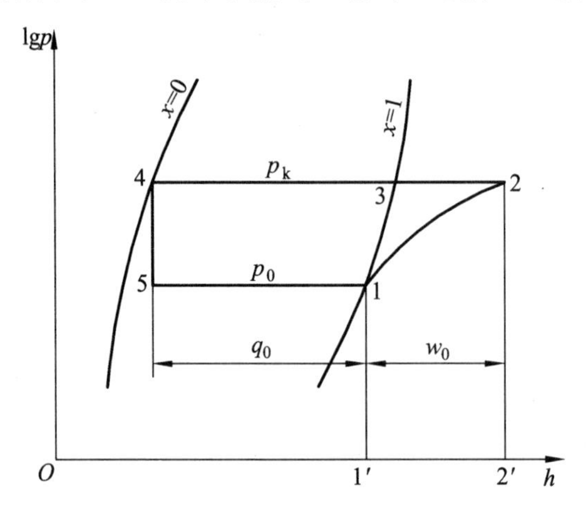

图 2-4 单级蒸气压缩式理论循环压焓图

1. 单位质量制冷量 q_0

蒸气压缩式制冷循环单位制冷量 q_0 是指制冷压缩机每输送 1 kg 制冷剂经循环从被冷却介质中制取的冷量，单位为 J/kg、kJ/kg，即

$$q_0 = h_1 - h_5 \tag{2-7}$$

2. 单位容积制冷量 q_v

单位容积制冷量 q_v 是指制冷压缩机每吸入 1 m^3 制冷剂蒸气经循环从被冷却介质中制取的冷量，单位为 J/m^3 或 kJ/m^3，即

$$q_v = (h_1 - h_5)/v_1 \tag{2-8}$$

3. 单位理论功 w_0

理论循环中制冷压缩机输送 1 kg 制冷剂所消耗的功称为单位理论功，单位为 J/kg、kJ/kg，即

$$w_0 = h_2 - h_1 \tag{2-9}$$

4. 单位冷凝热负荷 q_k

单位质量制冷剂蒸气在冷凝器中进行等压冷却、冷凝时向高温热源放出的热量称为单位冷凝热负荷，单位为 J/kg、kJ/kg，即

$$q_k = h_2 - h_4 = q_0 + w_0 \tag{2-10}$$

5. 制冷系数 ε_0

对于单级蒸气压缩式制冷理论循环，制冷系数是单位质量制冷量 q_0 和单位理论功 w_0 的比值，即理论制冷循环的效果和代价之比：

$$\varepsilon_0 = q_0 / w_0 = (h_1 - h_5) / (h_2 - h_1) \tag{2-11}$$

6. 热力完善度 β

在实际制冷循环中，制冷工质在流动或状态变化过程中，因摩擦、扰动及内部不平衡等因素会产生一定的损失，在换热器中，因传热温差的存在又会有一定的传热损失。因此，实际制冷循环是一个不可逆循环，其不可逆程度可用热力完善度 β 表示：

$$\beta = \varepsilon_0 / \varepsilon_c \tag{2-12}$$

热力完善度用来表示实际制冷循环接近逆卡诺循环的程度。它的值越接近 1，说明实际循环越接近可逆循环，不可逆损失越小，经济性越好。

在单级蒸气压缩式制冷理论循环中，制冷剂的冷凝温度 T_k 等于冷却介质的温度 T_H，蒸发温度 T_0 等于被冷却介质的温度 T_L，因此，工作在蒸发温度 T_0 和冷凝温度 T_k 之间的逆卡诺循环的制冷系数 ε_c 为

$$\varepsilon_c = T_L / (T_H - T_L) = T_0 / (T_k - T_0) \tag{2-13}$$

【例 2.1】 单级蒸气压缩制冷的理论循环（见图 2-5），蒸发温度 $t_0 = -10$ °C，冷凝温度为 $t_k = 35$ °C，工质为 R22，循环的制冷量 $Q_0 = 55$ kW，试对该理论循环进行热力计算。

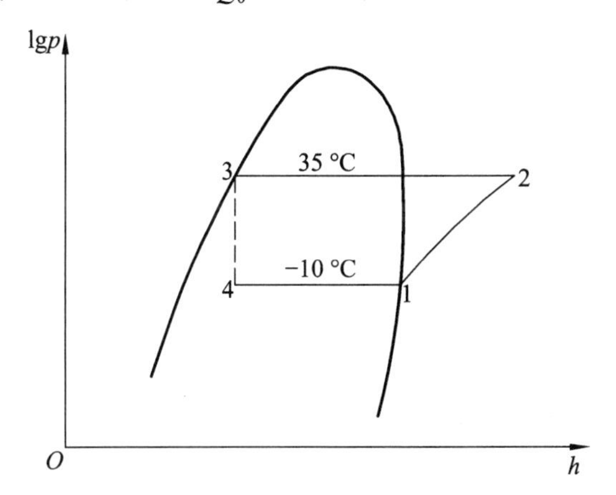

图 2-5　单级蒸气压缩制冷时理论循环

解： 根据 R22 的热力性质表，查出处于饱和线上各点的参数值。

$$h_1 = 401.56 \text{ kJ/kg}，\ v_1 = 0.065\,35 \text{ m}^3/\text{kg}，$$

$$h_3 = 243.11 \text{ kJ/kg}，\ p_0 = 354.3 \text{ kPa}，\ p_k = 1355.11 \text{ kPa}$$

在 lg$p$-h 图上，点 1 由等 p_0 线和干饱和蒸气线相交确定，由点 1 作等熵线，与等 p_k 线相交确定点 2。由图可知，$t_2 = 60$ °C，$h_2 = 438.2$ kJ/kg。

节流前后焓值不变，故 $h_4 = h_3 = 243.11$ kJ/kg。

（1）单位质量制冷量 $q_0 = h_1 - h_4 = 158.45$ kJ/kg

（2）单位容积制冷量 $q_v = q_0/v_1 = 2425$ kJ/m^3

（3）制冷剂质量流量 $q_m = Q_0/q_0 = 0.3471$ kg/s

（4）制冷剂体积流量 $V_R = q_m \cdot v_1 = 0.0227$ m^3/s

（5）单位理论压缩功 $w_0 = h_2 - h_1 = 36.64$ kJ/kg

（6）压缩机理论耗功率 $N_0 = q_m \cdot w_0 = 12.72$ kW

（7）冷凝器单位热负荷 $q_k = h_2 - h_3 = 195.09$ kJ/kg

（8）冷凝器热负荷 $Q_k = q_m \cdot q_k = 67.72$ kJ

（9）制冷系数 $\varepsilon_0 = q_0/w_0 = 4.32$

（10）逆卡诺循环制冷系数 $\varepsilon_c = T_0/（T_k - T_0）= 5.84$

（11）热力完善度 $\beta = \varepsilon_0 / \varepsilon_c = 0.740$

模块三 单级蒸气压缩式制冷实际循环

一、实际循环与理论循环的差异

单级蒸气压缩式制冷理论循环中的理想化假设在实际制冷循环中都是不能实现的。对于单级蒸气活塞压缩式制冷循环来说，实际制冷循环与理论制冷循环的差异主要表现在：

（1）实际循环中，离开蒸发器和进入压缩机的制冷剂蒸气往往是过热蒸气。

（2）实际循环中，离开冷凝器和进入膨胀阀的液体往往是过冷液体。

（3）实际循环中，压缩机的压缩过程不是等熵压缩。

（4）实际循环中，制冷剂通过膨胀阀的节流过程不完全绝热，节流后焓值有所增加。

（5）实际循环中，在蒸发器和冷凝器处存在传热温差，即制冷剂的冷凝温度高于冷却介质的温度，蒸发温度低于被冷却介质的温度。

（6）实际循环中，制冷剂在管道及设备内流动时存在阻力损失，并与外界存在热量交换。单级蒸气压缩式实际循环压焓图见图 2-6。

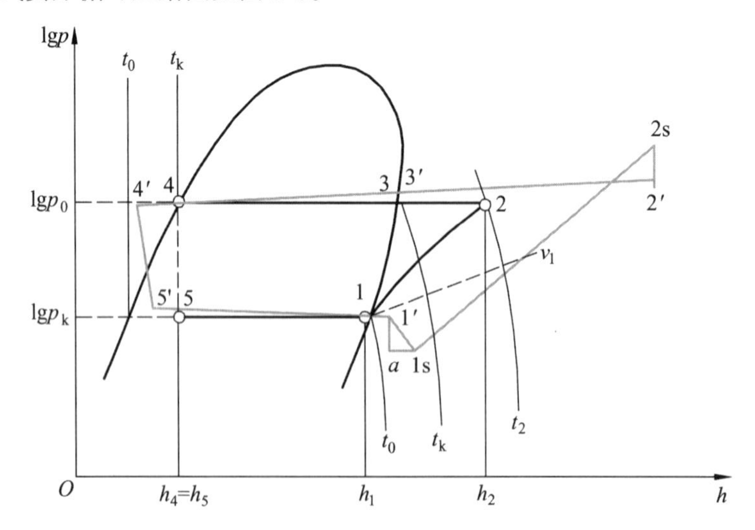

图 2-6 单级蒸气压缩式实际循环压焓图

理论循环为 1—2—3—4—5—1。

实际循环为 1—1′—1s—2s—2′—3′—4—4′—5′—1。

1—1′表示蒸气在回热器、吸气管中以及蒸气经过吸气阀时的加热和压降过程。

1′—1s 表示压缩机的吸气过程，是制冷剂蒸气流过吸气阀件时的节流过程 1′—a 和吸气过程中蒸气与气缸壁进行热交换过程 a—1s 的合成。

1s—2s 表示压缩机内实际的多变压缩，为增熵压缩过程。

2s—2′表示排气经过排气阀件进入排气管道时的节流压降过程。

2′—3—4 表示蒸气经排气管进入冷凝器的冷却、冷凝及压降过程。

4—4′表示液体在回热器及液体管道中的降温、降压过程。

4′—5′表示实际节流过程，焓值略有增加。

5′—1 表示制冷剂在蒸发器中的蒸发和压降过程。

二、简化后的单级蒸气压缩式制冷实际循环

1. 简化方法

（1）不考虑管道和设备中压力降，以及管道的传热和管道内制冷剂的状态变化。

（2）忽略节流时制冷剂与环境的换热，将制冷剂的节流过程近似为不可逆的绝热等焓过程。

（3）考虑制冷剂与高、低温热源有温差换热，并认为蒸发温度与冷凝温度为定值。

（4）考虑蒸气循环中的蒸气过热和液体过冷现象。

（5）通过输气系数、制冷压缩机的指示效率与机械效率将压缩过程中的实际输气量的减少、压缩的非等熵变化及机械摩擦等复杂的不可逆过程简化成一个从吸气压力到排气压力的简单不可逆增熵压缩过程。

2. 简化后的单级蒸气压缩式制冷实际循环图

事实证明，通过简化归纳之后的实际制冷循环热力分析计算所产生的误差不会很大。这样我们在分析单级实际制冷循环时的循环热力图可以简化为图 2-7。

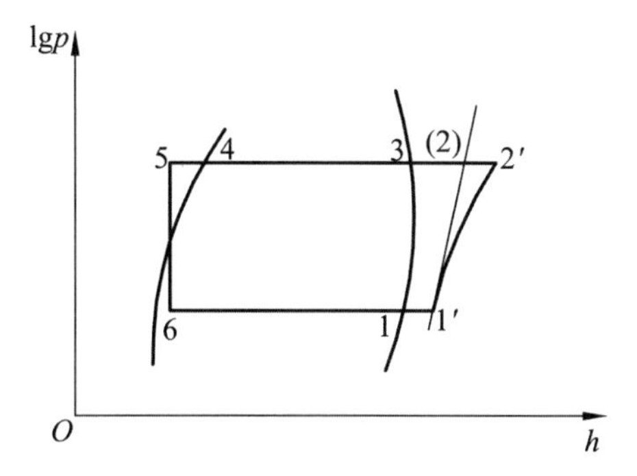

图 2-7　简化后的单级蒸汽压缩式制冷实际循环

图中 1—1′—2′—3—4—5—6—1 为热力分析用的单级制冷实际循环，其中：

1—1′为蒸气过热过程，1′是制冷压缩机吸气状态点。

1′—2′为实际增熵压缩过程。

2′是实际压缩过程排气状态点，也是进入冷凝器的蒸气状态点。

1′—（2）为理论压缩过程。

$2'$—3—4 为制冷剂在冷凝压力 p_k 下的等压冷却冷凝过程。

4—5 为制冷剂在冷凝压力 p_k 下的再冷却过程。

5—6 为制冷剂的等焓节流过程。

6—1 为制冷剂在蒸发压力 p_0 下的等压汽化吸热过程。

三、单级蒸气压缩式制冷实际循环的热力性能及分析

（一）理论输气量、实际输气量、输气系数、循环量

1. 理论输气量

活塞式制冷压缩机的理论输气量是指制冷压缩机的活塞在单位时间内（每小时或每秒）所扫过的气缸容积，也就是理想制冷压缩机进行工作时在单位时间内按吸气状态计算的输气量。单作用活塞式制冷压缩机的理论输气量为

$$V_h = \frac{\pi}{4} D^2 \cdot S \cdot n \cdot z \times 60 \tag{2-14}$$

式中 V_h——理论输气量，m^3/h；

D——气缸直径，m；

S——活塞行程，m；

n——制冷压缩机转速，r/min；

z——气缸数，个；

60——60 min。

理论输气量 V_h 与制冷压缩机的结构有关，通常用 V_h 来表示一台制冷压缩机的容量大小。

2. 实际输气量

制冷压缩机以实际压缩过程运行时在单位时间内将制冷剂蒸气从吸气管道输送到排气管道的容积（以吸气状态下的比容计），称为制冷压缩机的实际输气量。在工程中，实际输气量 V_s（m^3/h）一般只能由实测的方法得到。由于制冷压缩机实际运行时气缸内存在余隙容积和压缩过程中的各种不可逆损失，都会使实际输气量减少，所以制冷压缩机的实际输气量 V_s 必定低于理论输气量 V_h。

3. 输气系数

制冷压缩机的实际输气量 V_s 与理论输气量 V_h 之比，称为制冷压缩机的输气系数 λ。

$$\lambda = \frac{V_s}{V_h} \tag{2-15}$$

输气系数 λ 是表示制冷压缩机气缸工作容积利用率的参数，也可称为容积效率。输气系数 λ 综合了影响制冷压缩机实际输气量的各种因素。它们主要包括：余隙容积的影响；吸排气时压力损失的影响；制冷剂蒸气与气缸壁间热交换的影响；制冷剂在制冷压缩机高压部位向低压部位内部泄漏系数的影响以及循环温度变化影响等各种因素。在工程计算中近似地认为制冷压缩机的输气系数 λ 由四部分组成，即

$$\lambda = \lambda_v \cdot \lambda_p \cdot \lambda_T \cdot \lambda_l \tag{2-16}$$

式中　$\lambda_v \cdot \lambda_p \cdot \lambda_T \cdot \lambda_l$——容积系数、压力系数、温度系数、泄漏系数（气密性系数）。

这些系数又分别与不同工况和压力比 p_k/p_0、制冷剂性质以及制冷压缩机种类结构有关。输气系数是衡量制冷压缩机的设计和制造质量的标志，也是进行制冷压缩机和制冷循环热力分析计算时所必需的数据之一。输气系数 λ 可通过测试的方法来确定；在一般的工程计算中则是通过经验图表和经验公式计算。

容积系数：$$\lambda_v = 1 - c\left[\left(\frac{p_2}{p_1}\right)^{\frac{1}{m}} - 1\right] \tag{2-17}$$

压力系数：$$\lambda_p = 1 - \frac{(1+c)\Delta p_1}{\lambda_v p_1} \tag{2-18}$$

温度系数：开启式制冷压缩机 $$\lambda_T = \frac{T_0}{T_k} \tag{2-19}$$

封闭式制冷压缩机 $$\lambda_T = \frac{T_0}{T_1} = \frac{T_0 + Q}{AT_k + BQ} \tag{2-20}$$

泄漏系数（气密性系数）：

开启式制冷压缩机：λ_l=0.97 ~ 0.99

封闭式制冷压缩机：高温工况时 λ_l=0.95

中温工况时 λ_l=0.90

低温工况时 λ_l=0.85

式中　c——制冷压缩机的相对余隙容积，我国高速多缸制冷压缩机可取 c=0.04；

p_1、Δp_1——制冷压缩机吸气压力、吸气压力损失，MPa；

开启式制冷压缩机：R717，Δp_1=0.02 ~ 0.05p_1；

氟利昂，Δp_1=0.05 ~ 0.1p_1；

封闭式制冷压缩机：Δp_1=0.01 ~ 0.05p_1；

p_2——制冷压缩机排气压力，MPa；

m——制冷剂膨胀系数：

开启式制冷压缩机：R717，m=1.10 ~ 1.15；

氟利昂，m= 1.00 ~ 1.05；

封闭式制冷压缩机：m=1.0；

T_0、T_k、T_1——蒸发温度、冷凝温度、吸气温度，K；

A——冷凝温度影响系数，A= 1.0 ~ 1.15，随制冷压缩机尺寸的减少值取大值；

如家用制冷装置，A=1.15；商用制冷装置，A=1.1；

B——制冷压缩机向周围空气散热时对吸气温度的影响系数，B=0.25 ~ 0.8；

Q——吸气过热度，K。

已知制冷压缩机的理论输气量 V_h 和输气系数 λ 值可求出实际输气量 V_s，即 $V_s = \lambda V_h$。

4. 循环量

制冷压缩机在单位时间内所输送的制冷剂质量流量，通常称为循环量 q_m。已知循环的输气量和吸气比容可按下式计算：

$$q_m = \frac{\lambda V_h}{3600 v_1'} \tag{2-21}$$

式中 v_1'——制冷压缩机的吸气比容，m^3/kg。

（二）制冷量

1. 单位制冷量、单位容积制冷量

$$q_0 = h_1 - h_6 \tag{2-22}$$

$$q_v = \frac{q_0}{v_1'} = \frac{h_1 - h_6}{v_1'} \tag{2-23}$$

要说明的是：

（1）v_1' 是实际制冷循环的吸气比容；

（2）在此假定制冷剂在蒸发器内无过热，若蒸发器内有过热，h_1 需是制冷剂出蒸发器时处于过热蒸气状态下的焓值。

2. 制冷量

制冷量 Q_0 是指制冷循环在单位时间内制冷剂从被冷却系统中吸收的热量。

$$Q_0 = q_m \cdot q_0 = \frac{V_s \cdot q_v}{3600} = \frac{V_h \cdot \lambda \cdot q_v}{3600} \tag{2-24}$$

在实际制冷循环中，制冷剂除了从被冷却系统直接或间接吸热外，还会伴随有环境介质或其他热源向制冷剂的传热。就是制冷剂在蒸发器内的制冷量，也会伴随有制冷量的损失。因而有制冷系统总制冷量、净制冷量及无效制冷量等概念。

制冷系统的总制冷量是指制冷剂在单位时间内从节流阀至制冷机吸气口间的设备和管道内所吸收的热量，它包括蒸发器的冷负荷以及节流器至蒸发器这一供液管路和蒸发器出口至制冷压缩机吸气口这一段回气管段在单位时间内所吸收的热量。制冷系统总制冷量也就是制冷压缩机的产冷量。

$$Q_{0SYS} = q_m \cdot (h_1' - h_6) \tag{2-25}$$

制冷系统总制冷量等于系统内有效制冷量与无效制冷量的总和。

蒸发器总制冷量是指制冷剂在蒸发器内吸收的热量，也是蒸发器的冷负荷。它应包括蒸发器内的净制冷量和无效制冷量。蒸发器的无效制冷量是指蒸发器冷量损失、载冷剂冷量损失以及泵、风机运转时产生的热量等。蒸发器的无效制冷量应根据实际情况确定。

制冷系统净制冷量是从被冷却系统中吸收的热量，即制冷系统的有效制冷量。

在《制冷技术》范围内讨论的制冷量 Q_0 是特指制冷系统的有效制冷量。

（三）制冷压缩机的功率和效率

1. 单位理论功与理论功率

制冷压缩机按等熵过程 1′—2 工作时每压缩输送 1 kg 制冷剂蒸气时所消耗的功，称为单

位等熵压缩功，或单位理论功。

$$w_0 = h_2 - h_1' \tag{2-26}$$

制冷压缩机理论功率是指在单位时间内按等熵过程工作时的制冷压缩机耗功率。

$$N_0 = q_m \cdot w_0 = q_m \cdot (h_2 - h_1') \tag{2-27}$$

或

$$N_0 = \frac{V_h \cdot \lambda}{3600 \cdot v_1} \cdot (h_2 - h_1') \tag{2-28}$$

式中 q_m——制冷剂循环量，kg/s；

h_1'——制冷压缩机的吸气状态点焓值，kJ/kg；

h_2——制冷压缩机在等熵压缩过程中的排气状态点焓值，kJ/kg。

显然，单位理论功和理论功率与循环的工作温度、吸气状态点及制冷剂的性质有关。

2. 单位指示功、指示功率与指示效率

制冷压缩机每压缩输送 1 kg 制冷剂蒸气实际所消耗的功，称为单位指示功 w_i。

$$w_i = h_2' - h_1' \tag{2-29}$$

式中 h_1'、h_2'——实际压缩过程的吸气、排气状态点焓值，kJ/kg。

制冷压缩机在单位时间内压缩制冷剂蒸气实际所消耗的功率，称为制冷压缩机的指示功率 N_i。

$$N_i = q_m \cdot w_i = q_m \cdot (h_2' - h_1') \tag{2-30}$$

指示效率 η_i 是指单位理论功 w_0 与单位指示功 w_i 的比值，或者是制冷压缩机的理论功率 N_0 与指示功率 N_i 的比值。

$$\eta_i = \frac{N_0}{N_i} = \frac{w_0}{w_i} = \frac{h_2 - h_1'}{h_2' - h_1'} \tag{2-31}$$

指示效率是衡量制冷压缩机实际工作过程中能量转换完善程度的性能指标。它与制冷压缩机的结构、性能、制冷循环的工作条件和制冷剂性质有关。在热力分析和计算中，指示效率 η_i 也可由相应图表和经验公式求得。

制冷压缩机的指示效率有经验公式：

$$\eta_i = \lambda_T + bt_0 \tag{2-32}$$

$$\eta_i = 1 - 0.6\left[1 - \left(\frac{p_2}{p_1}\right)^{-0.3}\right] \tag{2-33}$$

式中 λ_T——温度系数；

b——与制冷压缩机结构和制冷剂种类有关的常数，卧式氨制冷压缩机，b=0.002；立

式氨制冷压缩机，b=0.001；立式氟利昂制冷压缩机，b=0.0025；

t_0——蒸发温度，°C（代入公式时应有相应的正负号）；

p_1、p_2——制冷压缩机吸气、排气压力，MPa。

3. 摩擦功率

实际制冷压缩机在运行中存在着机械摩擦，其摩擦功率可分为两部分：往复运动部件的摩擦功率和回转运动部件的摩擦功率。前者占摩擦功率总量的 70%～80%，后者占 20%～30%。摩擦功率的大小与制冷压缩机的结构、润滑状况、转速、制造与装配精度以及制冷剂种类有关。

摩擦功率 N_m 可利用制冷压缩机的平均摩擦压力和理论输气量乘积的经验公式计算：

$$N_m = \frac{V_h \cdot p_{m.f.}}{3600} \tag{2-34}$$

式中 $p_{m.f.}$——平均摩擦压力，kPa；

立式氨制冷压缩机 $p_{m.f.}$=49.05～78.48 kPa；

卧式氨制冷压缩机 $p_{m.f.}$=68.67～88.29 kPa；

氟利昂制冷压缩机 $p_{m.f.}$=34.34～63.77 kPa。

4. 轴功率、机械效率与绝热效率

原动机传到制冷压缩机轴上的功率称为轴功率。轴功率 N_s 是指示功率 N_i 和摩擦功率 N_m 之和。

$$N_s = N_i + N_m \tag{2-35}$$

轴功率也可分别通过机械效率 η_m 或绝热效率 η_e 由指示功率 N_i 或理论功率 N_0 直接计算得到。机械效率 η_m 是制冷压缩机的指示功率 N_i 与轴功率 N_s 的比值。

$$\eta_m = \frac{N_i}{N_s} = \frac{N_i}{N_i + N_m} \tag{2-36}$$

机械效率 η_m 是表征制冷压缩机性能的参数，η_m=0.8～0.95。

绝热效率 η_e 是制冷压缩机的理论功率 N_0 与轴功率 N_s 的比值。

$$\eta_e = \frac{N_0}{N_s} = \eta_i \cdot \eta_m \tag{2-37}$$

绝热效率也是指示效率与机械效率的乘积，所以也称为制冷压缩机的总效率，η_e=0.65～0.72。

（四）过冷器热负荷、冷凝器热负荷

1. 过冷器热负荷

过冷器热负荷指制冷剂在单位时间内通过过冷器向外界传出的热量。

$$Q_{s.c.}=q_m\cdot q_{s.c.}=q_m\cdot(h_4-h_5) \tag{2-38}$$

式中　h_4、h_5——进、出过冷器时制冷剂焓值，kJ/kg。

若过冷过程在回热器内进行，则这时的热负荷就是回热器热负荷 Q_R。

2. 单位冷凝器负荷与冷凝器热负荷

单位冷凝器负荷为

$$q_k=h_2'-h_4 \tag{2-39}$$

式中　h_2'——实际压缩过程的制冷机排气点的焓值。

$$h_2'=h_1'+\frac{h_2-h_1'}{\eta_i} \tag{2-40}$$

冷凝器负荷 Q_k 为

$$Q_k=q_m\cdot q_k=q_m\cdot(h_2'-h_4) \tag{2-41}$$

若制冷系统中不另设过冷器，让制冷剂液体的再冷却过程在冷凝器内进行，则

$$q_k=h_2'-h_5 \tag{2-42}$$

$$Q_k=q_m\cdot q_k=q_m\cdot(h_2'-h_5) \tag{2-43}$$

（五）制冷系数与热力完善度

1. 制冷系数

单级蒸气压缩式制冷实际循环的制冷系数是有效制冷量与轴功率的比值。

$$\varepsilon=\frac{Q_0}{N_s}=\frac{q_0}{w_s} \tag{2-44}$$

$$\varepsilon=\frac{q_0}{w_0}\cdot\eta_i\cdot\eta_m=\frac{h_1-h_6}{h_2-h_1'}\cdot\eta_e=\varepsilon_0\cdot\eta_e \tag{2-45}$$

2. 热力完善度

单级蒸气压缩式制冷实际循环的热力完善度 β 应由下式确定：

$$\beta=\frac{\varepsilon}{\varepsilon_c} \tag{2-46}$$

ε_c 是同 T_H、T_L 间的逆卡诺循环制冷系数，其计算式为

$$\varepsilon_c=\frac{T_L}{T_H-T_L}\neq\frac{T_0}{T_k-T_0} \tag{2-47}$$

四、液体过冷、蒸气过热及回热对循环性能的影响

（一）液体过冷对循环性能的影响

1. 液体过冷的定义

液体过冷是指对节流前的制冷剂饱和液体进行等压再冷却，使其温度低于冷凝压力相对应的饱和温度的热力过程。

过冷度是指在相同压力下制冷剂过冷液体的温度与饱和温度的差值。带有液体过冷的制冷循环流程图见图 2-8。

2. 过冷的原因

出现液体过冷的原因有以下几点：

（1）冷凝器中冷凝面积的选择往往大于设计所需的冷凝面积。

（2）冷凝器选择条件要根据最热天气、最高环境介质温度，而在使用中的绝大多数时间内，冷凝器是在低于上述条件的情况下工作的，从而使冷凝面积过剩，为制冷剂过冷创造了条件。

（3）在设计过程中，人为地设计了过冷度，如单级蒸气压缩式制冷循环中设 3 ~ 5 °C 的过冷度。

（4）在制冷系统中设置了过冷器。

（5）制冷系统中设置了回热器（详见“回热循环”）。

3. 液体过冷对制冷循环性能的影响

如图 2-9 中理论循环与过冷循环的 lg*p*-*h* 图所示：1—2—3—4—1 为理论循环，1—2—3—3′—4′—4—1 为过冷循环。

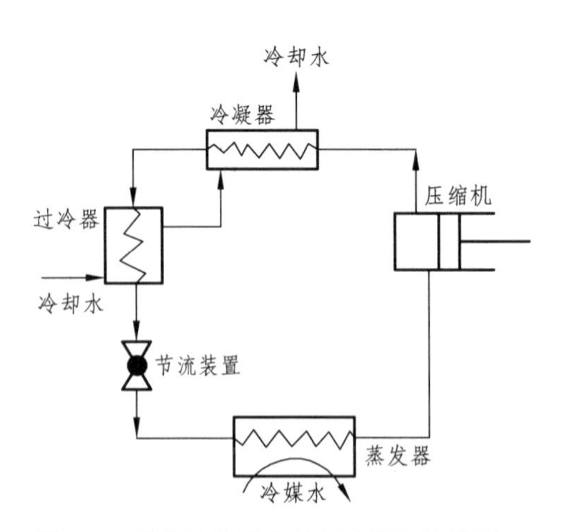

图 2-8 带有液体过冷的制冷循环流程图

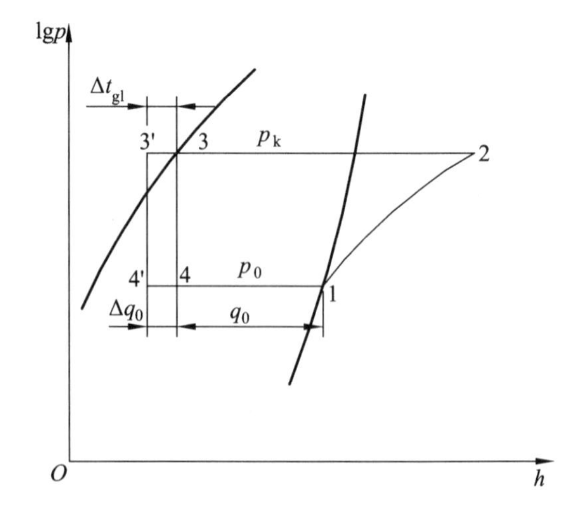

图 2-9 理论循环与过冷循环的 lg*p*-*h* 图

可以得出结论，液体过冷使得：

（1）q_0 增大。

（2）w_0 不变。

（3）ε 增大。

（4）制冷剂的循环量 q_m 下降。

可见，应用液体过冷在理论上对改善循环是有利的。当制冷量 Q_0 一定时，由于单位制冷量 q_0 增大，可使制冷剂的循环量 q_m 及轴功率 N_s 降低，制冷装置结构紧凑，经济性提高。但是，采用液体过冷需要增加初投资和设备运行费用，应进行技术经济指标的核算来确定是否采用液体过冷。

一般地说，对于大型的氨制冷装置，而且蒸发温度 t_0 在−5 °C 以下时采用液体过冷比较有利；而对于空气调节用的制冷装置一般不单独设置过冷器，而是适当增加冷凝器的传热面积，实现制冷剂在冷凝器内的过冷。

（二）蒸气过热对循环的影响

1. 蒸气过热的定义

当制冷压缩机吸入前的制冷剂蒸气温度高于蒸气压力下的饱和温度时，称为蒸气过热。

过热分为有效过热和有害过热两种。过热吸收的热量来自被冷却对象，产生了有用的制冷效果，这种过热称为有效过热。反之，过热吸收的热量来自被冷却对象之外，没有产生有用的制冷效果，则称为有害过热。

过热度：过热后的压缩机吸气温度 t_1' 与蒸发温度 t_0 的差值称为过热度（$\Delta t_{sh}=t_1'-t_0$）。

2. 产生蒸气过热的原因

蒸发器内过热：在蒸发器内汽化后的饱和蒸气继续吸取低温热源的热量而过热。

回气管道内过热：制冷剂蒸气在回气管路中吸收外界环境热量而过热。

电机引起的过热：制冷剂蒸气在进入制冷压缩机压缩前，吸收电机绕组和机器运转时所产生的热量。

回热器内过热：制冷剂蒸气在回热器内吸收制冷剂液体的热量而过热。

3. 蒸气过热对制冷循环性能的影响

（1）蒸发器内无过热的吸气过热。

蒸发器内无过热的吸气过热的循环在 lg*p*-*h* 图上的表示见图 2-10。

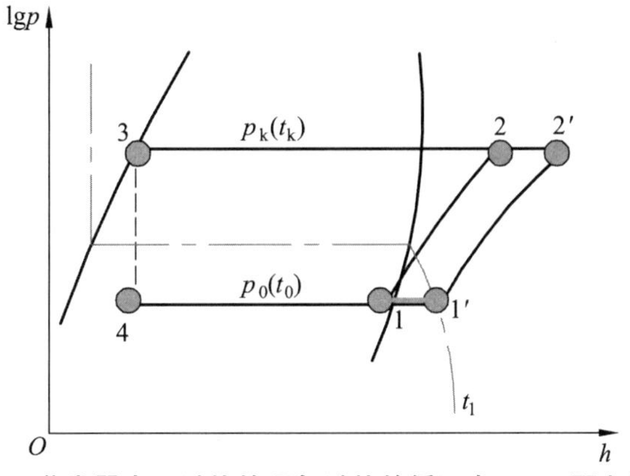

图 2-10　蒸发器内无过热的吸气过热的循环在 lg*p*-*h* 图上的表示

由图 2-10 可知，在有害过热（蒸发器内无过热，管道过热）中：

① q_0 不变。

② 吸气比体积增大，单位容积制冷量 q_v 降低。

③ 单位循环功增大。

④ 制冷系数降低。

（2）蒸发器内有过热的吸气过热循环。

蒸发器内有过热的吸气过热循环在 lg$p$-h 图上的表示见图 2-11。

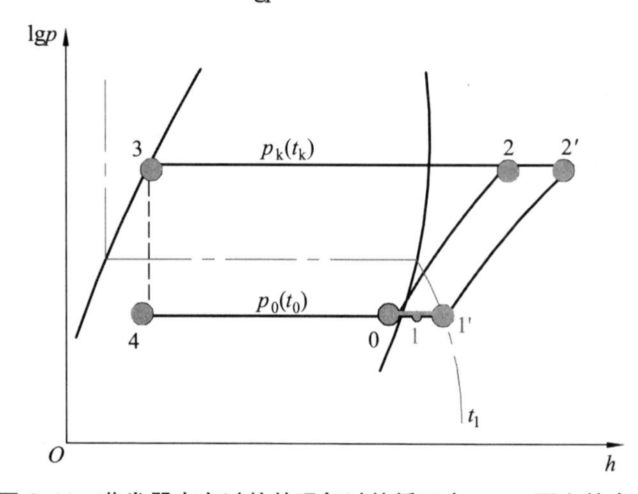

图 2-11 蒸发器内有过热的吸气过热循环在 lg$p$-h 图上的表示

在有效过热（蒸发器内有过热，管道有过热）中：

① q_0 变大。

② 单位循环功增大。

③ 制冷系数不确定。

制冷系数是否增加，应具体分析。它与制冷剂性质有关，计算与实验均可证明，对 R717、R22 制冷剂，吸入过热蒸气对制冷系数是不利的，而对 R12、R502 制冷剂，蒸气过热能使制冷系数有所提高。

说明：

① 有害过热是难以消除的，但可以通过回气管道的隔热处理来减轻。

② 尽管蒸气过热对循环不利，但为了改善制冷循环的性能和制冷压缩机的安全运行，还是希望制冷剂在进入压缩机前有适量的过热度。氨的过热度为 5 °C；氟利昂一般取可采取较大的过热度，但过热温度不超过 15 °C。

（三）回热对循环的影响

1. 回热的定义

回热是利用气、液热交换器（又称回热器）使节流前的制冷剂液体与制冷压缩机吸入前的低温制冷剂蒸气进行循环内部热交换，既能使液体过冷，又能消除或减少有害过热的方法。带有回热器的制冷循环流程图见图 2-12。

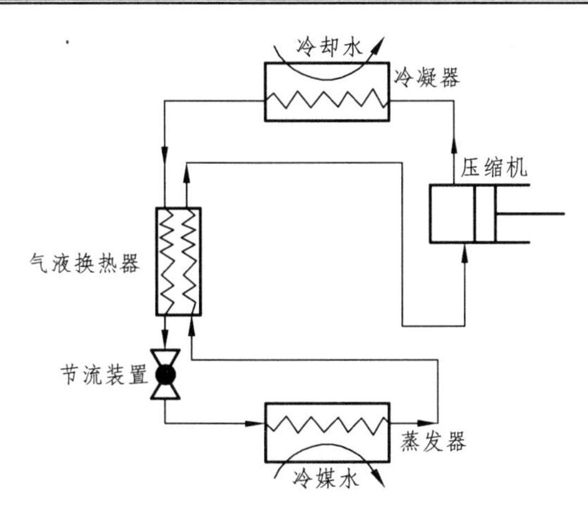

图 2-12　带有回热器的制冷循环流程图

2. 工作过程

出冷凝器后的制冷剂液体在回热器中被低压蒸气在冷却后经节流降压进入蒸发器；在蒸发器内吸热汽化后的低压蒸气进入回热器吸收制冷剂液体的热量而升温过热，然后再进入制冷压缩机。压缩后的制冷剂高压蒸气进入冷凝器内被冷却成饱和液体。

由图 2-12 可知，回热循环实际上是在普通的制冷循环系统中增加了一个回热器。回热器又称为气液换热器，是一个热交换设备。在回热器内进行的气、液热交换过程中，由于制冷剂液体的比热容始终大于制冷剂过热蒸气的比热容，因此蒸气温度的升高值始终大于液体温度的降低值，也就是说，经过回热器的热交换制冷剂蒸气的过热度大于制冷剂液体的过冷度。

3. 实现方法

（1）系统中设回热器。

（2）吸气管与供液管绑扎。

4. 回热对循环性能的影响

理论循环与回热循环的压焓图见图 2-13。

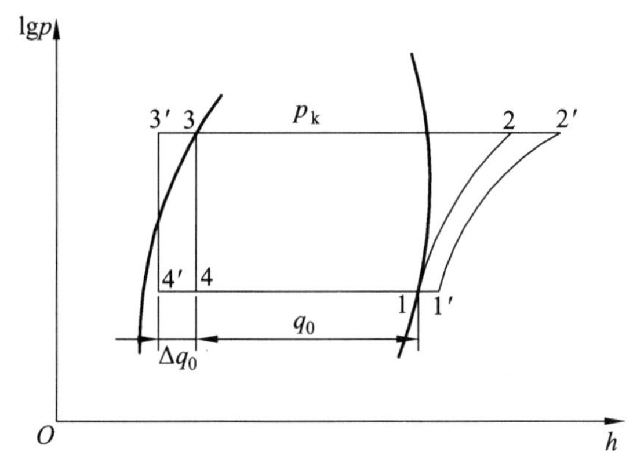

图 2-13　理论循环与回热循环的压焓图

回热器的平衡方程：$q_R=h_3-h_3'=h_1'-h_1$　（2-48）

（1）q_0 变大。

（2）单位循环功增大。

（3）制冷系数不确定。

回热循环的过冷、过热过程均在自己系统内部完成。过热过程因不是在被冷却空间进行，因而没有产生制冷效果，属于有害过热，对循环不利。但它同时置换了一定的过冷度，对制冷循环有益。因此，回热循环对实际制冷循环是否有益，取决于过热和过冷过程对制冷循环影响的程度。

在实际应用中：

（1）氟利昂制冷循环适合使用回热器。因为氟利昂制冷系统一般采用直接膨胀供液方式给蒸发器供液，为简化系统，一般不设气液分离装置。回热循环的过冷可使节流降压后的闪发性气体减少，从而使节流机构工作稳定，蒸发器供液均匀。同时，回热循环的过热又可使制冷压缩机避免“湿冲程”，保护制冷压缩机。

（2）在低温制冷装置中也使用回热器。这样做是为了避免吸气温度过低致使制冷压缩机气缸外壁结霜，润滑条件恶化，同时可减少节流后的闪发性气体，可以改善其润滑条件。

（3）对于制冷剂 R113、R114 和 RC318 等，由于其热力性质图的特殊性，制冷压缩机吸入饱和蒸气进行压缩时，其压缩过程线将进入两相区，为了保护制冷压缩机，宜采用过热或回热循环。

（4）在小型氟利昂制冷冷库中，也可以采用将制冷压缩机的吸气管与节流阀前的供液管捆绑在一起的简易做法，同样可起到回热器的作用。

（5）适量提高吸气温度，可以减轻或避免吸气的有害过热，同时还可以减轻吸入蒸气与气缸壁之间的热交换，使压缩机的输气系数更高。

（四）单级蒸气压缩式制冷实际循环的热力计算

1. 实际制冷循环的热力计算任务

（1）根据工况要求计算出实际制冷循环性能，即制冷压缩机的制冷量和轴功率，冷凝器、过冷器、蒸发器、回热器等换热设备的热负荷等，为选择或设计制冷压缩机、制冷设备及制冷系统提供原始数据。

（2）根据制冷工艺需要，对选定的制冷机、制冷设备等进行校核计算，以使其达到安全、高效运行的目的。

2. 实际制冷循环热力计算的基本原则

（1）根据生产需要的制冷系统冷负荷进行热力计算，一般不考虑制冷系统的备用负荷。

（2）设备负荷与制冷机负荷应相匹配，即根据制冷机负荷进行设备负荷计算。

（3）选定的制冷循环工作条件不得超过制造厂所规定的允许工作条件，以保证制冷系统安全、高效运行，否则，整个计算都是无意义的。

3. 单级实际制冷循环热力计算的一般步骤

（1）确定制冷剂和制冷循环形式。

根据用途选择制冷剂，根据制冷剂的性质和制冷工艺要求确定制冷循环形式。如 R22 系统宜采用回热循环形式，R717 系统采用无回热循环形式等。

（2）确定循环的工作温度。

单级实际制冷循环的工作温度包括蒸发温度、冷凝温度、过冷温度、过热温度。制冷循环的工作温度应根据制冷工艺要求、当地气象水文条件、所选用的制冷剂种类、制冷机和制冷设备的形式等因素确定。

① 蒸发温度的确定取决于被冷却系统的低温要求、制冷剂与被冷却系统间的传热温差、蒸发器的冷却方式及载冷剂的种类等因素。

a. 冷却液体载冷剂。

直立管式和螺旋管式蒸发器蒸发温度：

$$t_0 = t_2 - \Delta t \tag{2-49}$$

式中　t_2——载冷剂出口温度，°C；

Δt——载冷剂出口温度与蒸发温度之差；水：Δt=4 ~ 6 °C；盐水：Δt=2 ~ 3 °C。

卧式壳管式蒸发器蒸发温度：

$$t_0 = \frac{1}{2}(t_1 + t_2) - \Delta t_m \tag{2-50}$$

式中　t_1、t_2——载冷剂进、出口温度；氨：t_2=t_1+(3 ~ 5 °C)；氟利昂：t_2=t_1+(4 ~ 6 °C)；

Δt_m——平均传热温差；氨：Δt_m = 4 ~ 6 °C；氟利昂：Δt_m =6 ~ 8 °C。

b. 冷库或实验装置的冷却排管或冷风机。

$$t_0 = t_n - \Delta t \tag{2-51}$$

式中　t_n——室内计算温度；

Δt——传热温差，一般 Δt=10 °C；对于试验用冷风机 t_n<−50 °C 时，Δt=4 ~ 8 °C。

c. 空气调节用直接蒸发式表冷器。

$$t_0 = t_2 - (8 \sim 10\ ^\circ\mathrm{C}) \tag{2-52}$$

式中　t_2——表冷器出口空气干球温度，°C。

d. 对于空调工程。

$$t_0 = t' - (4 \sim 6\ ^\circ\mathrm{C}) \tag{2-53}$$

式中　t'——载冷剂所要求的温度，°C。

② 过热温度 t_{sh}。

过热温度 t_{sh} 取决于回热的形式、蒸发温度和制冷剂种类等。过热温度 t_{sh} 可根据名义工况所规定的过热温度范围来确定，也可按经验确定。

a. 氨系统。

不考虑蒸发器内的过热度；

氨泵供液取小值过热度，重力供液和直接膨胀供液取大值过热度。

氨压缩机允许吸气温度见表 2-1。

表 2-1 氨压缩机允许吸气温度 °C

t_0	0	−5	−10	−15	−20	−25	−28	−30	−33	−40
t_{sh}	1	−4	−7	−10	−13	−16	−18	−19	−21	−25
Δt_{sh}	1	1	3	5	7	9	10	11	12	15

b. 氟系统。

采用热力膨胀阀时，蒸发器出口温度为 3 ~ 8 °C；

采用单级循环时，$t_{sh} \leqslant 15$ °C，不能太低；

采用回热器时，$t_{sh}=t_0+$（30 ~ 40 °C），气体出口温度可比液体进口温度低 5 ~ 10 °C。

c. 复叠制冷低温部分吸气过热度为 12 ~ 63 °C。

③ 冷凝温度。

冷凝温度 t_k 取决于冷却条件和冷凝器形式，同时也受到制冷机极限工作条件的限制，另外，在设计计算时宜留有 1 ~ 2 °C 的裕度。

a. 采用水作为冷却介质的立式壳管式、卧式壳管式、淋激式、套管式、组合式冷凝器的冷凝温度为

$$t_k = t_2 + \Delta t \tag{2-54}$$

式中 t_2——冷却水出水温度；

Δt——冷凝器中平均传热温差，$\Delta t = 4 \sim 7$ °C。

b. 风冷式冷凝器。当迎风面风速为 2 ~ 3 m/s，传热系数 K=24 ~ 29 W/(m^2·K)时，冷凝温度 t_k 为

$$t_k=t_{air1}+（10 \sim 15\ °C） \tag{2-55}$$

式中 t_{air1}——进口空气干球温度；

10 ~ 15 °C——冷凝温度与进口空气干球温度之差。

c. 蒸发式冷凝器的冷凝温度为

$$t_k =t'_{air1}+（8 \sim 15\ °C） \tag{2-56}$$

式中 t'_{air1}——进口空气湿球温度；

8 ~ 15 °C——冷凝温度与进口空气湿球温度之差。

④ 过冷温度 t_{sc}。

过冷温度 t_{sc} 取决于制冷剂特性和冷却方式。

氨系统：一般不设水过冷器。

氟系统：卧式冷凝器逆流换热时可取适量过冷度。

单级采用回热器时 Δt_{sc} =3 ~ 5 °C，即 $t_{sc}=t_k-$（3 ~ 5 °C）。

（3）确定状态参数值。

根据选定的制冷剂、循环形式和相应的工作参数，作制冷循环热力状态图，确定状态点，求出各状态点的有关热力参数。

（4）热力性能计算。

根据要求计算制冷循环的制冷量 Q_0、轴功率 N_s、制冷系数 ε 以及冷凝器热负荷 Q_k、回热

器热负荷 Q_R、过冷器热负荷 Q_{sc} 等。

下面结合例题来介绍单级蒸气压缩式制冷实际循环的热力性能计算方法。

【例 2.2】 辽宁沈阳某冷库系统，制冷剂为 R717，冷间空气温度为-10 °C，采用蒸发式冷凝器，液体无过冷，库房耗冷量为 200 kW，试进行制冷循环的热力分析计算。

解：（1）确定工作参数。

① 蒸发温度与蒸发压力：

$$t_0 = t_n - \Delta t = -10 - 10 = -20\ (°C)$$

$$p_0=0.1906\ \text{MPa}$$

② 冷凝温度与冷凝压力：

$$t_k = t'_{air1} + (8 \sim 15\ °C) = 25.4\ °C + 9.6\ °C = 35\ °C$$

$$p_k = 1.354\ \text{MPa}$$

$\dfrac{p_k}{p_0} = \dfrac{1.354}{0.1906} = 7.1 < 8$，可以采用单级制冷循环。

③ 吸气温度：由表查得 t_{sh}=−13 °C。

④ 过冷温度：Δt_{sc} =0 °C。

（2）由上述工作温度画压焓图（见图 2-14），并求状态参数值。

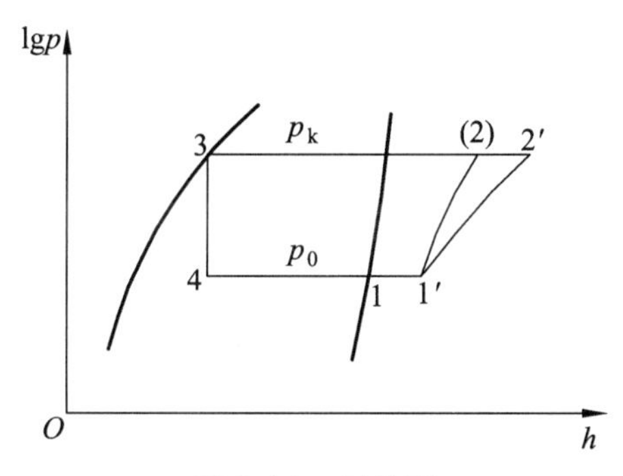

图 2-14　压焓图

（3）状态参数值（见表 2-2）。

表 2-2　状态参数值

状态点	参　数	单　位	数　值	备　注
1	t_1	°C	−20	$t_1=t_0$
	p_1	MPa	0.1906	$p_1=p_0$
	h_1	kJ/kg	1436.3	
1′	t_1'	°C	−13	$t_1'=t_{sh}$
	p_1'	MPa	0.1906	$p_1'=p_0$
	v_1'	m³/kg	0.4545	
	h_1'	kJ/kg	1450	
2	p_2	MPa	1.354	$p_2=p_k$
	h_2	kJ/kg	1725	$s_2=s_1'$

续表

状态点	参　数	单　位	数　值	备　注
3	t_3	°C	35	t_3=t_k
	p_3	MPa	1.354	p_3=p_k
	h_3	kJ/kg	363.7	
4	t_4	°C	−20	t_4= t_0
	p_4	MPa	0.1906	p_4= p_0
	h_4	kJ/kg	363.7	h_4= h_3

（4）热力性能计算。

① 单位制冷量、单位容积制冷量：

$$q_0 = h_1 - h_4 = 1436.3-363.7=1099.6\ (\text{kJ/kg})$$

$$q_v = q_0/v_1' = 1\ 099.6/0.454\ 5=2418\ (\text{kJ/m}^3)$$

② 制冷量：

由已知条件可知 Q_0=200 kW。

③ 制冷剂循环量：

$$q_m = Q_0/q_0 = 200/1099.6=0.182\ (\text{kg/s})$$

④ 理论功率：

$$N_0 = q_m \cdot w_0 = 0.182\times(1725-1450)=50.05\ (\text{kW})$$

⑤ 指示功率：

指示效率 $\eta_i = \lambda_T + bt_0 = \dfrac{T_0}{T_k} + bt_0 = \dfrac{273-20}{273+30} + 0.001\times(-20) = 0.815$

指示功率 $N_i = \dfrac{N_0}{\eta_i} = \dfrac{50.05}{0.815} = 61.41$（kW）

⑥ 轴功率：

取机械效率 η_m=0.85。

由 $\eta_m = \dfrac{N_i}{N_s} = \dfrac{N_i}{N_i + N_m}$ 得

$$N_s = \frac{N_i}{\eta_m} = \frac{61.41}{0.85} = 72.25\ (\text{kW})$$

⑦ 制冷系数：

$$\varepsilon = \frac{Q_0}{N_s} = \frac{200}{72.25} = 2.87$$

⑧ 制冷压缩机实际排气焓值：

$$h_2' = h_1' + \frac{h_2 - h_1'}{\eta_i} = 1450 + \frac{1725-1450}{0.815} = 1787.4\ (\text{kJ/kg})$$

⑨ 冷凝器负荷：

$$Q_k = q_m \cdot q_k = q_m \cdot (h_2' - h_3) = 0.182\times(1\ 787.4 - 363.7) = 259.11\ (\text{kW})$$

【例 2.3】一台制冷量为 50 kW 的往复活塞式制冷机，工作时高温热源温度为 32 °C，低温热源温度为-18 °C，采用制冷剂为 R134a，采用回热循环，压缩机的吸气温度为 0 °C，试进行循环的热力计算。

解：循环的 lg*p*-*h* 图如图 2-15 所示，取冷凝温度 t_k 比高温热源高 8 °C，蒸发温度 t_0 比低温热源温度低 5 °C，压缩机的指示效率为 0.75，压缩机的机械效率为 0.92，可确定循环各点的状态参数，如表 2-3 所示。

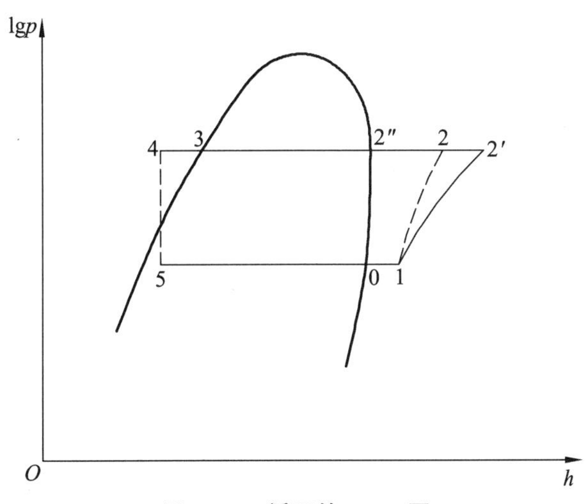

图 2-15　循环的 lg*p*-*h* 图

表 2-3　循环各点的状态参数

状态点	参　数	单　位	数　值	备　注
0	t_0	°C	−23	t_0= t_0'−5=−18−5=−23（°C）
	p_0	MPa	0.1168	
	h_0	kJ/kg	383.45	
1	t_1	°C	0	
	p_1	MPa	0.1168	
	v_1	m^3/kg	0.185	
	h_1	kJ/kg	401.6	
2	p_2	MPa	1.016 4	
	h_2	kJ/kg	458	
3	t_3	°C	40	t_k=t_3= t_H+8=40（°C）
	p_3	MPa	1.0164	
	h_3	kJ/kg	256.2	
4	t_4	°C	27.3	h_4 根据热平衡计算得出
	p_4	MPa	1.0164	
	h_4	kJ/kg	238.1	

循环的热力计算如下：

① 状态 1 点的确定。

根据回热器的热平衡方程：$h_3-h_4=h_1-h_0$

$$h_4=h_3-（h_1-h_0）=256.2-（401.6-383.45）=238.1（kJ/kg）$$

由 R134a 的压焓图查得 t_4=27.3 °C。

② 单位制冷量、单位容积制冷量：

$$q_0=h_1-h_5=401.6-238.1=163.5（kJ/kg）$$

$$q_v=q_0/v_1=163.5/0.185=883.8（kJ/m^3）$$

③ 制冷量：

由已知条件可知 Q_0=50 kW。

④ 制冷剂循环量：

$$q_m=Q_0/q_0=50/163.5=0.306（kg/s）$$

⑤ 理论功率、指示功率、轴功率：

理论功率 $N_0=q_m \cdot w_0=0.306\times（458-401.6）=17.258（kW）$

指示功率 $N_i=\dfrac{N_0}{\eta_i}=\dfrac{17.258}{0.75}=23.01$（kW）

轴功率 $N_s=\dfrac{N_i}{\eta_m}=\dfrac{23.01}{0.92}=25.01$（kW）

⑥ 制冷系数：

$$\varepsilon=\frac{Q_0}{N_s}=\frac{50}{25.01}=1.999$$

⑦ 逆卡诺循环制冷系数及热力完善度：

$$\varepsilon_c=T_L/(T_H-T_L)=255.15/(305.15-255.15)=5.103$$

$$\beta=\varepsilon_0/\varepsilon_c=1.999/5.103=0.39$$

⑧ 制冷压缩机实际排气焓值：

$$h_2'=h_1+\frac{h_2-h_1}{\eta_i}=401.6+\frac{458-401.6}{0.75}=476.8\text{（kJ/kg）}$$

⑨ 冷凝器负荷：

$$Q_k=q_m\cdot q_k=q_m\cdot(h_2'-h_3)=0.306\times(476.8-256.2)=67.5\text{（kW）}$$

⑩ 回热器的热负荷：

$$Q_R=q_m\cdot(h_1-h_0)=0.306\times(401.6-383.45)=5.554\text{（kW）}$$

五、冷凝温度升高对循环的影响

冷凝温度升高压焓图见图 2-16。

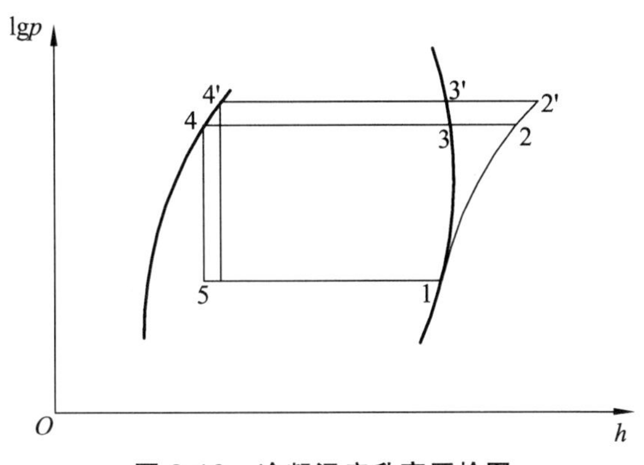

图 2-16　冷凝温度升高压焓图

由图 2-16 可知：

（1）冷凝温度升高，会使冷凝压力也升高。随着冷凝压力的升高，压缩比要增大，排气温度升高。

（2）单位质量制冷量减少，吸气比容不变，单位容积制冷量减少。

（3）单位理论功增大。

（4）忽略输气系数的变化，则制冷剂循环量 q_m 不变，循环的制冷量 Q_0 降低，轴功率 N_s 增大。

（5）制冷系数降低。

所以，冷凝温度升高对制冷循环的影响非常不利。

六、蒸发温度降低对循环的影响

蒸发温度降低压焓图见图 2-17。

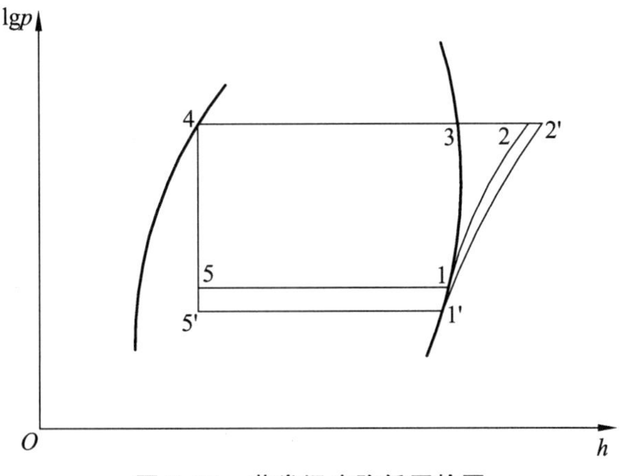

图 2-17　蒸发温度降低压焓图

（1）蒸发压力 p_0 随蒸发温度 t_0 的降低而降低，压力比 p_k/p_0 增大，制冷压缩机的排气温度升高，制冷压缩机的不可逆熵值增大。

（2）单位质量制冷量减少，但趋势很小，近似看作不变。

（3）吸气比容增大，q_v 减少，制冷剂的循环量减少，因而制冷量减少。

（4）w_0 增大，吸气比容 v_1 增大，所以无法判断比容积功 w_{0v} 和理论功率 P_0 的变化规律。在实际应用中发现，当压缩机的压缩比 p_k/p_0 约为 3 时，耗功率达到最大值。

（5）单位循环功增大。

（6）蒸发温度 t_0 降低，制冷量 Q_0 下降时，无论制冷压缩机的功率是增大还是减小，制冷循环的制冷系数总是降低的。

所以，蒸发温度对制冷系统的影响是巨大的，除非工艺需要，否则就不要把蒸发温度调得太低。

七、冷凝温度和蒸发温度同时变化对循环的影响

在实际制冷循环中，蒸发温度 T_0 和冷凝温度 T_k 有可能同时变化。其变化的规律与理论制冷循环有所不同。但变化的趋势是一致的，所以制冷压缩机通常是由试验（或计算）求出不同 T_k 和 T_0 值时的制冷量 Q_0 和轴功率 N_s 值，再绘制成曲线，称为制冷压缩机的实际循环性能曲线图，如图 2-18、图 2-19 所示。

提高冷凝温度 T_k 和降低蒸发温度 T_0 对循环都是不利的，都会使制冷系数 ε 降低。降低蒸发温度 T_0 对循环的影响，要比升高冷凝温度 T_k 的影响来得大。所以在制冷系统的设计和运行管理中，一方面要降低冷凝温度 T_k，另一方面要在符合工艺要求的前提下不能任意降低蒸发温度 T_0。

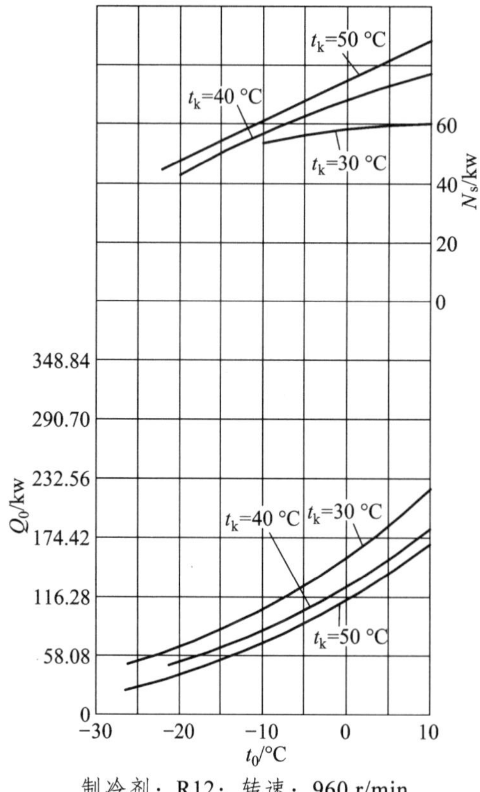

制冷剂：R12；转速：960 r/min

812.5F 制冷压缩机性能曲线

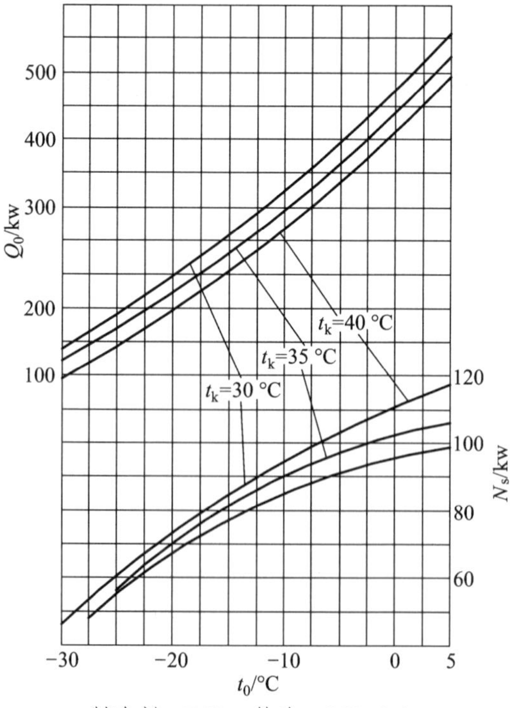

制冷剂：R22；转速：960 r/min

812.5F 制冷压缩机性能曲线

图 2-18 氟制冷压缩机的实际循环性能曲线图

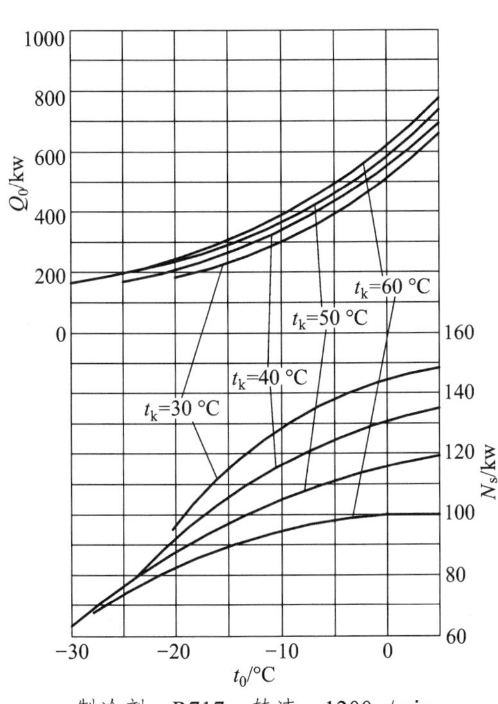

制冷剂：R717；转速：1200 r/min

812.5AC 制冷压缩机性能曲线

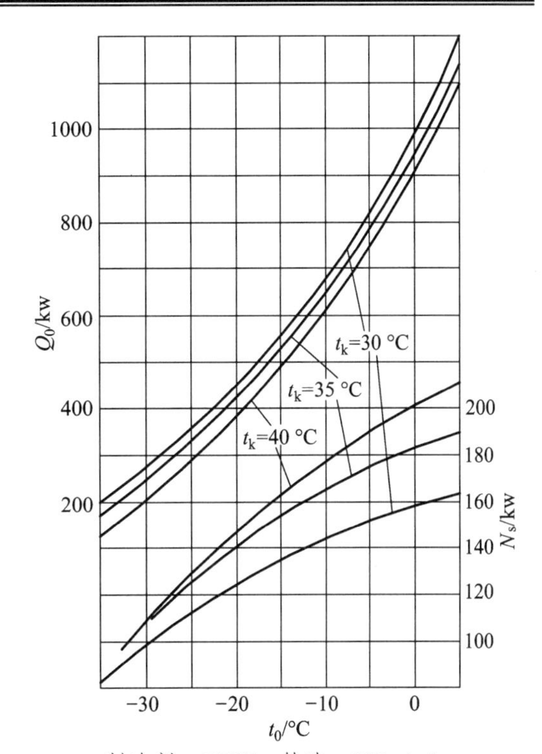

制冷剂：R717；转速：120 r/min

812.5AC 制冷压缩机性能曲线

图 2-19　氨制冷压缩机的实际循环性能曲线图

八、应用不同制冷剂时对循环的影响

1. 制冷量 Q_0 的换算

对于同一台制冷压缩机来说，理论输气量 V_h 是固定不变的。

$$Q_0 = q_m \cdot q_0 = \frac{V_s \cdot q_v}{3600} = \frac{V_h \cdot \lambda \cdot q_v}{3600} \tag{2-57}$$

当分别采用 x、y 两种制冷剂时，其制冷量可用下式表示：

$$\frac{Q_{0x}}{(\lambda \cdot q_v)_x} = \frac{Q_{0y}}{(\lambda \cdot q_v)_y} \tag{2-58}$$

2. 轴功率 N_s 的换算

在改用制冷剂后，制冷压缩机的轴功率可用下式换算：

$$N_{s \cdot x} = N_{s \cdot y} \cdot \frac{\eta_{e \cdot y}}{\eta_{e \cdot x}} \cdot \frac{(\lambda \cdot w_v)_x}{(\lambda \cdot w_v)_y} \tag{2-59}$$

改用制冷剂后，除了制冷压缩机特性变化外，还要考虑以下几个重要问题：

（1）改用的制冷剂不能对制冷压缩机或设备材料有腐蚀，否则就不能任意换用制冷剂。

（2）改用制冷剂时应相应改换润滑油。

（3）改用制冷剂后，制冷压缩机结构也应作相应的考虑。

（4）改用制冷剂时应校核匹配电机的功率，要校核冷凝器、节流器、蒸发器负荷，改换相应的种类、型号、规格等；要相应改换制冷压缩机的密封结构和密封材料等。

（5）改用制冷剂时应考虑制冷压缩机和设备的强度，以及制冷压缩机运动部件的受力情况。对于活塞式制冷压缩机，当 t_k 和 t_0 给定时，改用制冷剂应符合下列条件：① 冷凝压力 p_k 应小于设计的最大允许冷凝压力；② 压力差（p_k-p_0）应小于设计最大压力差。

九、单级制冷压缩机的工况

由于制冷压缩机的制冷量随工质和工作条件变化，所以在标明制冷剂的制冷能力时，应说明制冷剂的工作状况。

1. 工　况

工况是比较和评估制冷机性能的基础，由采用的制冷剂种类和制冷机工作的温度条件（蒸发温度、吸气温度、冷凝温度、过冷温度）组成。

2. 工况种类

（1）20 世纪 80 年代以前的工况标准主要包括标准工况、空调工况、最大功率工况、最大压差工况。我国常用制冷机工况（通常适用于开启式）见表 2-4。

表 2-4　我国常用制冷机工况（通常适用于开启式）　°C

工况种类	工作温度	制冷剂			工况种类	工作温度	制冷剂		
		R717	R12	R22			R717	R12	R22
标准工况	冷凝温度 t_k	30	30	30	最大压差工况	冷凝温度 t_k	40	50	40
	蒸发温度 t_0	−15	−15	−15		蒸发温度 t_0	−20	−30（−8）	−30
	过冷温度 t_{sc}	25	25	25		过冷温度 t_{sc}	40	50	40
	吸气温度 t_{sh}	−10	15	15		吸气温度 t_{sh}	−15	0（15）	15
空调工况	冷凝温度 t_k	40	40	40	最大功率工况	冷凝温度 t_k	40	50	40
	蒸发温度 t_0	5	5	5		蒸发温度 t_0	5（0）	10	5
	过冷温度 t_{sc}	35	35	35		过冷温度 t_{sc}	40	50	40
	吸气温度 t_{sh}	10	15	15		吸气温度 t_{sh}	10（5）	15	15

（2）新标准工况：高温用工况、中温用工况、低温用工况。

名义工况：是用来标明制冷机工作能力的温度条件，即铭牌制冷量和轴功率的工况。压缩机出厂时，机器铭牌上标出的制冷量一般是名义工况下的制冷量。

最大压差工况：用来考核压缩机零件强度、排气温度、油温、电机绕组温度。

最大轴功率工况：用来考核压缩机噪声、振动及机器能否正常启动，并依此选配电动机。

我国标准 JB/T 7666—1995《制冷和空调设备名义工况一般规定》规定了容积式制冷压缩机及机组和压缩冷凝机组、容积式和离心式冷水机组、单元式空调机、房间空调器等的名义工况。为了使用方便，表 2-5～2-12 给出了这些工况参数，表中带括号的工况供进出口时检验与验收使用，带括号的参数适用于带括号的工况。在这些表中，温度所用的单位均为 °C。

如果不是饱和状态，有时称吸气温度为过热温度，液体温度为过冷温度。机组形式分为全封闭、半封闭和开启式等，有关机组形式等内容将在制冷压缩机等课程作详细介绍。除表 2-6 和表 2-7 外，表中参数适用于 R12、R22、R502 及其替代制冷剂 R134a、R600a、R407C 等，不适用于氨。用氨作制冷剂的机组工况由表 2-6 和表 2-7 给出。在表 2-5 中，工况 1、2、3、4、6、7、8 的环境温度均为（25±5）°C；5 和（5A）工况为 32 °C，其他带括号的工况为 35 °C。

表 2-5　容积式制冷压缩机及机组的名义工况

<table>
<tr><th>类别</th><th colspan="2">工况序号</th><th>蒸发温度/ °C</th><th>冷凝温度/°C</th><th colspan="2">吸气温度/°C</th><th>液体温度/°C</th><th colspan="2">机组形式</th></tr>
<tr><td rowspan="2">高温</td><td colspan="2">1（1A）</td><td>7（7.2）</td><td>55（55.4）</td><td colspan="2">18（18.3）</td><td>50（46.1）</td><td colspan="2" rowspan="2">所有形式</td></tr>
<tr><td colspan="2">2</td><td>7</td><td>43</td><td colspan="2">18</td><td>38</td></tr>
<tr><td rowspan="4">中温</td><td rowspan="3">3</td><td>（3A）</td><td rowspan="3">−7（−6.7）</td><td rowspan="3">49（48.9）</td><td rowspan="3">18</td><td>−4.4</td><td rowspan="3">44（48.9）</td><td rowspan="3">所有形式</td><td>（全封闭）</td></tr>
<tr><td rowspan="2">（3B）</td><td rowspan="2">−18.3</td><td>（半封闭）</td></tr>
<tr><td>（开启式）</td></tr>
<tr><td colspan="2">4</td><td>−7</td><td>43</td><td colspan="2">18</td><td>38</td><td colspan="2">所有形式</td></tr>
<tr><td rowspan="3">低温Ⅰ</td><td colspan="2">5（5A）</td><td rowspan="2">−23（−23.3）</td><td>55（54.4）</td><td colspan="2">32（32.2）</td><td>32（32.2）</td><td colspan="2">全封闭</td></tr>
<tr><td colspan="2">6（6A）</td><td>49（48.9）</td><td colspan="2">5（4.4）</td><td>44（48.9）</td><td colspan="2" rowspan="2">所有形式</td></tr>
<tr><td colspan="2">7</td><td>−23</td><td>43</td><td colspan="2">5</td><td>38</td></tr>
<tr><td rowspan="3">低温Ⅱ</td><td rowspan="3">8</td><td>（8A）</td><td rowspan="3">−40</td><td rowspan="3">35（40.6）</td><td rowspan="3">−10</td><td>−4.4</td><td rowspan="3">30（40.6）</td><td rowspan="3">所有形式</td><td>（全封闭）</td></tr>
<tr><td rowspan="2">（8B）</td><td rowspan="2">−18.3</td><td>（半封闭）</td></tr>
<tr><td>（开启式）</td></tr>
</table>

表 2-6　氨压缩冷凝机组名义工况

<table>
<tr><th rowspan="3">类别</th><th rowspan="3">工况序号</th><th rowspan="3">蒸发温度/ °C</th><th rowspan="3">吸气温度/ °C</th><th colspan="4">冷凝器冷却方式</th><th rowspan="3">环境温度/ °C</th></tr>
<tr><th>风冷</th><th colspan="2">水冷</th><th>蒸发冷却</th></tr>
<tr><th>干球温度/ °C</th><th>进口温度/ °C</th><th>出口温度/ °C</th><th>进风湿球温度/ °C</th></tr>
<tr><td>高温</td><td>1</td><td>7</td><td>15</td><td rowspan="4">32</td><td rowspan="4">30</td><td rowspan="4">35</td><td rowspan="4">24</td><td rowspan="4">32</td></tr>
<tr><td>中温</td><td>2</td><td>−7</td><td>1</td></tr>
<tr><td>低温Ⅰ</td><td>3</td><td>−23</td><td>−15</td></tr>
<tr><td>低温Ⅱ</td><td>4</td><td>−40</td><td>−20</td></tr>
</table>

表 2-7　氨制冷压缩机及机组的名义工况

<table>
<tr><th>类别</th><th colspan="2">工况序号</th><th colspan="2">蒸发温度/ °C</th><th>冷凝温度/ °C</th><th>吸气温度/ °C</th><th>液体温度/ °C</th><th>环境温度/ °C</th></tr>
<tr><td rowspan="2">中温</td><td rowspan="2">1</td><td>（1A）</td><td rowspan="2">−7</td><td>（−6.7）</td><td rowspan="4">35</td><td>−1（−1.1）</td><td rowspan="3">30（35）</td><td rowspan="4">32（32.3）</td></tr>
<tr><td>（1B）</td><td>（−15）</td><td>−9（−9.4）</td></tr>
<tr><td>低温Ⅰ</td><td colspan="2">2（2A）</td><td colspan="2">−23（−23.3）</td><td>−15（−17.8）</td></tr>
<tr><td>低温Ⅱ</td><td colspan="2">3（3A）</td><td colspan="2">−40</td><td>−20（−34.4）</td><td>30</td></tr>
</table>

表 2-8　容积式和离心式冷水机组的名义工况

类别	工况序号	使用侧/ °C		热源侧或放热侧/ °C				
		冷温水		水冷		风冷		蒸发冷凝
		进口	出口	进口	出口	干球	湿球	进风湿球
制冷	1（1A）	12（12.4）	7（6.7）	32（29.4）	37（35）	35	24（23.9）	24（23.9）
热泵	2	40	45	12	7	7	6	

注：工况 1 和（1A）风冷冷凝器不采用蒸发凝结水冷却时，湿球温度不作规定。

表 2-9　单元式空调机的名义工况

<table>
<tr><td colspan="2" rowspan="3">类别</td><td colspan="2" rowspan="3">工况序号</td><td colspan="3">室内机组温度/ °C</td><td colspan="9">室外机组温度/ °C</td></tr>
<tr><td colspan="3">进风</td><td colspan="4">风冷</td><td colspan="2">蒸发冷却</td><td colspan="3">水冷却</td></tr>
<tr><td>干球</td><td colspan="2">湿球</td><td colspan="2">干球</td><td colspan="2">湿球</td><td>干球</td><td>湿球</td><td colspan="2">进口</td><td>出口</td></tr>
<tr><td colspan="2">制冷</td><td colspan="2">1
（1A）</td><td>27
（26.7）</td><td colspan="2">19.5
（19.4）</td><td colspan="2">35</td><td colspan="2">24
（23.9）</td><td>35</td><td>24
（23.9）</td><td colspan="2">30
（29.4）</td><td>35</td></tr>
<tr><td rowspan="2">热泵</td><td>高温</td><td rowspan="2">2</td><td>（2A）</td><td rowspan="2">21
（21.1）</td><td rowspan="2">—</td><td rowspan="2">-15.6</td><td rowspan="2">7</td><td>（-8.3）</td><td rowspan="2">6</td><td>（-6.1）</td><td colspan="2" rowspan="2">—</td><td rowspan="2">12</td><td>12.1</td><td rowspan="2">—</td></tr>
<tr><td>低温</td><td>（2B）</td><td>（-8.3）</td><td>（-9.4）</td><td>10</td></tr>
<tr><td colspan="2">恒温恒湿</td><td colspan="2">3</td><td>23</td><td colspan="2">17</td><td colspan="2">35</td><td colspan="2">24</td><td>35</td><td>24</td><td colspan="2">30</td><td>35</td></tr>
</table>

注：① 热泵工况的水流量与制冷工况的水流量相同。
② 热泵工况风冷冷凝器不采用蒸发冷凝水冷却时，湿球温度不作规定。

表 2-10　房间空调器名义工况

<table>
<tr><td colspan="2" rowspan="3">类　别</td><td colspan="2" rowspan="3">工况序号</td><td colspan="2">室内机组温度/ °C</td><td colspan="8">室外机组温度/ °C</td></tr>
<tr><td colspan="2">进风</td><td colspan="4">风冷</td><td colspan="2">蒸发冷却</td><td colspan="2">水冷却</td></tr>
<tr><td>干球</td><td>湿球</td><td colspan="2">干球</td><td colspan="2">湿球</td><td>干球</td><td>湿球</td><td>进口</td><td>出口</td></tr>
<tr><td colspan="2">制冷</td><td colspan="2">1
（1A）</td><td>27</td><td>19.5
（19.0）</td><td colspan="2">35</td><td colspan="2">24</td><td>35</td><td>24</td><td>—
（30）</td><td>—
（35）</td></tr>
<tr><td rowspan="2">热泵</td><td>高温</td><td rowspan="2">2</td><td>（2A）</td><td rowspan="2">21
（20）</td><td rowspan="2">12</td><td rowspan="2">7</td><td>7</td><td rowspan="2">6</td><td>6</td><td colspan="4" rowspan="2">—</td></tr>
<tr><td>低温</td><td>（2B）</td><td>2</td><td>1</td></tr>
</table>

表 2-11　热泵型压缩机及机组的名义工况

<table>
<tr><td colspan="2">项　目</td><td>工况序号</td><td>蒸发温度/ °C</td><td>冷凝温度/ °C</td><td>吸气温度/ °C</td><td>液体温度/ °C</td><td>环境温度/ °C</td></tr>
<tr><td rowspan="3">空气源类</td><td>制冷</td><td>1（1A）</td><td>7（7.2）</td><td>55（54.4）</td><td>18（18.3）</td><td>50（46.1）</td><td rowspan="4">35</td></tr>
<tr><td>高温制热</td><td>2（2A）</td><td>-1（-1.1）</td><td>43（43.3）</td><td>10</td><td>38（35）</td></tr>
<tr><td>低温制热</td><td>3（3A）</td><td>-15</td><td>35</td><td>-4（-3.9）</td><td>30（26.7）</td></tr>
<tr><td>水源类</td><td>制冷与制热</td><td>4（4A）</td><td>7（7.2）</td><td>49（48.9）</td><td>18（18.3）</td><td>44（40.6）</td></tr>
</table>

表 2-12　制冷压缩冷凝机组的工况

<table>
<tr><th rowspan="3">类别</th><th rowspan="3" colspan="2">工况序号</th><th rowspan="3">蒸发温度/°C</th><th rowspan="3" colspan="2">吸气温度/°C</th><th colspan="4">冷凝器冷却方式</th><th rowspan="3">环境温度/°C</th><th rowspan="3" colspan="2">压缩机及机组形式</th></tr>
<tr><th>风冷</th><th colspan="2">水冷</th><th>蒸发冷却</th></tr>
<tr><th>干球温度/°C</th><th>进口温度/°C</th><th>出口温度/°C</th><th>进风湿球温度/°C</th></tr>
<tr><td>高温</td><td colspan="2">1（1A）</td><td>7（7.2）</td><td>18</td><td>（18.3）</td><td rowspan="6">32（32.2）</td><td rowspan="6">-29</td><td rowspan="6">35</td><td rowspan="6">24（23.9）</td><td rowspan="6">35</td><td colspan="2">所有形式</td></tr>
<tr><td rowspan="2">中温</td><td rowspan="2">2</td><td>（2A）</td><td>-7</td><td rowspan="2">18</td><td>（4.4）</td><td rowspan="5">所有形式</td><td>（全封式）</td></tr>
<tr><td>（2B）</td><td>（-6.7）</td><td>（18.3）</td><td>（半封闭开启式）</td></tr>
<tr><td>低温Ⅰ</td><td colspan="2">3（3A）</td><td>-23（-23.3）</td><td>5</td><td>4.4</td><td rowspan="2">（全封闭）</td></tr>
<tr><td rowspan="2">低温Ⅱ</td><td rowspan="2">4</td><td>（4A）</td><td rowspan="2">-40</td><td rowspan="2">-10</td><td>（4.4）</td></tr>
<tr><td>（4B）</td><td>（18.3）</td><td>（半封闭开启式）</td></tr>
</table>

3. 考核工况

用于考核产品合格性能的工作温度条件。

4. 工作工况

工作工况是指制冷机实际运行的工况，由实际工程中的工作温度条件决定。

不同工况下制冷量和轴功率间的换算公式如下：

$$\frac{Q_{0b}}{(\lambda \cdot q_v)_b} = \frac{Q_{0a}}{(\lambda \cdot q_v)_a} \tag{2-60}$$

$$N_{s \cdot b} = N_{s \cdot a} \cdot \frac{\eta_{e \cdot a}}{\eta_{e \cdot b}} \cdot \frac{(\lambda \cdot w_v)_b}{(\lambda \cdot w_v)_a} \tag{2-61}$$

模块四　单级蒸气压缩式制冷系统应用

单级蒸气压缩式制冷系统通常会在中、小型冷库和中央空调系统中应用。

一、中小型冷库制冷系统

1. 重力供液

采用重力供液的单级压缩制冷系统原理图如图 2-20 所示。

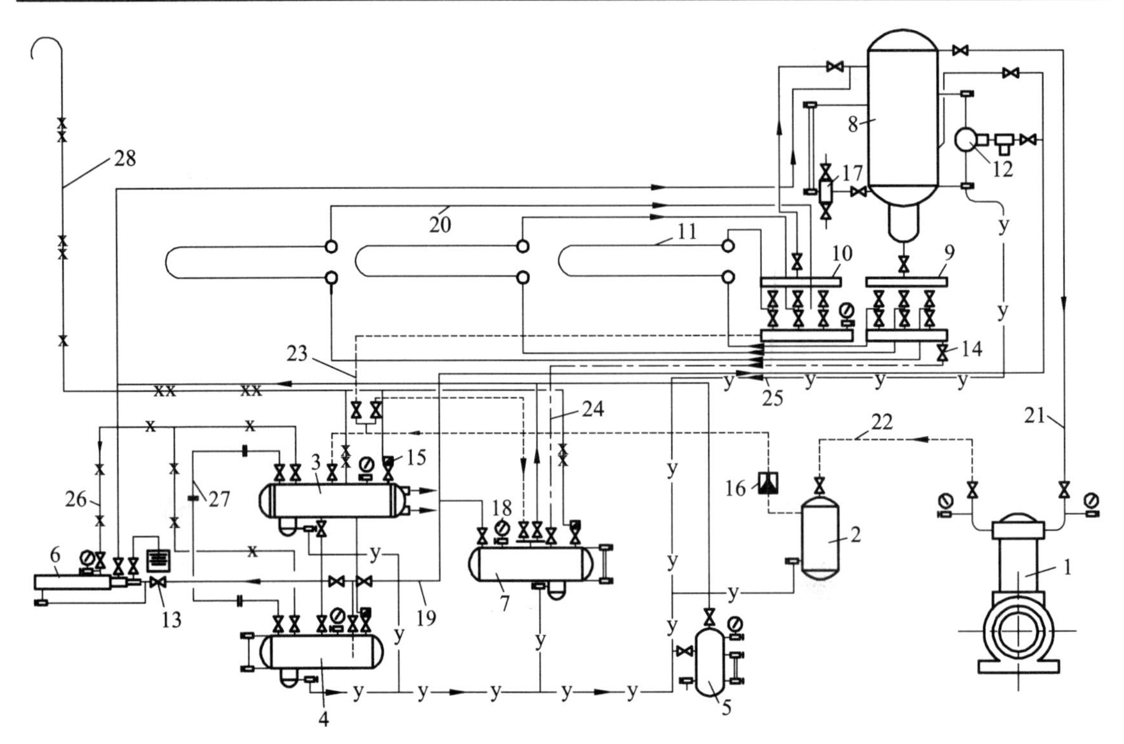

图 2-20　单级压缩制冷系统原理图（重力供液）

1—单级压缩机；2—油氨分离器；3—冷凝器；4—贮液桶；5—集油器；6—放空气器；7—排液桶；8—氨液分离器；9—液体分调节站；10—气体分调节站；11—冷却排管；12—浮球阀；13—膨胀阀；14—截止阀；15—安全阀；16—止逆阀；17—液面指示器；18—压力表；19—供液管；20—回气管；21—吸气管；22—排气管；23—热氨管；24—排液管；25—放油管；26—放空气管；27—均压管；28—安全管

2. 直接膨胀供液

以某中小型氟利昂冷库制冷系统为例，采用氟利昂的单级压缩制冷系统原理图如图 2-21 所示。

3. 氨泵供液

以某花生冷库为例，单级氨泵供液制冷系统原理图如图 2-22 所示。

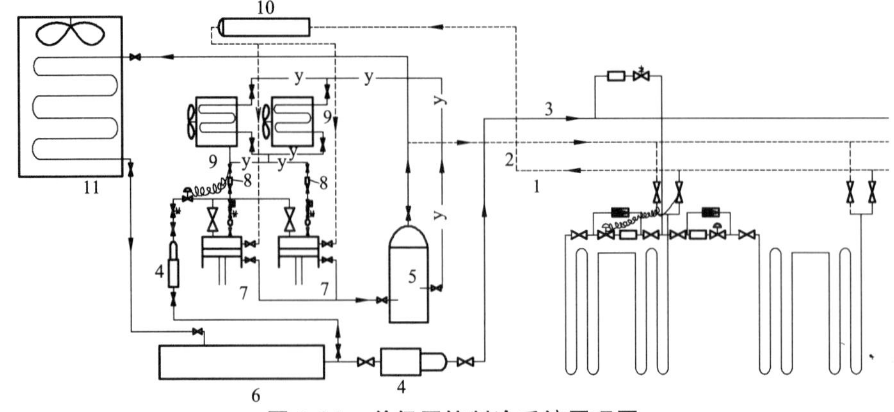

图 2-21　单级压缩制冷系统原理图

1—回气管；2—热氨管；3—供液管；4—干燥过滤器；5—油分离器；6—高压储液桶；7—半封闭螺杆压缩机；8—油过滤器；9—风冷冷凝器（冷却油）；10—吸气过滤器；11—蒸发式冷凝器

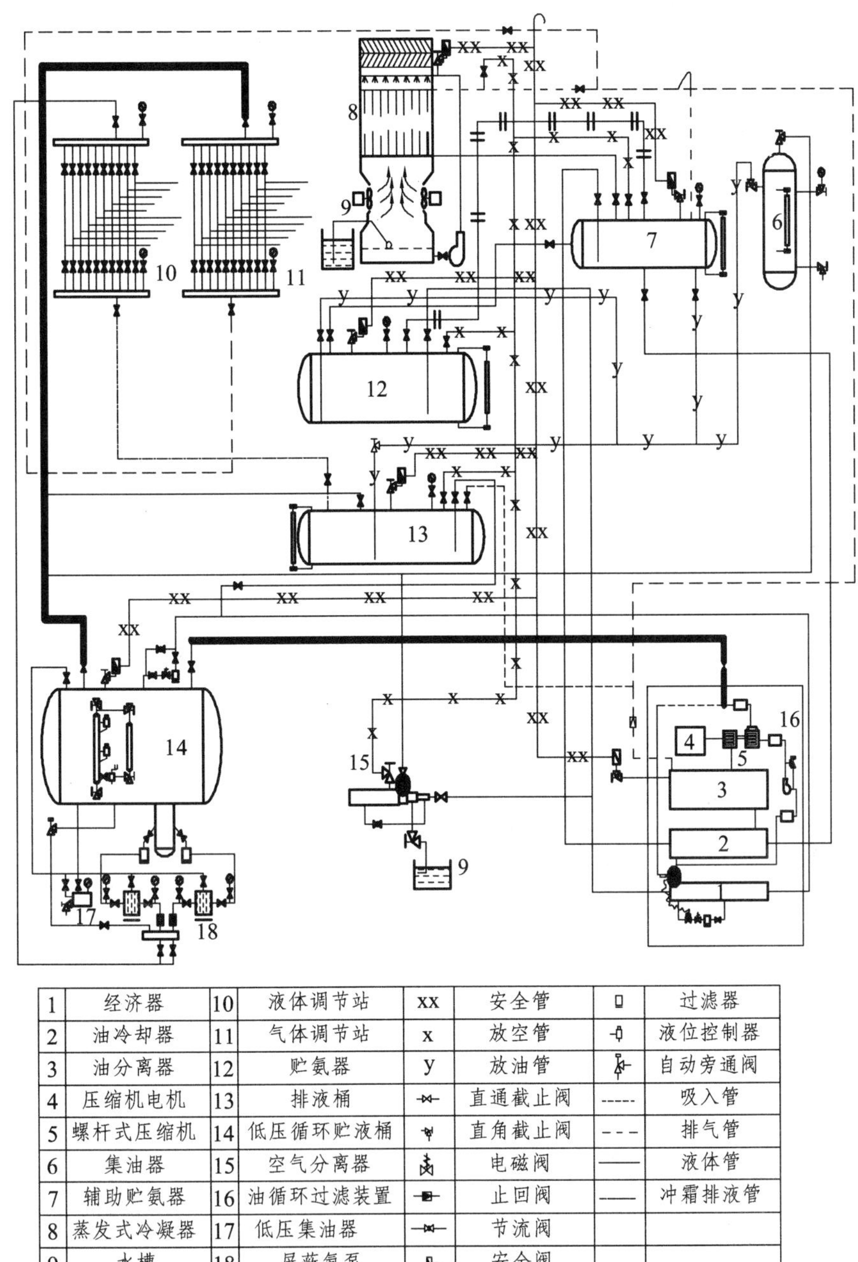

1	经济器	10	液体调节站	xx	安全管		过滤器
2	油冷却器	11	气体调节站	x	放空管		液位控制器
3	油分离器	12	贮氨器	y	放油管		自动旁通阀
4	压缩机电机	13	排液桶		直通截止阀	-----	吸入管
5	螺杆式压缩机	14	低压循环贮液桶		直角截止阀	- - -	排气管
6	集油器	15	空气分离器		电磁阀	——	液体管
7	辅助贮氨器	16	油循环过滤装置		止回阀	——	冲霜排液管
8	蒸发式冷凝器	17	低压集油器		节流阀		
9	水槽	18	屏蔽氨泵		安全阀		

图 2-22　单级氨泵供液制冷系统

二、中央空调系统

以某中央空调实训台为例，中央空调实训台制冷原理图如图 2-23 所示。

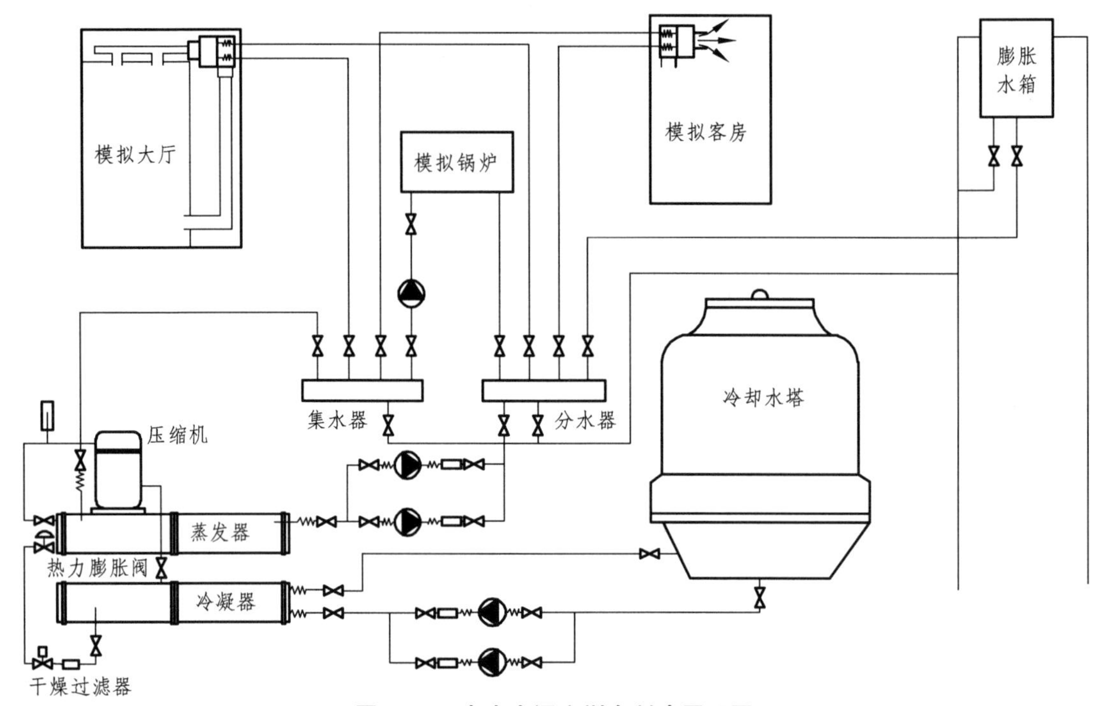

图 2-23　中央空调实训台制冷原理图

思考与练习题

1. 一个单级蒸气压缩式制冷装置由哪些基本设备组成？

2. 一台单级蒸气压缩式制冷机，工作在高温热源温度为 40 °C，低温热源温度为−20 °C工况下，试求分别用 R134a 和 R22 作工质时，理论循环的性能指标。

3. 画压焓图分析，影响单级蒸气压缩式制冷循环效率的因素有哪些？这些因素对系统的影响有哪些？

4. 画压焓图分析，什么是过冷循环？它对制冷循环有何影响？

5. 画压焓图分析，什么是过热循环？它对制冷循环有何影响？

6. 画压焓图分析，什么是回热循环？它对制冷循环有何影响？

7. 画压焓图分析，蒸发温度的降低对循环的影响有哪些？

8. 画压焓图分析，冷凝温度的升高对循环的影响有哪些？

9. 某单级蒸气压缩式制冷机，制冷量 Q_0=100 kW，蒸发温度 t_0=−20 °C，冷凝温度为 35 °C，制冷剂为 R717，试进行制冷机的热力计算（可取过冷度为 5 °C，压缩机的输气系数为 0.6，指示效率为 0.86，机械效率为 0.9）。

10. 某单级蒸气压缩制冷循环，制冷剂为 R134a，蒸发器的出口温度为−25 °C，过热度为 5 °C，冷凝器的出口温度为 30 °C，过冷度为 6 °C，试求循环制冷量、制冷系数和循环热效率。

11. 分析制冷系统原理图。

学习情境三　多级蒸气压缩式制冷循环

模块一　采用多级压缩式制冷循环的原因

一、采用多级压缩式制冷循环的局限性

一般的单级压缩制冷循环在应用中温制冷剂时，根据冷凝温度和所用制冷剂的不同，蒸发温度只能达到-40 ~ -20 °C 的低温。如果需要获得更低的温度，则冷凝温度与蒸发温度将相差很大，冷凝压力与蒸发压力之比 p_k/p_0 就会升高。这时，若仍然采用单级压缩，会产生下列一些问题：

（1）由于压力比过大，会使压缩机的排气温度上升；润滑油变稀，黏度下降；润滑油挥发，随制冷剂进入换热设备，形成油膜，增大热阻，降低传热效果；润滑油和制冷剂在长时间的高温环境下发生慢性分解而产生不凝性气体，使 p_k 升高。

（2）由于压力比过大，会使压缩过程的不可逆性增大，实际耗功增大。

（3）由于压力比过大，节流损失增加，制冷量降低，制冷系数下降。

因此，活塞式压缩机的压缩比不宜过大，氨制冷压缩机的压缩比一般不超过 8，氟利昂压缩机的压缩比不超过 10。当 p_k/p_0=20 时，普通活塞式压缩机几乎不能吸入制冷剂蒸气。

二、采用多级压缩制冷循环的必要性

为了获得更低的蒸发温度（-70 ~ -40 °C），同时又能使压缩机的工作压力控制在一个合适的范围内，就要采用多级压缩式制冷循环。采用多级压缩可以从根本上改善制冷循环的性能指标，多级压缩式制冷循环的基本特点是分级压缩并进行中间冷却。采用多级压缩后，每一级的压力比减小，提高了压缩机的输气系数和指示效率，同时由于排气温度降低，润滑情况有了很大改善，也保障了压缩机的运行安全。

从理论上讲，级数越多，节省的功也越多，制冷系数也就越大。如果是无穷级数，则整个压缩过程越接近等温压缩。然而，实际上并不采用过多的级数，因为每增加一级都需要增添设备，也提高了技术复杂性，这往往不是在热力学上得到的利益所能补偿的。另外，由于压缩机不能保持很低的蒸发压力，在应用中温制冷剂时，三级压缩式循环的蒸发温度范围与两级压缩式制冷循环相差不大，所以制冷机中三级压缩式制冷循环应用很少，一般采用两级压缩式循环。

模块二 多级蒸气压缩式制冷循环的组成和形式

一、组 成

两级压缩制冷循环中，制冷剂的压缩过程分两个阶段进行，即将来自蒸发器的低压制冷剂蒸气（压力为 p_0）先进入低压压缩机，在其中压缩到中间压力 p_m，经过中间冷却后再进入高压压缩机，将其压缩到冷凝压力 p_k，排入冷凝器中。这样，可使各级压力比适中，由于经过中间冷却，又可使压缩机的耗功减少，可靠性、经济性均有所提高。所以最简单的两级压缩制冷循环由蒸发器、低压级压缩机、中间冷却器、冷凝器、高压级压缩机和节流阀组成。

二、两级蒸气压缩式制冷循环的主要形式

两级压缩制冷循环按中间冷却方式可分为中间完全冷却循环与中间不完全冷却循环；按节流方式又可分为一级节流循环与两级节流循环。所谓中间完全冷却是指将低压级的排气进入中冷被冷却到中间压力下的饱和蒸气。不完全冷却是指低压级排气没有进入中冷被冷却成中间压力下的干饱和蒸气，而是与中冷出来的中间压力的饱和蒸气混合，使低压级压缩机排气温度下降，然后被高压级压缩机吸入。如果将高压液体先从冷凝压力 p_k 节流到中间压力，然后再由 p_m 节流降压至蒸发压力 p_0，称为两级节流循环。如果制冷剂液体由冷凝压力 p_k 直接节流至蒸发压力 p_0，则称为一级节流循环。一级节流循环虽经济性较两级节流稍差，但它利用节流前本身的压力可实现远距离供液或高层供液，故被广泛采用。两级压缩制冷循环，根据上述节流形式和中间冷却的方法，一般可以组成以下 4 种基本形式。

（一）一级节流、中间完全冷却的两级压缩循环

1. 循环系统原理图、压焓图

图 3-1 所示为一级节流、中间完全冷却的两级压缩循环系统原理图及相应的 lg*p*-*h* 图。

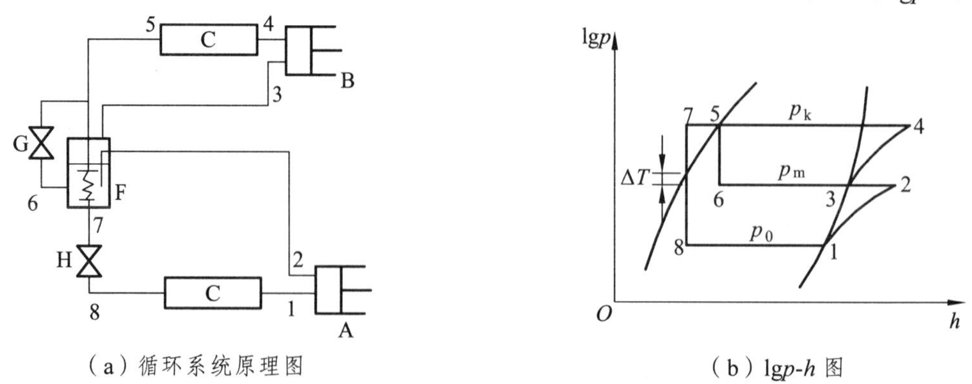

（a）循环系统原理图　　（b）lg*p*-*h* 图

图 3-1 一级节流、中间完全冷却的两级压缩循环系统原理图及相应的 lg*p*-*h* 图

A—低压级压缩机；B—高压级压缩机；C—冷凝器；E—蒸发器；F—中间冷却器；G，H—节流阀

在蒸发器 E 中产生的压力为 p_0 的低压蒸气首先被低压压缩机 A 吸入并压缩到中间压力 p_m，进入中间冷却器 F，在其中被液体制冷剂的蒸发冷却到与中间压力相对应的饱和温度 t_m，再进入高压级压缩机 B 进一步压缩到冷凝压力 p_k，然后进入冷凝器 C 被冷却、冷凝成液体。由冷凝器出来的液体分为两路：一路流经中间冷却器内盘管，在管内因盘管外液体的蒸发而得到冷却（过冷），再经节流阀 H 节流到蒸发压力 p_0，在蒸发器 E 中蒸发，制取冷量；另一路经节流阀 G 节流到中间压力 p_m，进入中间冷却器，节流后的液体在中间冷却器 F 内蒸发，冷却低压压缩机的排气和盘管内的高压液体，节流后产生的部分蒸气和液体蒸发产生的蒸气随同低压压缩机的排气一同进入高压压缩机 B 中，压缩到冷凝压力后排入冷凝器 C。循环就这样周而复始地进行。进入蒸发器的这一部分高压液体在节流前先在盘管内进一步冷却，可以使节流过程产生的无效蒸气量（即干度）减少，从而使单位制冷量增大。从循环的工作过程可以看出，与单级压缩制冷循环比较，它不仅增加了一台压缩机，而且还增加了中间冷却器和一只节流阀，且高压级的制冷剂流量因加上了在中间冷却器内产生的蒸气而大于低压级的制冷剂流量。

目前，大中型氨系统都采用这种循环。

上述两级压缩循环的工作过程可用压焓图表示，如图 3-1（b）所示。图中用来表示各主要状态点的点号与图 3-1（a）是对应的。图中 1—2 表示低压压缩机的压缩过程；2—3 表示低压压缩机的排气在中间冷却器内的冷却过程；3—4 表示高压压缩机内的压缩过程；4—5 表示在冷凝器内的冷却、冷凝和过冷过程（也可以没有过冷），此后液体分为两路；5—6 表示进入中间冷却器的一路在节流阀 G 中的节流过程；6—3 表示节流后液体在中间冷却器内的蒸发过程；5—7 表示进入蒸发器的一路在中间冷却器盘管内的进一步过冷过程；7—8 表示它在节流阀 H 中的节流过程；8—1 表示它在蒸发器内蒸发制冷的过程。

2. 循环的主要热力性能分析

（1）单位制冷量、单位容积制冷量：

$$q_0=h_1-h_8 \tag{3-1}$$

$$q_v=\frac{q_0}{v_1}=\frac{h_1-h_8}{v_1} \tag{3-2}$$

（2）当制冷机的冷负荷为 Q_0 时，低压级制冷剂循环量：

$$q_{md}=\frac{Q_0}{q_0}=\frac{Q_0}{h_1-h_8} \tag{3-3}$$

（3）低压级压缩机消耗的理论功率：

$$N_{0d}=q_{md}w_{0d}=q_{md}(h_2-h_1) \tag{3-4}$$

（4）高压级制冷剂循环量：

根据图 3-2 中间冷却器能量分析图，列能量平衡方程：

$$q_{mg}h_5+q_{md}h_2=q_{mg}h_3+q_{md}h_7 \tag{3-5}$$

整理得，流经高压级压缩机的制冷剂流量：

$$q_{mg}=q_{md}\frac{h_2-h_7}{h_3-h_5} \tag{3-6}$$

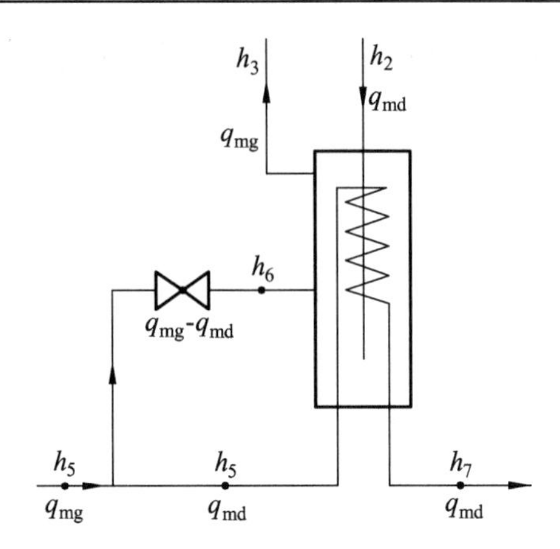

图 3-2 中间冷却器能量分析图

高压级与低压级压缩机的制冷剂流量之比：

$$\frac{q_{mg}}{q_{md}}=\frac{h_2-h_7}{h_3-h_5} \tag{3-7}$$

（5）高压级压缩机消耗的理论功率：

$$N_{0g}=q_{mg}w_{0g}=q_{mg}(h_4-h_3) \tag{3-8}$$

（6）冷凝器负荷：

$$Q_k=q_{mg}q_k=q_{mg}(h_4-h_3) \tag{3-9}$$

（7）中间冷却器盘管负荷：

$$Q_m=q_{md}q_m=q_{md}(h_5-h_7) \tag{3-10}$$

（8）理论循环制冷系数：

$$\varepsilon=\frac{Q_0}{N_{0d}+N_{0g}} \tag{3-11}$$

$$\varepsilon=\frac{h_1-h_8}{h_2-h_1+\dfrac{h_2-h_7}{h_3-h_5}(h_4-h_3)} \tag{3-12}$$

3. 两级压缩氨制冷机的实际系统图

图 3-3 所示为两级压缩氨制冷机在冷库装置中的实际系统图。图中除画出了完成工作循环所必需的基本设备外，还包括一些辅助设备和控制阀门。高压压缩机排出的气体进入冷凝器前先经过氨油分离器，将其中夹带的油滴分离出来，以免进入冷凝器和蒸发器中而影响传热。在油分离出口管路上装有一个单向阀，它的作用是当机器一旦突然停车时防止高压蒸气倒流入压缩机中。冷凝器冷凝下来的氨液流入贮液器，它的作用是用来保证根据蒸发器热负荷的需要供给足够的液氨以及减少向系统内补充液氨的次数。中间冷却器用浮子调节阀供液，以便自动控制中间冷却器中的液位。用来制冷的氨液是经过调节站分配给各个库房中的蒸发器，在调节站管路上一般都装有节流阀。气液分离器的作用是一方面将从蒸发器出来的低压蒸气

中夹带的液滴分离出去，以防止氨液进入压缩机中形成湿压缩，另一方面又可使节流后产生的部分蒸气不进入蒸发器，使蒸发器的面积可得到更为合理的利用。一个气液分离器可以与几个蒸发器相连，这样它还起着分配液体和汇集蒸气的作用。

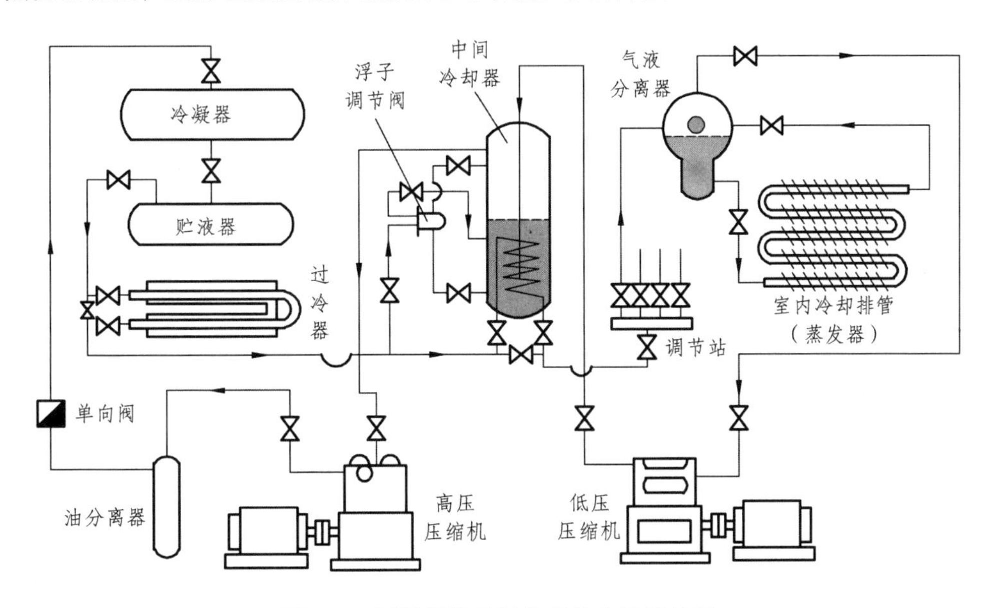

图 3-3　两级压缩氨制冷机的实际系统图

（二）一级节流、中间不完全冷却的两级压缩循环

图 3-4 所示为一级节流、中间不完全冷却的两级压缩循环的系统原理图及相应的 lg$p$-h 图。它的工作过程与一级节流中间完全冷却循环的主要区别是低压压缩机的排气不进入中间冷却器，而是与中间冷却器中产生的饱和蒸气在管路中混合后进入高压压缩机。因此，高压压缩机吸入的是中间压力下的过热蒸气。R22 系统，一般多采用这种形式。

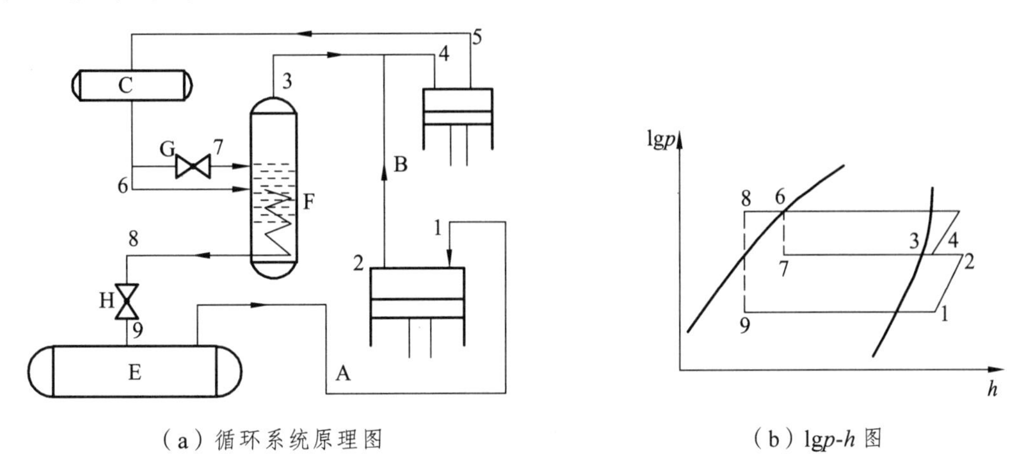

（a）循环系统原理图　　（b）lg$p$-h 图

图 3-4　一级节流、中间不完全冷却的两级压缩循环系统原理图及相应的 lg$p$-h 图

A—低压级压缩机；B—高压级压缩机；C—冷凝器；E—蒸发器；F—中间冷却器；G，H—节流阀

图 3-4（b）所示为这种循环的 lg$p$-h 图。图中各状态点均与图 3-4（a）相对应。点 4 表示在管路中混合后的状态，也就是高压压缩机吸气状态。

一级节流中间不完全冷却的两级压缩循环热力性能计算如下：

（1）单位制冷量、单位容积制冷量：

$$q_0=h_1-h_8 \tag{3-13}$$

$$q_v=\frac{q_0}{v_1}=\frac{h_1-h_8}{v_1} \tag{3-14}$$

（2）当制冷机的冷负荷为 Q_0 时，低压级制冷剂循环量：

$$q_{md}=\frac{Q_0}{q_0}=\frac{Q_0}{h_1-h_8} \tag{3-15}$$

（3）低压级压缩机消耗的理论功率：

$$N_{0d}=q_{md}w_{0d}=q_{md}(h_2-h_1) \tag{3-16}$$

（4）高压级制冷剂循环量。

根据图 3-5 中间冷却器能量分析图，分析整理得：

流经高压级压缩机的制冷剂流量：

$$q_{mg}=q_{md}\frac{h_3-h_7}{h_3-h_6} \tag{3-17}$$

高压级与低压级压缩机的制冷剂流量之比：

$$\frac{q_{mg}}{q_{md}}=\frac{h_3-h_7}{h_3-h_6} \tag{3-18}$$

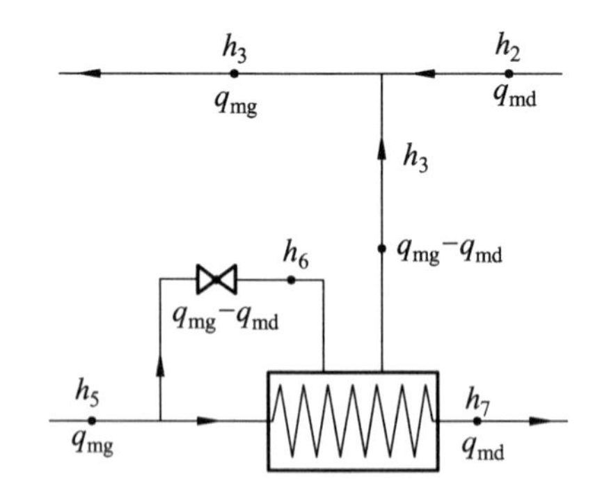

图 3-5 中间冷却器能量分析图

（5）状态点 3 的确定。

$$q_{mg}h_3=(q_{mg}-q_{md})h_3+q_{md}h_2 \tag{3-19}$$

$$\frac{q_{mg}}{q_{md}}=\frac{h_3-h_7}{h_3-h_5} \tag{3-20}$$

$$\frac{q_{mg}}{q_{md}}=\frac{h_2-h_3}{h_3'-h_3} \tag{3-21}$$

$$h_3=\frac{h_2h_5-h_3'h_7}{h_2+h_5-h_3'-h_7} \tag{3-22}$$

（6）高压级压缩机消耗的理论功率：

$$N_{0g}=q_{mg}w_{0g}=q_{mg}(h_4-h_3') \tag{3-23}$$

（7）冷凝器负荷：

$$Q_k=q_{mg}q_k=q_{mg}(h_4-h_5) \tag{3-24}$$

（8）中间冷却器盘管负荷：

$$Q_m=q_{md}q_m=q_{md}(h_5-h_7) \tag{3-25}$$

（9）理论循环制冷系数

$$\varepsilon=\frac{Q_0}{N_{0d}+N_{0g}} \tag{3-26}$$

$$\varepsilon=\frac{h_1-h_8}{h_2-h_1+\dfrac{h_3-h_7}{h_3-h_6}(h_4-h_3')} \tag{3-27}$$

（三）两级节流、中间完全冷却的两级压缩制冷循环

两级节流、中间完全冷却的两级压缩制冷循环原理图及相应的压焓图见图 3-6。

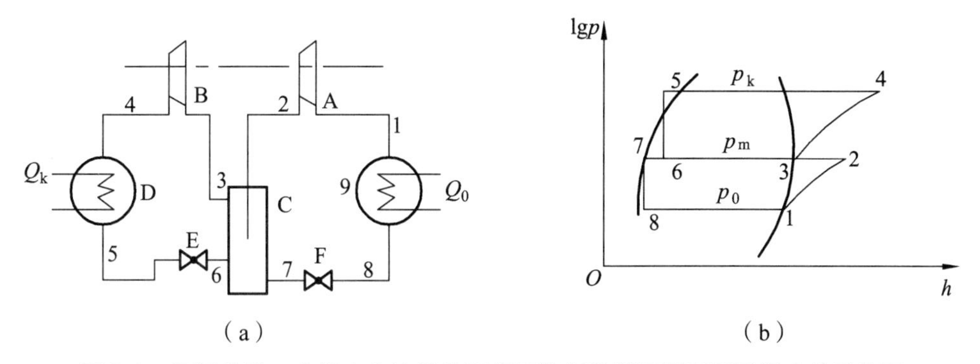

图 3-6　两级节流、中间完全冷却的两级压缩制冷循环原理图及相应的压焓图

A—低压级压缩机；B—高压级压缩机；C—中间冷却器；D—冷凝器；E，F—节流阀；G—蒸发器

在蒸发器中吸热后的低压制冷剂蒸气经第一级（低压级）离心压缩机使其压力由蒸发压力 p_0 升压至中间压力 p_m，升压后的制冷剂蒸气由第一级扩压管排出后进入中间省功器（中间冷却器）被完全冷却至中间压力下的干饱和蒸气。第二级（高压级）离心压缩机将制冷剂从中间压力升至冷凝压力，在冷凝器中冷却冷凝成饱和液体。

制冷剂饱和液体经节流阀 E 节流至中间压力，全部送入中间省功器，其中一部分被用于完全冷却第一级（低压级）排气。冷却第一级排气所产生的蒸气和节流时产生的气体作为补气随第一级排气一起进入第二级（高压级）离心压缩机循环。未汽化的压力为 p_m 的饱和液体

存在于中间省功器的下部，经节流阀 F 节流至蒸发压力 p_0 后进入蒸发器吸热制冷，如此循环。

（四）两级节流、中间不完全冷却的两级压缩制冷循环

两级节流、中间不完全冷却的两级压缩制冷循环原理图及相应的压焓图见图 3-7。

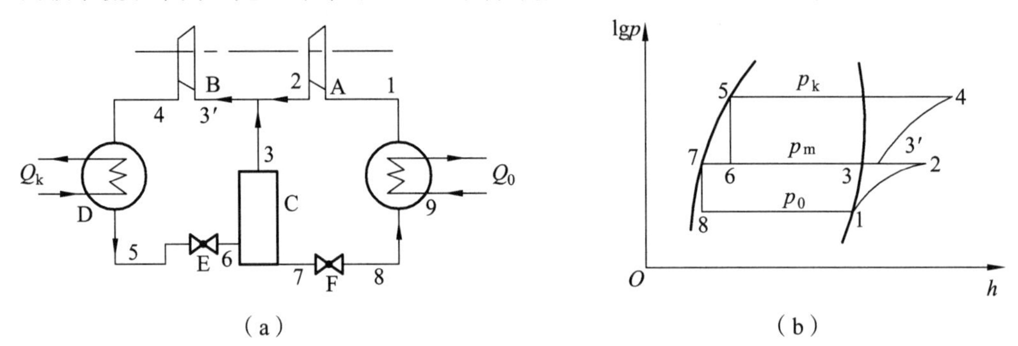

图 3-7 两级节流、中间不完全冷却的两级压缩制冷循环原理图及相应的压焓图

A—低压级压缩机；B—高压级压缩机；C—中间冷却器；D—冷凝器；E，F—节流阀；G—蒸发器

（五）带经济器的螺杆式制冷系统

螺杆式压缩机在工作时，随着压缩比的增大，泄漏随时急剧增加，低温工况下运行时效率显著降低。为了满足更多行业对冷水机的温度需求，使单级螺杆式压缩机按照双级制冷循环工作，并达到节能的效果，可给机组增设经济器。

带有经济器的螺杆式冷水机的制冷系统有一级节流和二级节流两种形式，如图 3-8 所示。对于一级节流系统，如图 3-8（a）所示，来自贮液器 4 的制冷剂液体分为两路，主要的一路从经济器 5 中的盘管内流过，放出热量而过冷，然后经节流阀 8 节流后，进入蒸发器 6 中制冷；另一路经过节流阀 7 降压后，进入经济器 5 中吸热而产生闪发性气体，经过螺杆式压缩机机体上的中间补气口，进入到正处在压缩初始阶段的基元容积中，与来自蒸发器的气体混合继续被压缩。

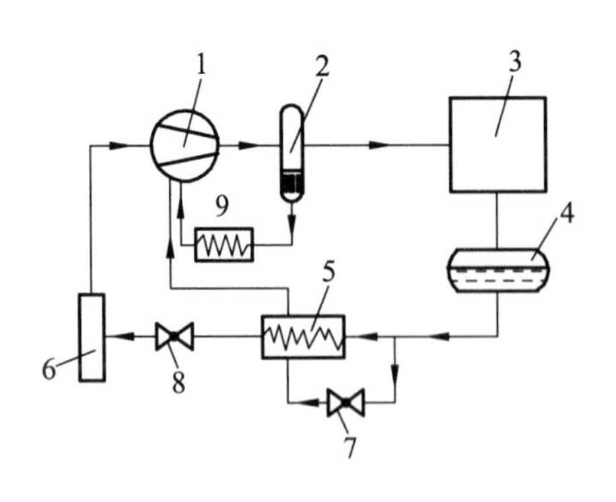

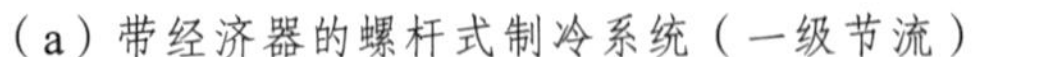
（a）带经济器的螺杆式制冷系统（一级节流）

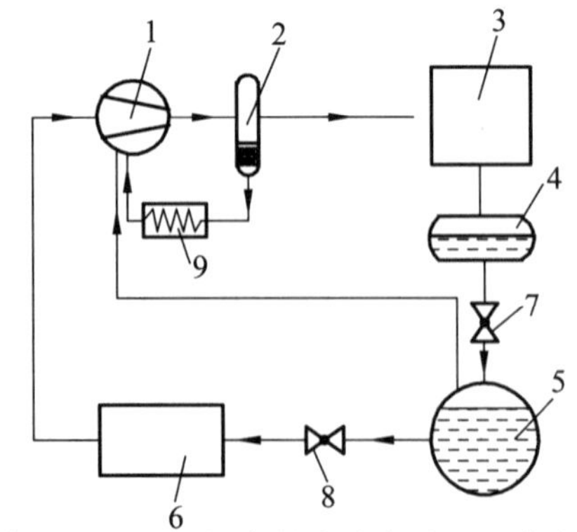

（b）带经济器的螺杆式制冷系统（二级节流）

图 3-8 带经济器的螺杆式制冷系统

1—螺杆压缩机；2—油分离器；3—冷凝器；4—高压贮液器；5—经济器；6—蒸发器；7，8—节流阀；9—油冷却器

对于二级节流的螺杆式冷水机组制冷系统，如图 3-8（b）所示，来自贮液器 4 的制冷剂

液体，经过节流阀 7 到达经济器 5 里面，上部产生的闪发气体通过压缩机补气口进入处在压缩阶段的基元容积中，与原有气体继续被压缩；下部的液体经节流阀 8 第二级节流后，进入蒸发器 6 中制冷。进入蒸发器的制冷剂液体经过二级节流，且二级节流前与进入补气口的气体温度相同。

不管是一级节流形式，还是二级节流形式，都是为了让进入到蒸发器的制冷剂过冷，最终使制冷量增加。同时补气后使基元容积气体质量增加，压缩功也有一定的增大，但增大效率比制冷量增加得慢，所以冷水机的制冷系数提高，具有节能效果。

对于增设经济器的螺杆式冷水机，它的制冷压缩机运行范围广泛，单级压力比大，卸载运行时能实现最佳运行，而且加工基本与单级螺杆式制冷压缩机相同，制冷系统中阀门和设备增加不多。

带经济器的螺杆式制冷系统具有如下特点：

（1）制冷量大。当系统采用 R22 时，在蒸发温度为−35 °C，冷凝温度为−40 °C 的工况下，与普通螺杆式压缩机相比，制冷量可增加 35%左右。

（2）节省能量。在上述工况下与普通螺杆式压缩机相比制冷量增加 35%，而轴功率仅增加 7%左右，因此单位轴功率制冷量可提高 23%。

（3）与普通螺杆式制冷系统相比，只增加了少量的设备和阀门，与同制冷量的双级压缩机比较，体积小，结构简单，因而操作方便，可靠性强。

（六）三级蒸气压缩式制冷循环

常用的三级蒸气压缩式制冷有用于制取干冰的三级节流中间完全冷却三级压缩制冷循环和应用于空调制冷中的三级节流不完全冷却三级离心式压缩制冷循环。

1. 三级节流中间完全冷却三级压缩制冷循环

三级节流中间完全冷却三级压缩制冷循环常用于制取干冰生产中，其理论循环的工作原理图见图 3-9。

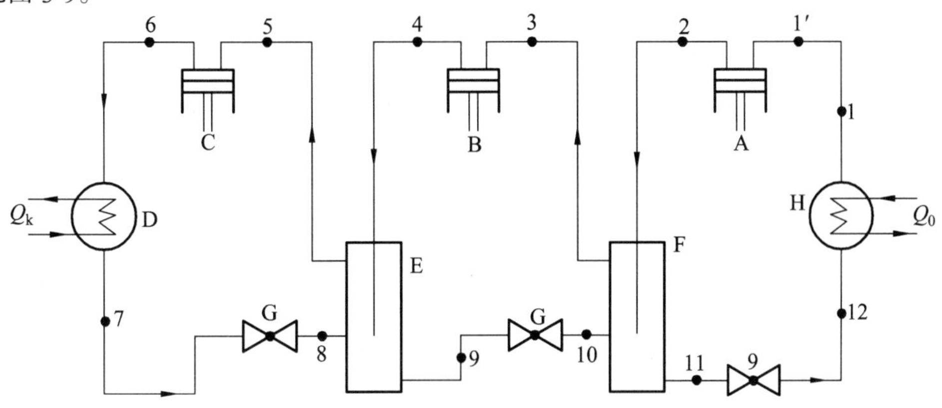

图 3-9　三级节流中间完全冷却三级压缩制冷循环

A—低压级压缩机；B—中压级压缩机；C—高压级压缩机；D—冷凝器；E，F—中间冷却器；G—节流阀；H—蒸发器

在循环中：

1—1′是吸气过热过程，1′为低压级吸气状态。

1′—2 是低压级理论压缩过程，低压级循环量 q_{md} 的制冷剂蒸气由蒸发压力 p_0 等熵升压至中间压力 $p_{m.II.}$，消耗低压级理论功率 $N_{0.L.}$。

2—3 是低压级压缩后的制冷剂蒸气在中间冷却器Ⅱ中的完全冷却过程。

3—4 是中压级理论压缩过程，中压级循环量 q_{mM} 的制冷剂蒸气由中间压力 $p_{m.II.}$ 等熵升压至冷凝压力 $p_{m.I.}$，消耗中压级理论功率 $N_{0.M.}$。

4—5 是中压级压缩后的制冷剂蒸气在中间冷却器Ⅰ中的完全冷却过程。

5—6 是高压级理论压缩过程，高压级循环量 q_{mg} 的制冷剂蒸气由中间压力 $p_{m.II.}$ 等熵升压至冷凝压力 p_k，并消耗高压级理论功率 $N_{0.H.}$。

6—7 是制冷剂蒸气在冷凝器中的冷却冷凝过程，并向高温热源放热 Q_k。

7—8 是高压制冷剂液体第一级节流，由冷凝压力 p_k 节流至中间压力 $p_{m.I.}$，并进入中间冷却器Ⅱ完全冷却中压级排气。产生的气体随完全冷却后的中压级排气进入高压级循环。

9—10 是来自中间冷却器Ⅰ的制冷剂液体经第二级节流，由中间压力 $p_{m.I.}$ 节流至中间压力 $p_{m.II.}$，并进入中间冷却器Ⅱ完全冷却低压级排气。产生的气体随完全冷却后的低压级排气进入中压级循环。

11—12 是来自中间冷却器Ⅱ的制冷剂液体经第三级节流，由中间压力 $p_{m.II.}$ 节流至蒸发压力 p_0，并进入蒸发器。

12—1 是蒸发压力 p_0 的低压制冷剂在蒸发器内汽化吸热过程，从低温热源吸热 Q_0。

2. 三级节流中间不完全冷却三级压缩制冷循环

三级节流中间不完全冷却三级压缩制冷循环常应用于离心式制冷系统中，其理论循环如图 3-10 所示。

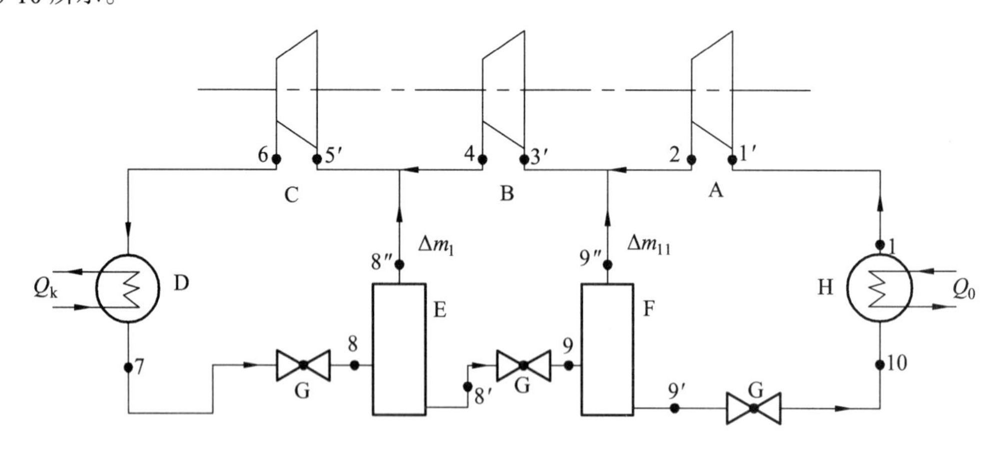

图 3-10 三级节流中间不完全冷却三级压缩制冷循环

A—低压级压缩机；B—中压级压缩机；C—高压级压缩机；D—冷凝器；E，F—中间冷却器；G—节流阀；H—蒸发器

在理论循环中：

1—1′是吸气过热过程，1′为第Ⅰ级叶轮吸气状态。

1′—2 为制冷剂蒸气经离心机第Ⅰ级叶轮由吸气压力 p_0 等熵压缩至中间压力 $p_{m.II.}$，消耗第一级理论功率 $N_{0.I.}$。

2—3′为第Ⅰ级排气的中间不完全冷却过程，在这个过程中，第Ⅰ级排气与来自中间冷却器Ⅱ的第Ⅱ级补气混合，并冷却第Ⅰ级排气。

3′—4 为制冷剂蒸气经离心机第Ⅱ级叶轮由中间压力 $p_{m.II.}$ 等熵压缩至中间压力 $p_{m.I.}$，消耗第二级理论功率 $N_{0.II.}$。

4—5′为第Ⅱ级排气的中间不完全冷却过程，在这个过程中，第Ⅱ级排气与来自中间冷却器Ⅰ的第Ⅲ级补气混合，使第Ⅱ级排气冷却。

5′—6 为制冷剂蒸气经第Ⅲ级叶轮由中间压力 $p_{m.I.}$ 等熵压缩至冷凝压力 p_k，消耗第Ⅲ级理论功率 $N_{0.III.}$。

6—7 是制冷剂蒸气在冷凝器中的冷却冷凝过程，并向高温热源放出热量 Q_k。

7—8 是制冷剂的第一级节流，制冷剂液体由压力 p_k 节流至 $p_{m.I.}$，并冷却第Ⅱ级压缩排气。随不完全中间冷却后的第Ⅱ级排气一起进入第Ⅲ级压缩循环的气体量称之为第Ⅲ级补气量。

8′—9 是来自中间冷却器Ⅰ的制冷剂液体经第二级节流，由中间压力 $p_{m.I.}$ 节流至中间压力 $p_{m.II.}$，并冷却第Ⅰ级压缩排气。随不完全中间冷却后的第Ⅰ级排气一起进入第Ⅱ级压缩循环的气体量称之为第Ⅱ级补气量。

9′—10 是来自中间冷却器Ⅱ的制冷剂液体经第三级节流，由中间压力 $p_{m.II.}$ 节流至蒸发压力 p_0 的过程，第三级节流后的制冷剂湿饱和蒸气供入蒸发器。

双级蒸气压缩式制冷循环的比较分析如下：

（1）中间不完全冷却循环的制冷系数要比中间完全冷却循环的制冷系数小。

（2）在相同的冷却条件下，一级节流循环要比二级节流循环的制冷系数小。

① 一级节流可依靠高压制冷剂本身的压力供液到较远的用冷场所，适用于大型制冷装置。

② 盘管中的高压制冷剂液体不与中间冷却器中的制冷剂相接触，减少了润滑油进入蒸发器的机会，可提高热交换设备的换热效果。

③ 蒸发器和中间冷却器分别供液，便于操作控制，有利于制冷系统的安全运行。

模块三　两级蒸气压缩式制冷循环的热力计算

一、制冷剂与循环形式的选择

双级压缩制冷循环通常应使用中温中压制冷剂。目前广泛使用的制冷剂是 R717、R22 和 R502。R717 常采用一级节流中间完全冷却形式，R22、R502 常采用一级节流中间不完全冷却形式。

二、循环工作参数的确定

1. 容积比的选择

$$\xi=\frac{q_{vtg}}{q_{vtd}}=\frac{q_{mg}}{q_{md}}\cdot\frac{v_g}{v_d}\cdot\frac{\lambda_g}{\lambda_d} \tag{3-28}$$

式中 q_{vtg}——高压级理论输气量，m^3/s；

q_{vtd}——低压级理论输气量，m^3/s；

q_{mg}——高压级制冷剂的质量流量，kg/s；

q_{md}——低压级制冷剂的质量流量，kg/s；

v_g——高压级吸气比体积，m^3/kg；

v_d——低压级吸气比体积，m^3/kg；

λ_g——高压级输气系数；

λ_d——低压级输气系数。

根据我国冷藏库的生产实践，当蒸发温度 t_0=−28 ~ −40 °C 时，容积比 ξ 的值通常取 0.33 ~ 0.5，即 q_{vtg}：q_{vtd}=1：3 ~ 1：2，在长江以南地区宜取大些。

合理的容积比的选择还应综合考虑其他经济指标。配组双级压缩机的容积比可以有较大的选择余地。如果采用单机双级压缩机，则它的容积比是既定的，容积比 ξ 的值通常只有 0.33 和 0.5 两种。

2. 中间压力与中间温度的确定

选配压缩机时，中间压力 p_m 的选择，可以根据制冷系数最大这一原则去选取，这一中间压力 p_m 又称最佳中间压力。确定最佳中间压力 p_m 常用的方法有公式法和图解法。

（1）比例中项公式法。

按压力的比例中项确定中间压力：$p_m = \sqrt{p_0 \cdot p_k}$。（3-29）

实际循环：加以修正，$p_m = \phi \cdot \sqrt{p_0 \cdot p_k}$（3-30）

R22：ϕ=0.90 ~ 0.95

R717：ϕ=0.95 ~ 1.00

（2）拉塞经验公式法。

$$t_m = 0.4t_k + 0.6t_0 + 3\ °C \tag{3-31}$$

在−40 ~ 40 °C 温度范围内，对于 R717、R12、R40 都适用。

三、制冷循环的热力计算

（一）高、低压级实际输气量

（1）低压级实际输气量：$V_{sd} = V_{hd} \cdot \lambda_d$（3-32）

（2）高压级实际输气量：$V_{sg} = V_{hg} \cdot \lambda_g$（3-33）

（3）高低压级输气系数：

$$\lambda_{d}=0.940-0.085\times\left[\left(\frac{p_{m}}{p_{0}-0.01}\right)^{\frac{1}{n}}-1\right] \tag{3-34}$$

$$\lambda_{g}=0.940-0.085\times\left[\left(\frac{p_{k}}{p_{m}}\right)^{\frac{1}{n}}-1\right] \tag{3-35}$$

式中　p_k、p_m、p_0——冷凝压力、中间压力、蒸发压力，MPa；

n——压缩指数。

低压级输气系数可以相同压力比的单级制冷压缩机的输气系数的 90%估计。

（二）高低压级制冷压缩机功率

（1）低压级指示功率：$N_{id}=\dfrac{N_{0d}}{\eta_{id}}$　（3-36）

（2）低压级摩擦功率：$N_{md}=\dfrac{V_{hd}\cdot p_{m\cdot f\cdot d.}}{3600}$　（3-37）

（3）低压级轴功率：$N_{sd}=N_{id}+N_{md}$　（3-38）

（4）高压级指示功率：$N_{ig}=\dfrac{N_{0g}}{\eta_{ig}}$　（3-39）

（5）高压级摩擦功率：$N_{mg}=\dfrac{V_{hg}\cdot p_{m.f.g}}{3600}$　（3-40）

（6）高压级轴功率：$N_{sg}=N_{ig}+N_{mg}$　（3-41）

（三）制冷量

$$Q_{0}=q_{md}\cdot q_{0}=\frac{V_{hd}\cdot\lambda_{d}\cdot q_{v}}{3600} \tag{3-42}$$

（四）冷凝器负荷、中冷器盘管负荷、回热器负荷

（1）冷凝器负荷：$Q_{k}=q_{mg}\cdot q_{k}$　（3-43）

（2）中冷器盘管负荷：$Q_{m}=q_{md}\cdot q_{m}$　（3-44）

（3）回热器负荷：$Q_{R}=q_{md}\cdot q_{R}$　（3-45）

（五）制冷系数

$$\varepsilon=\frac{Q_{0}}{N_{sd}+N_{sg}} \tag{3-46}$$

模块四　双级压缩制冷循环应用

一、单机双级制冷系统原理图（见图 3-11）

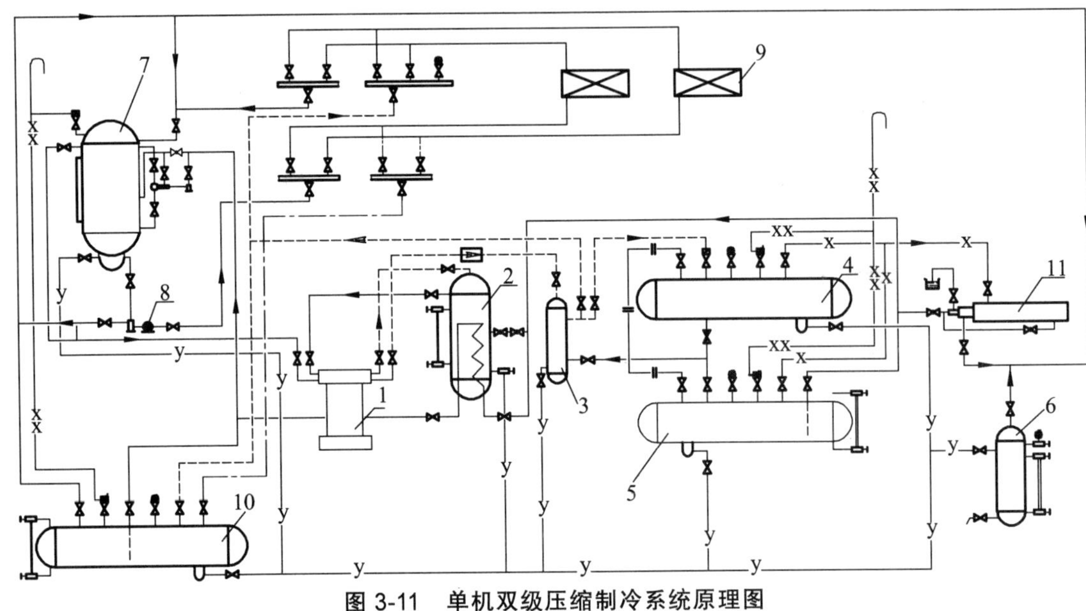

图 3-11　单机双级压缩制冷系统原理图

1—单机双级机；2—中间冷却器；3—油分离器；4—卧式壳管式冷凝器；5—高压贮液桶；6—集油器；7—低压循环贮液桶；8—氨泵；9—冷却设备；10—排液桶；11—空气分离器

二、单双级兼有的冷库制冷系统原理图（见图 3-12）

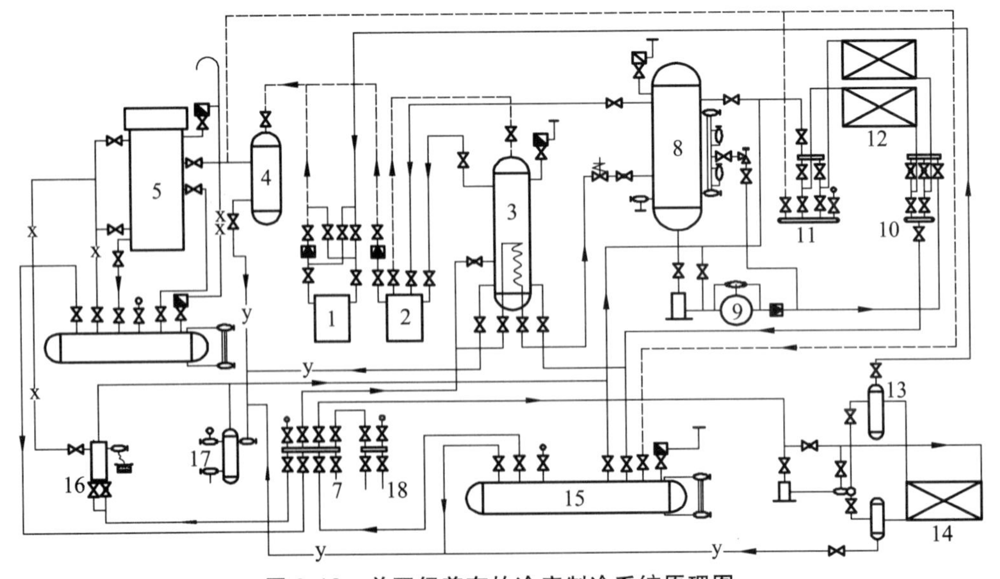

图 3-12　单双级兼有的冷库制冷系统原理图

1—单级压缩机；2—单级双级压缩机；3—中间冷却器；4—油分离器；5—立式冷凝器；6—高压贮液器；7—总调节站；8—低压循环贮液桶；9—氨泵；10—液体分调节站；11—气体分调节站；12—蒸发器；13—氨液分离器；14—盐水蒸发器；15—排液桶；16—放空气器；17—集油器；18—加氨站

三、某肉类食品公司制冷系统原理图（见图 3-13）

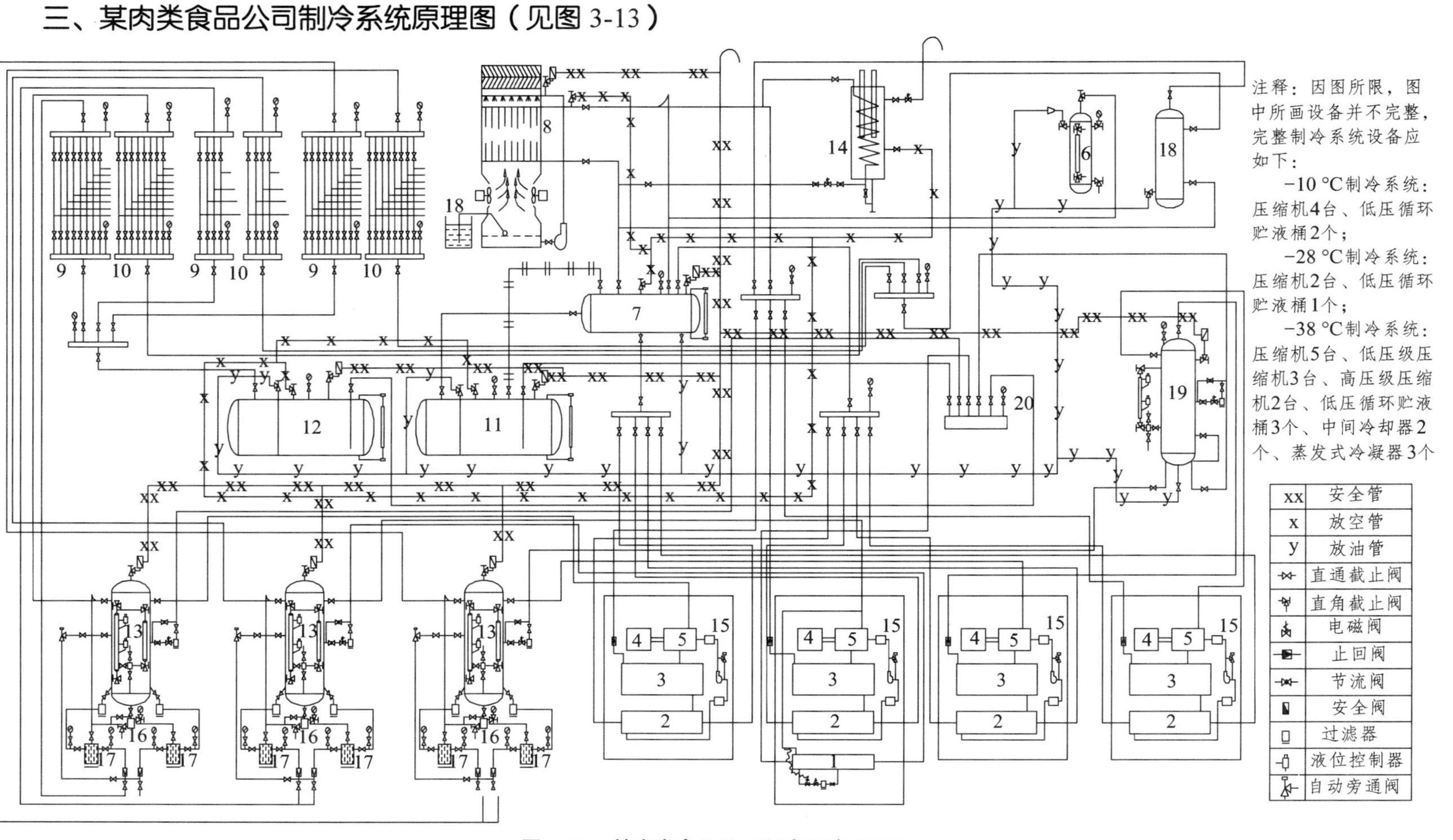

图 3-13　某肉类食品公司制冷系统原理图

1—经济器；2—油冷却器；3—机组油分离器；4—压缩机电机；5—螺杆压缩机；6—集油器；7—辅助贮氨器；8—蒸发式冷凝器；9—液体分调节站；10—气体分调节站；11—高压贮液桶；12—排液桶；13—低压循环贮液桶；14—自动放空气器；15—油循环过滤装置；16—低压集油器；17—屏蔽氨泵；18—系统油分离器；19—中间冷却器；20—总调节站

思考与练习题

1. 绘制一级节流中间完全冷却双级压缩制冷循环的系统图和压焓图，并分析中间冷却器的能量关系。

2. 绘制一级节流中间不完全冷却双级压缩制冷循环的系统图和压焓图，并分析中间冷却器的能量关系。

3. 绘制二级节流中间完全冷却的双级压缩制冷循环系统图和压焓图。

4. 绘制二级节流中间不完全冷却的双级压缩制冷循环系统图和压焓图。

5. 分析带经济器的螺杆式制冷系统原理图。

6. 绘制三级节流中间完全冷却的三级压缩制冷循环系统图。

7. 一氨双级蒸气压缩式实际制冷循环，其制冷量 Q_0=151 kW。循环工作条件是：冷凝温度 t_k=40 °C，只采用中间冷却器盘管过冷，盘管出液端传热温差为 3 °C，蒸发温度 t_0=−40 °C，回气管路过热温度为 5 °C。试进行热力循环计算。

8. 参观制冷空调实训室或中小型冷库现场，绘制制冷系统原理图。

9. 分析双级压缩制冷系统原理图。

学习情境四　复叠式制冷循环

模块一　采用复叠式制冷循环的原因及循环特点

一、采用复叠式制冷循环的原因

为了获得更低的蒸发温度有时需采用复叠式制冷循环，其主要原因是：

（1）在获得更低的低温时，降低蒸发温度常受到中温制冷剂凝固点的限制。即当制冷循环的蒸发温度达到该制冷剂的凝固点时，制冷剂就会凝固，而失去循环的特性。

（2）虽然低温制冷剂大多是有机物质，凝固点低，如 R13 的凝固点为-180 °C，并且低饱和温度下汽化时，对制冷循环的吸气性能影响较小。但低温制冷剂的临界点低，如 R13 临界温度为 28.8 °C，临界压力为 3.861 MPa。所以在常规工况下，低温制冷剂不能像高温、中温制冷剂那样用水、空气等普通冷却介质来完成冷却冷凝过程。另外，低温制冷剂在接近临界点循环时会使得节流损失增大，循环经济性变差。

（3）中温制冷剂的蒸发温度 t_0 虽没有低于其凝固点，但同样对循环有极大的不利影响，因为 t_0（p_0）过低时，制冷剂的每一级压力比增大，输气系数减小，实际输气量降低，所需的机器尺寸增大，循环级数增多及复杂，运行的经济性变差。蒸发温度 t_0 过低时，制冷系统低压部分在高真空度下运行，空气漏入系统的可能性增加，运行性能下降。

二、基本形式

复叠式制冷循环（见图 4-1）通常由两个制冷系统组成（也可以两个以上），分别称为高温级和低温级部分。高温部分使用中温制冷剂，低温部分使用低温制冷剂，每一部分都是一个完整的制冷系统，用一个冷凝蒸发器将两部分联系起来，它既是高温部分的蒸发器，又是低温部分的冷凝器。高温部分系统中制冷剂的蒸发是用来使低温部分系统中制冷剂冷凝，低温部分的制冷剂在蒸发器内向被冷却对象吸取热量（即制取冷量），并将此热量传给高温部分制冷剂，然后再由高温部分制冷剂将热量传给冷却介质（水或空气）。高温部分的制冷量基本等于低温部分的冷凝热负荷。

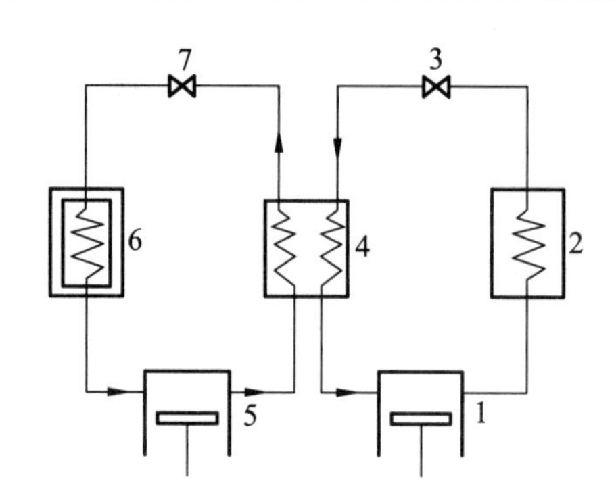

图 4-1 复叠式制冷循环的工作原理示意图

1—高温级压缩机；2—冷凝器；3—高温级节流机构；4—冷凝蒸发器；5—低温级压缩机；6—蒸发器；7—低温级节流机构

三、复叠式制冷循环的特点

（1）采用复叠式制冷循环时，低温部分制冷压缩机的理论输气量比两级压缩的低压级压缩机的理论输气量要小得多，使整个机组的压缩机的尺寸减小，质量减轻。

（2）每台制冷压缩机的工作压力范围比较适中，低温部分制冷压缩机的输气系数、指示效率有所提高，摩擦功率减少，因此循环的制冷系数提高。

（3）系统内能保持正压，空气不易漏入，运行的稳定性好。

（4）复叠式制冷循环需采用冷凝蒸发器、膨胀容器、气液热交换器及气气热交换器等，又采用多元制冷剂，系统较复杂。

四、分 类

常见的复叠式制冷循环有二元复叠，其中高温部分采用中温中压制冷剂，低温部分采用低温高压制冷剂；三元复叠，其中高温部分采用中温中压制冷剂，中温部分采用低温高压制冷剂，低温部分采用低温高压制冷剂。

模块二 复叠式制冷循环形式

一、由两个单级压缩系统组成的二元复叠式制冷循环

由两个单级压缩系统组成的二元复叠式制冷循环高温部分常采用制冷剂 R22 或 R502，低温部分采用制冷剂 R13。循环的最低蒸发温度可达–90 ~ –80 °C。其原理图和压焓图见图 4-2 及图 4-3。

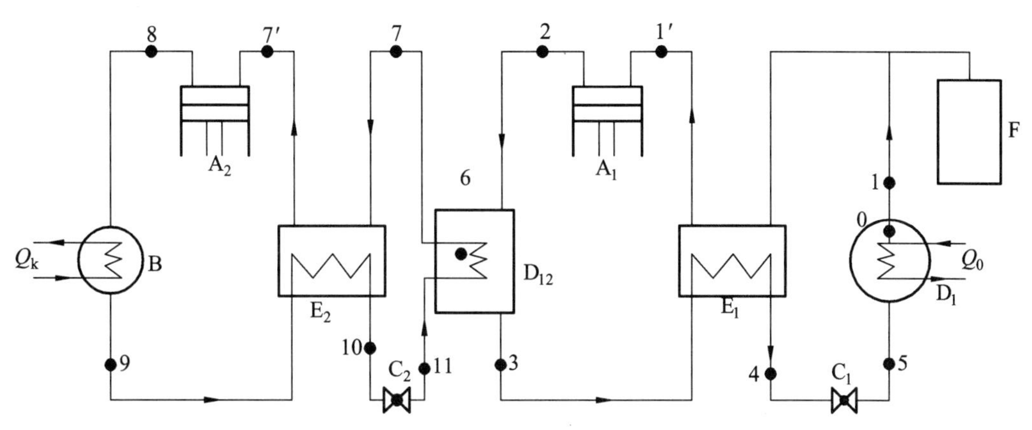

A1—低温部分压缩机；A2—高温部分压缩机；B—冷凝器；C1—低温部分节流阀；C2—高温部分节流阀；D1—低温部分蒸发器；D12—冷凝蒸发器；E1—低温部分回热器；E2—高温部分回热器；F—膨胀容器

图 4-2　两个单级压缩循环组成的二元复叠式制冷循环原理图

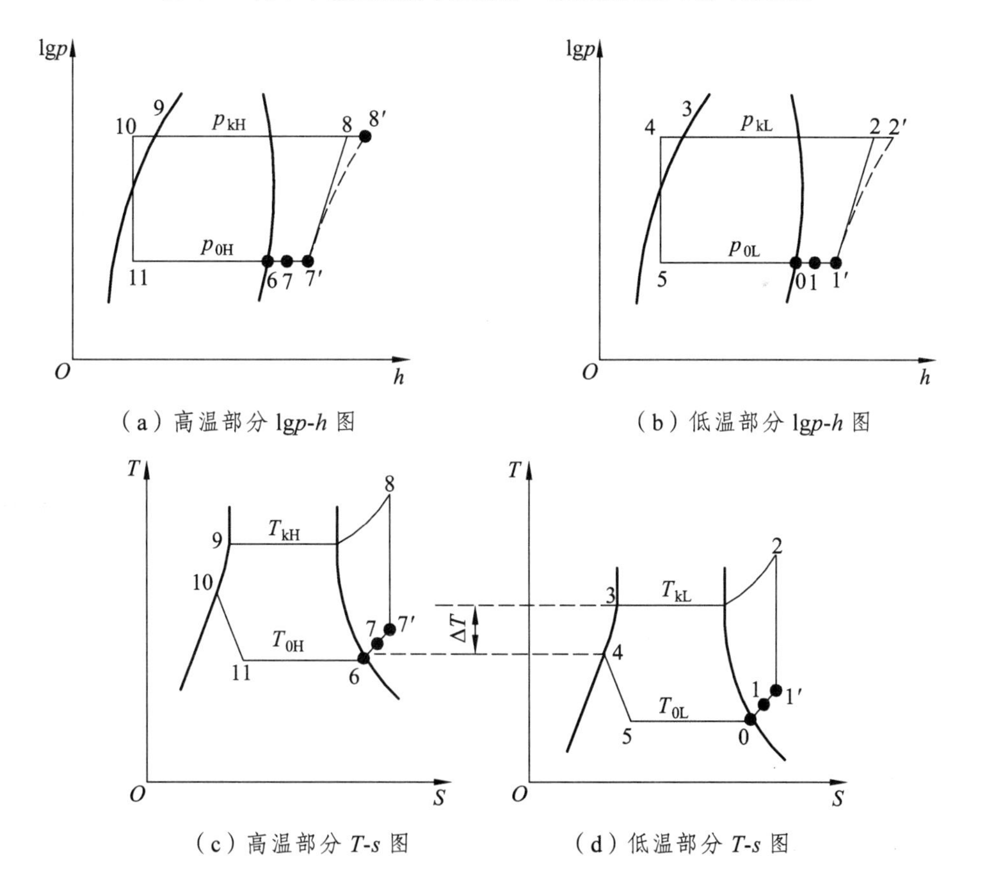

（a）高温部分 lg*p*-*h* 图　　（b）低温部分 lg*p*-*h* 图

（c）高温部分 *T*-*s* 图　　（d）低温部分 *T*-*s* 图

图 4-3　两个单级压缩系统组成的二元复叠式制冷循环热力状态图

1. 热力性能计算

（1）低温部分。

① 单位质量制冷量（kJ/kg）、单位容积制冷量（kJ/m^3）为

$$q_{0L} = h_1 - h_5 \tag{4-1}$$

$$q_{vL}=\frac{q_{0L}}{v_1'}=\frac{h_1-h_5}{v_1'} \tag{4-2}$$

② 低温部分制冷剂循环量（kg/s）为

$$q_{ml}=\frac{V_{hL}\lambda_L}{3600v_1'} \tag{4-3}$$

③ 制冷量（低温部分的制冷量 Q_{0L} 就是整个复叠式制冷循环的制冷量，kW）为

$$Q_0=Q_{0L}=q_{mL}q_{0L}=q_{mL}(h_1-h_5)=\frac{V_{hL}\lambda_L q_{vL}}{3600} \tag{4-4}$$

④ 低温部分的轴功率（kW）为

$$P_{sL}=\frac{P_{0L}}{\eta_{iL}\eta_{mL}}=\frac{q_{mL}(h_2-h_1')}{\eta_{iL}\eta_{mL}} \tag{4-5}$$

⑤ 低温部分制冷压缩机实际排气焓值（kJ/kg）为

$$h_2'=h_1'+\frac{h_2-h_1'}{\eta_{iL}} \tag{4-6}$$

⑥ 冷凝蒸发器负荷（kW）。若不考虑冷凝蒸发器的冷量损失，冷凝蒸发器负荷就是低温部分的冷凝器负荷，也是高温部分的制冷量，即

$$Q_{kL}=Q_{0H} \tag{4-7}$$

$$Q_{kL}=q_{mL}q_{kL}=q_{mL}(h_2'-h_3) \tag{4-8}$$

⑦ 低温部分回热器负荷（kW）为

$$Q_{RL}=q_{mL}q_{RL}=q_{mL}(h_3-h_4) \tag{4-9}$$

（2）高温部分。

① 单位质量制冷量（kJ/kg）、单位容积制冷量（kJ/m^3）为

$$q_{0H}=h_7-h_{11} \tag{4-10}$$

$$q_{vH}=\frac{q_{0H}}{v_7'}=\frac{h_7-h_{11}}{v_7'} \tag{4-11}$$

② 高温部分制冷剂循环量（kg/s）为

$$q_{mH}=\frac{Q_{0H}}{q_{0H}}=\frac{Q_{kL}}{q_{0H}}=\frac{V_{hH}\lambda_H}{3600v_7'} \tag{4-12}$$

③ 高温部分的轴功率（kW）为

$$P_{sH}=\frac{P_{0H}}{\eta_{iH}\eta_{mH}}=\frac{q_{mH}(h_8-h_7')}{\eta_{iH}\eta_{mH}} \tag{4-13}$$

④ 高温部分制冷压缩机实际排气焓值（kJ/kg）为

$$h_8' = h_7' + \frac{h_8 - h_7'}{\eta_{iH}} \tag{4-14}$$

⑤ 冷凝器负荷（高温部分冷凝器负荷即整个系统冷凝器负荷，kW）为

$$Q_k = Q_{kH} = q_{mH} q_{kH} = q_{mH}(h_8' - h_9) \tag{4-15}$$

⑥ 高温部分回热器负荷（kW）为

$$Q_{RH} = q_{mH} q_{RH} = q_{mH}(h_9 - h_{10}) \tag{4-16}$$

2. 两级复叠式制冷循环制冷系数

$$\varepsilon = \frac{Q_0}{\sum P_s} = \frac{Q_0}{P_{sL} + P_{sH}} \tag{4-17}$$

二、高温部分为两级压缩循环、低温部分为单级压缩循环的两元复叠式制冷循环

这一循环的高温部分可采用制冷剂 R22 或 R502，常以一级节流中间不完全冷却两级压缩制冷循环工作，低温部分制冷剂采用 R13，以单级压缩制冷循环工作。最低蒸发温度可达-110 ~ -100 °C。其原理图见图 4-4。

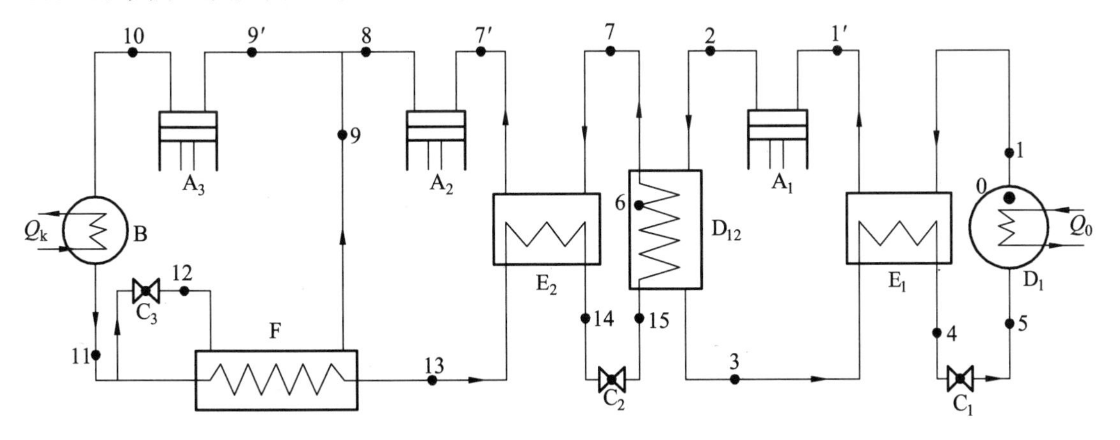

图 4-4　高温部分为两级压缩循环、低温部分为单级压缩循环的两级复叠式制冷循环原理图

A_1—低温部分压缩机；A_2—高温部分低压级压缩机；A_3—高温部分高压级压缩机；B—冷凝器；C_1，C_2，C_3—节流阀；D_1—蒸发器；D_{12}—冷凝蒸发器；E_1—低温部分回热器；E_2—高温部分回热器；F—高温部分中间冷却器

三、由三个单级压缩系统组成的三元复叠式制冷循环

三元复叠式制冷循环由高温、中温、低温三部分组成，高温部分可采用制冷剂 R22 或 R502，中温部分可采用制冷剂 R13，低温部分可采用制冷剂 R14。最低蒸发温度可达-130 ~ -120 °C。在三元复叠式制冷循环中有两个冷凝蒸发器分别连接高温与中温、中温与低温部分。其原理图见图 4-5。

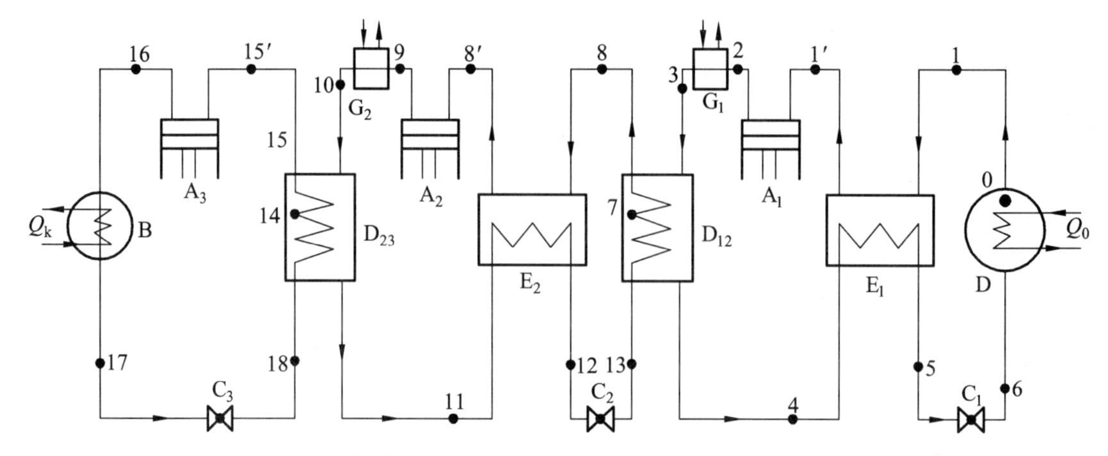

图 4-5　三个单级压缩循环组成的三元复叠式制冷循环原理图

A_1—低温部分压缩机；A_2—中温部分压缩机；A_3—高温部分压缩机；B—冷凝器；C_1，C_2，C_3—节流阀；D—蒸发器；D_{12}—中、低温部分冷凝蒸发器；D_{23}—高、中温部分冷凝蒸发器；E_1—低温部分回热器；E_2—中温部分回热器；G_1—低温部分过热冷却器；G_2—中温部分过热冷却器

四、不同组合的复叠式循环（见表 4-1）

表 4-1　不同组合的复叠式循环

最低蒸发温度/°C	制冷剂	制冷循环形式
-80	R22-R23	R22 单级或双级压缩-R23 单级压缩组合的复叠式循环
	R507-R23	R507 单级或双级压缩-R23 单级压缩组合的复叠式循环
	R290-R23	R290 双级压缩-R23 单级压缩组合的复叠式循环
-100	R22-R23	R22 双级压缩-R23 单级或双级压缩组合的复叠式循环
	R507-R23	R507 双级压缩-R23 单级或双级压缩组合的复叠式循环
	R22-R1150	R22 双级压缩-R1150 单级压缩组合的复叠式循环
	R507-R1150	R507 双级压缩-R1150 单级压缩组合的复叠式循环
-120	R22-R1150	R22 双级压缩-R1150 双级压缩组合的复叠式循环
	R507-R1150	R507 双级压缩-R1150 双级压缩组合的复叠式循环
	R22-R23-R50	R22 单级压缩-R23 单级压缩-R50 单级压缩组合的复叠式循环
	R507-R23-R50	R507 单级压缩-R23 单级压缩-R50 单级压缩组合的复叠式循环

模块三　复叠式制冷循环使用中的一些问题

一、变工况特性及启动

复叠式制冷机的蒸发温度，可以在一定范围内调节，其调节范围受到压缩机的压缩比（压缩比不能过大）和吸气压力（吸气压力不能过低）等因素的制约，因此，蒸发温度有下限。

此外，还受低温级冷凝温度不能过高的限制，因而蒸发温度应有上限。这是因为当低温级的蒸发温度被调高时，其冷凝压力也随之升高，而这个压力是不允许超过压缩机的耐压极限的。单级活塞式制冷压缩机的最大工作压力约为 2 MPa。当用 R13 为制冷剂时，最高冷凝温度约为 0 °C，因而对于用 R22 和 R13 为制冷剂的复叠式制冷机，低温级的蒸发温度大约以-50 °C为调节上限。

由于以上特性，复叠式制冷机在启动时，应先启动高温级，待高温级的蒸发温度降到足以保证低温级的冷凝压力不会超过压缩机的最高允许压力时，再启动低温级。如果膨胀容器和排气管路连接，并在连接管路上装有压力控制阀，则高、低温部分可以同时启动。因为当低温部分的排气压力一旦升高到限定值时，压力控制阀将自动打开，使排气管路与膨胀容器接通，压力降低。这种启动方式常被小型复叠式制冷机组所采用。

二、停机后低温制冷剂的处置

复叠式制冷机停机后，当系统内的温度回升到环境温度时，低温制冷剂将蒸发；当温度高于制冷剂的临界温度时，制冷剂液体可以全部汽化，这就会使低温级系统内的压力升高，甚至会高于压缩机及其他设备的最大工作压力，造成事故的发生，为了避免事故的发生，对于大型制冷装置，通常采用的方法是让高温级定时运转，使低温级始终处于低温状态；或者将低温制冷剂充入制冷剂瓶中。对于小型制冷机组，则在低温级系统中接一个膨胀容器，以便在停机后部分低温制冷剂蒸气进入膨胀容器，不使系统内的压力过分升高。当膨胀容器与吸气管道连接，其容积 q_{vp} 可按下式计算：

$$q_{vp} = (q_{mx} v_p - q_{v_{xt}}) \frac{v_x}{v_x - v_p} \tag{4-18}$$

式中　q_{mx}——低温系统中（不包括膨胀容器）在工作状态时制冷剂的充灌量，kg；

$q_{v_{xt}}$——低温系统中（不包括膨胀容器）的总容积，m^3；

v_p——在环境温度与平衡压力下制冷剂的比容，m^3/kg；

v_x——在环境温度及吸气压力下制冷剂的比容，m^3/kg。

膨胀容器可接在低温级压缩机的吸气管上，也可接在排气管上。接在吸气管上时，膨胀容器需要的容积较小，低温制冷剂的充注量也可较少，这样的接法比较合理。对于高、低温级同时启动的复叠式机组，当采用膨胀容器与压缩机吸气管相接的方式时，还需将膨胀容器同压缩机的排气管连接，并在连接管上加一个压力控制阀。一旦压缩机的排气压力过高时，压力控制阀将自动打开，使部分气体排入膨胀容器中。

模块四　自复叠式制冷循环

蒸气压缩分凝式制冷循环也被称为自复叠式制冷循环或内复叠式制冷循环。循环采用非共沸溶液制冷剂，主要应用于变温热源的制冷系统。

一、劳伦斯循环与变温热源制冷理论循环

1. 劳伦斯循环

在实际工程中，当热源和冷源的热容量不是无限大时，随着制冷循环的进行，热源和冷源的温度都将发生变化。如在冷凝器中，随着制冷剂逐渐向冷却介质放出冷却冷凝热 Q_k，冷却介质温度逐渐升高；同样在被冷却系统中，随着制冷的进行，被冷却介质的温度会逐渐下降。若采用具有恒定蒸发温度 t_0、冷凝温度 t_k 制冷剂的制冷循环，其冷凝温度 t_k 应不小于冷却介质的最高温度；其蒸发温度 t_0 应不大于被冷却系统的最低温度，并且变温热源与恒定蒸发温度 t_0、冷凝温度 t_k 有关。制冷剂间的传热温差是变化的，制冷剂与热源、冷源间的传热不可逆耗散增大，循环的经济性下降。

为了减少这种传热不可逆耗散，1894 年，苏黎世工程师劳伦斯提出了变温热源的极限循环——劳伦斯循环（Lawrence Cycle）。劳伦斯循环是由两个等熵过程和两个可逆的等压变温换热过程组成的逆向循环，如图 4-6 所示。劳伦斯循环内部是可逆的；同时，系统与外界换热时的蒸发温度 t_0、冷凝温度 t_k 的变化始终与冷却介质和被冷却介质的温度变化同步，其传热温差为无限小。

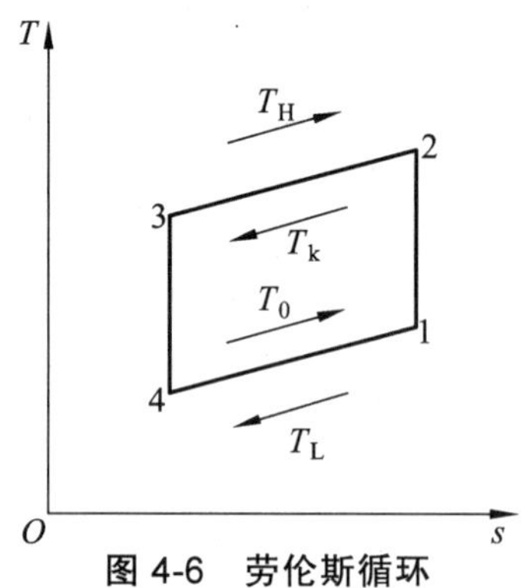

图 4-6 劳伦斯循环

2. 变温热源制冷理论循环

为了减少工质与变温热源间的换热温差，需采用非共沸溶液制冷剂。图 4-7 是在变温热源间工作的非共沸溶液制冷剂的理论循环状态图。

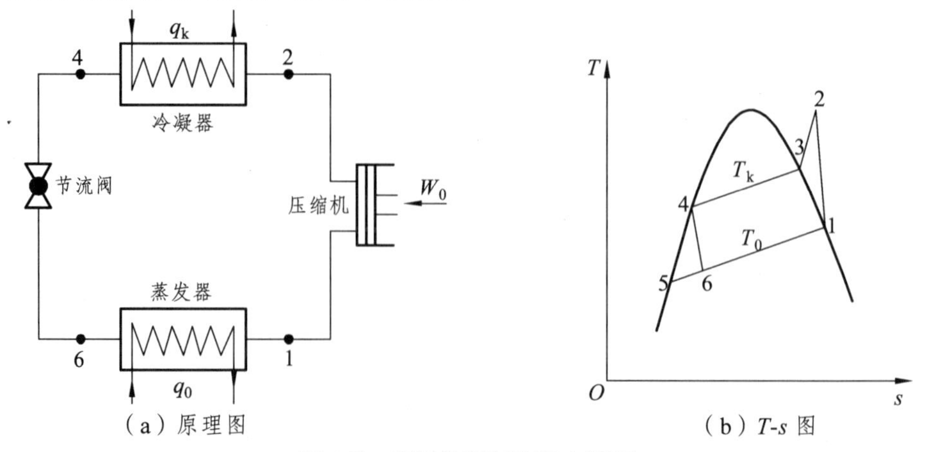

图 4-7 变温热源制冷基本循环

在变温热源制冷理论循环中：

1—2 是制冷剂在制冷压缩机中的等熵压缩过程。非共沸溶液制冷剂由蒸发压力 p_0 下的干饱和蒸气压缩至冷凝压力 p_k 下的过热蒸气。压缩时，非共沸溶液制冷剂中的不同组分均处于气相，并且质量分数不变。

2—3—4 是压缩后的非共沸溶液制冷剂在冷凝器中的等压冷却冷凝过程。在冷凝器中，制冷剂与冷却介质逆向流动，制冷剂冷凝温度和冷却介质温度随换热的进行相应降低或升高。冷凝时，高沸点制冷剂首先被冷凝，使得气相中的高沸点制冷剂量减少，质量分数下降，同时液相中高沸点组分的质量分数增高。冷凝温度随放热进行相应降低。

4—6 是等压冷却冷凝后的非共沸溶液制冷剂液体经节流器的等焓节流过程。

6—1 是节流后的非共沸溶液制冷剂在蒸发压力 p_0 下的等压汽化吸热过程。这时高沸点的制冷剂组分首先汽化，气相中高沸点组分的质量分数逐步增大，蒸发温度逐渐升高。

二、自复叠式制冷循环形式

由中温、高温制冷剂混合组成的近共沸溶液沸点差较小，压力比也不太大，可采用图 4-7 所示的循环形式。但由中温、低温制冷剂组成的远共沸溶液沸点差较大，需结合分凝过程来实现由中温、低温制冷剂组成的远共沸混合制冷剂的冷凝过程，即首先用普通冷却介质（水、空气）来冷却、冷凝大部分的中温制冷剂，再通过冷凝下来的中温制冷剂液体的节流汽化吸热来使其余未被冷却介质冷凝的低温制冷剂蒸气冷凝。分凝后的制冷剂经蒸发器汽化吸热后还需经过混合，恢复到原有的组分状态，以供制冷压缩机吸入。所以，分凝过程和混合过程也是自复叠式（蒸气压缩分凝式）制冷循环的基本热力过程。根据所达到的低温要求，可采用单级蒸气压缩自复叠式制冷循环或两级蒸气压缩自复叠式制冷循环。

由中温、低温制冷剂组成的远共沸溶液制冷剂单级蒸气压缩一次分凝自复叠式制冷循环原理如图 4-8 所示。

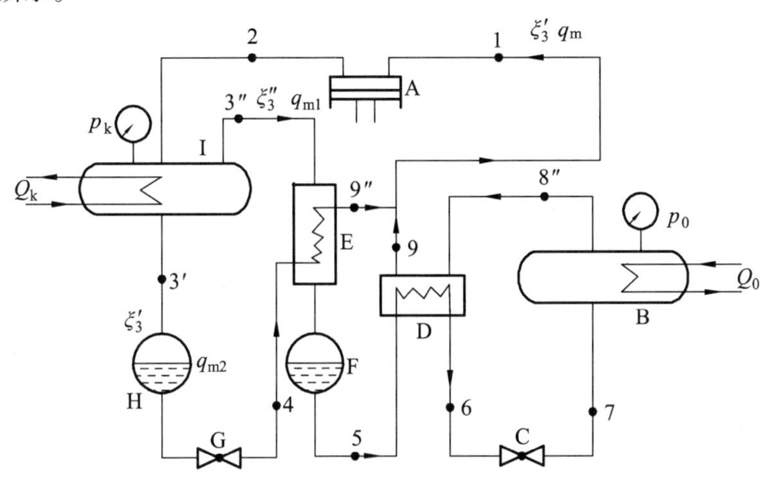

图 4-8　单级蒸气压缩一次分凝自复叠式制冷循环原理

A—制冷压缩机；B—蒸发器；C—富低温制冷剂节流装置；D—回热器；E—蒸发冷凝器；F—富低温制冷剂贮液器；G—富中温制冷剂节流装置；H—富中温制冷剂储液器；I—水冷凝器

单级蒸气压缩一次分凝自复叠式制冷循环工作原理：远共沸溶液制冷剂蒸气经制冷压缩机 A 由蒸发压力 p_0 压缩至冷凝压力 p_k（1—2），并送入水冷凝器 I。在水冷凝器 I 中，大部分中温制冷剂和少量低温制冷剂被等压冷却冷凝成饱和液体（3′、ξ_3'、q_{m2}）进入储液器 H（2—3′）。这部分被冷却冷凝的富中温制冷剂液体经节流器 G 节流至 p_0（3′—4）送入蒸发冷凝器 E 中汽化吸热成干饱和蒸气（4—9″）。在水冷凝器 I 中未被冷凝的富低温制冷剂和少量中温制冷剂蒸气（3″、ξ_3''、q_{m1}）引入蒸发冷凝器 E 由已冷凝的富中温制冷剂（4）冷凝成富低温制冷剂液体并进入储液器 F（3″—5）。这一过程类似于复叠式制冷循环的蒸发冷凝过程。储液器 F 中的富低温制冷剂液体在回热器 D 中过冷（5—6），经节流器 C 节流至 p_0（6—7）送入蒸发器 B 中等压汽化，吸取冷源的热量（7—8″）。在蒸发器 B 中汽化的富低温制冷剂蒸气经回热器 D 过热（8″—9）与蒸发冷凝器中汽化的富中温制冷剂蒸气（9″）等压（p_0）混合后（1、$q_m=q_{m1}+q_{m2}$、$\xi_1=\xi_3$）送入制冷压缩机继续循环。

工作时，在水冷凝器中经冷却水冷凝的主要是中温制冷剂，而在蒸发器中汽化的则主要是低温制冷剂，这就使得在普通的冷凝条件下，能够获得较低的蒸发温度。其蒸发温度范围相当于应用单组分制冷剂的双级压缩制冷循环，但蒸发压力要比一般中温制冷剂双级压缩循环高，改善了循环的内部条件。又由于在循环中，可变的蒸发温度 t_0、冷凝温度 t_k，使循环的外部传热不可逆性减少，从而可以获得较高的制冷系数。

为了安全、高效地获得更低的蒸发温度，可根据需要分别采用单级蒸气压缩二次分凝自复叠式制冷循环或两级蒸气压缩分凝自复叠式制冷循环。采用单级蒸气压缩二次分凝自复叠式制冷循环或两级蒸气压缩分凝自复叠式制冷循环，不仅能使一台制冷压缩机实现复叠循环的效果，也能使其在换热中获得更佳的温差和焓差，减少不可逆耗散，提高循环效率。

思考与练习题

1. 为什么采用复叠式制冷循环？
2. 复叠式制冷循环变工况和启动时需要注意什么问题？
3. 两个单级压缩系统组成的二元复叠式制冷循环原理图的绘制。
4. 高温部分为两级压缩循环、低温部分为单级压缩循环的两级复叠式制冷循环原理图的绘制。
5. 三个单级压缩循环组成的三元复叠式制冷循环原理图的绘制。
6. 分析单级蒸气压缩一次分凝自复叠式制冷循环原理。

学习情境五　溴化锂吸收式制冷循环

吸收式制冷机是一种以热能为主要动力的制冷剂，也是目前常用的一种制冷方式。溴化锂水溶液吸收式制冷循环以水为制冷剂，溴化锂溶液为吸收剂，工质对沸点差大，溴化锂制冷机装置简单，工质无毒、无臭、无味，对人体无害。溴化锂制冷机可用一般的低压蒸气或60 °C以上的热水作为热源，在利用低温热能及太阳能制冷方面具有明显的优点，因而溴化锂吸收式制冷循环是目前最常用的吸收式制冷方式。

模块一　吸收式制冷基本原理

一、吸收式制冷循环的基本组成

吸收式制冷循环系统由发生器、吸收器、冷凝器、蒸发器、溶液泵和节流器等组成。吸收式制冷基本原理图见图5-1。

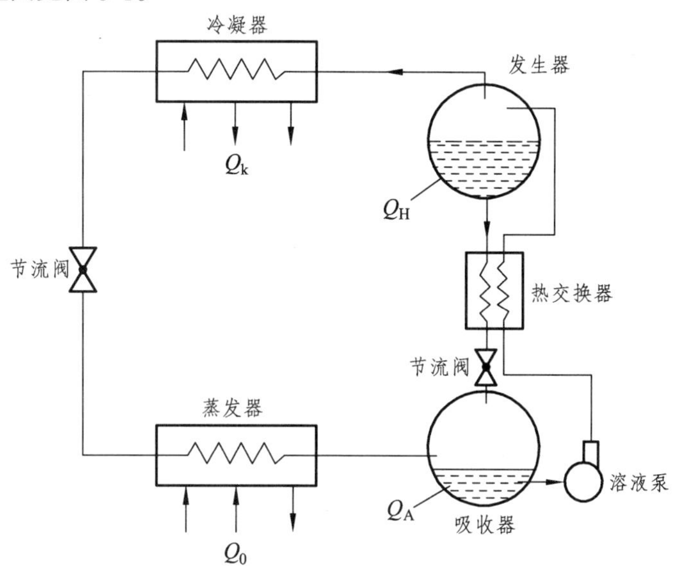

图5-1　吸收式制冷基本原理图

二、吸收式制冷循环的基本工作原理

制冷剂循环由冷凝器、节流阀和蒸发器组成，制冷剂是水。在发生器中产生的较高压力

的过热蒸气（比吸收器中的压力高，但低于大气压）进入冷凝器，被冷却介质冷却成饱和水；然后经过节流阀节流降压，其状态变为湿蒸气，即大部分是低温饱和状态的液体水和少量饱和蒸气的混合物；其中的低温饱和水在蒸发器中吸热汽化而产生冷效应，使被冷却对象降温，蒸发器中汽化的水蒸气被吸收器中的浓溶液吸收。

溶液循环由发生器、吸收器、溶液泵和溶液热交换器组成。在吸收器中，来自发生器的浓溶液具有较强的吸收能力，吸收来自蒸发器的低压水蒸气，变成稀溶液；稀溶液被溶液泵加压，经溶液热交换器被浓溶液加热后送入发生器；在发生器中被加热介质（如加热蒸气、热水等）加热而沸腾。稀溶液中的制冷剂蒸气离开发生器进入冷凝器，稀溶液浓缩为浓溶液；浓溶液经溶液热交换器进入吸收器继续吸收蒸发器过来的制冷剂水蒸气。

热交换器的目的是为了节能，因为稀溶液要进入发生器加热汽化，浓溶液进入吸收器要降温产生吸收能力，两者进行热交换，从而起到节能的目的。

吸收器中设有冷却管，由于吸收过程是放热过程，需要冷却介质如冷却水带走吸收热。

吸收式制冷循环的经济性以消耗单位热量所能制取的冷量来衡量，称为热力系数，即

$$\zeta = \frac{Q_0}{Q_g} \tag{5-1}$$

式中 Q_0——吸收式制冷机的制冷量，kW；

Q_g——发生器中消耗的热量，kW。

三、溴化锂水溶液的性质

吸收式制冷循环采用沸点相差大的物质作为溶质工质对。其中沸点低的物质作制冷剂，沸点高的物质作吸收剂。

（一）吸收式制冷循环工质对

1. 制冷剂的选择要求

较大的 q_v，适中的 p，价廉、无毒、不爆炸和不腐蚀。

2. 吸收剂的选择要求

① 吸收制冷剂的能力要强；

② 吸收剂和制冷剂的沸点差越大越好；

③ λ 要大，ρ、黏度及比热要小；

④ 化学稳定性和安全性要好，要求无毒、不燃烧、不爆炸，对金属材料无腐蚀；

⑤ 工质对组成的二元溶液必须是非共沸溶液。

目前，在空调系统中普遍采用的是溴化锂水溶液。

（二）溴化锂水溶液的性质

1. 水

无毒、汽化潜热大、常压下蒸发温度较高、蒸气比容大；凝固点高，0 °C 会结冰，水在

真空（绝对压力为 934.6 Pa）状态下蒸发，只能制取 0 °C 以上的冷水。

2. 溴化锂

无毒、无臭、有咸苦味、性质稳定、大气中不变质、不分解，但易溶于水。化学式：LiBr，分子量：86.856，熔点 549 °C，沸点 1265 °C，极易潮解，为白色立方晶系结晶体或粒状粉末。

3. 溴化锂水溶液

① 溴化锂和水常压下沸点相差大，发生过程效果好，发生器结构简单；
② 无色溶液，有咸味，无毒，加入铬酸锂后溶液呈淡黄色；
③ 溴化锂在水中的溶解度随温度的降低而降低，溶液的浓度不宜超过 66%；
④ 密度比水大，且随浓度和温度而变化；
⑤ 比热容随温度升高而增大，随浓度升高而减小且比水的比热小得多；
⑥ 动力黏度较大；
⑦ 表面张力随温度的升高而降低，当温度一定时，随浓度的增大而增加；
⑧ 水蒸气的分压力很低，因而有强烈的吸湿性；
⑨ 对黑金属、紫铜、普通碳素钢等有强烈的腐蚀性。一方面确保机组的高度真空，在停机时对机组充入氮气；另一方面，增加缓蚀剂（0.1% ~ 0.3%的铬酸锂和 0.02%的氢氧化锂，使溶液的 pH=9.5 ~ 10.5）可有效地延缓溴化锂溶液对金属的腐蚀作用。

四、分　类

溴化锂吸收式制冷的分类方法很多，一般有以下几种。

（一）按驱动热源分类

根据驱动热源类型，可分为蒸气型、热水型、直燃型（燃油、燃气）和太阳能型。

蒸气型：使用蒸气作为驱动能源。根据工作蒸气的品位高低，还可分为单效和双效型。单效型工作蒸气压力一般为 0.1 MPa，双效型工作蒸气压力一般为 0.25 ~ 0.8 MPa。

直燃型：一般以油、气等可燃物质为燃料。

热水型：使用热水为热源的溴化锂机组。通常是以工业余热、废热、地热热水、太阳能热水为热源，根据热源温度可分为单效热水型及双效热水型。单效型机组热水温度范围为 85 ~ 150 °C，高于 150 °C 的热水可作为双效机组的热源。

太阳能型：由太阳能集热装置获取能量，用来加热溴化锂机组发生器内稀溶液，进行制冷循环。该机型分为两类：一类是利用太阳能集热装置直接加热发生器管内稀溶液；另一类是先加热循环水，然后再将热水送入发生器内加热溶液。后者加热形式与热水型机组相同。

（二）按驱动热源的利用方式分类

根据驱动热源的利用方式，可分为单效型、双效型和多效型。

单效型：驱动热源在机组内被直接利用一次。

双效型：驱动热源在机组的高压发生器内被直接利用，产生的高温冷剂水蒸气在低压发生器内被二次间接利用。

多效型：驱动热源在机组内被直接和间接地多次利用。

（三）按机组结构分类

单筒型机组的主要换热器（发生器、冷凝器、蒸发器、吸收器）布置在一个筒体内。

双筒型机组的主要换热器布置在两个筒体内。

三筒或多筒型机组的主要换热器布置在三个或多个筒体内。

（四）按用途分类

冷水机组：用于供应空调用冷水或工艺用冷水。

冷热水机组：冷热水机组用于供养生活和空调用冷热水，冷水进口、出口温度分别为 12 °C 和 7 °C，用于采暖的热水进口、出口温度分别 55 °C 和 60 °C。

热泵机组：依靠驱动热源的能量，将低势位热量提高到高势位，可供采暖或工艺过程使用。输出热的温度低于驱动热源温度，已供热为目的的热泵机组称为第一类吸收式热泵。输出热的温度高于驱动热源温度，以升温为目的的热泵机组称为第二类吸收式热泵。

（五）按溶液循环流程分类

串联流程：它又分为两种，溶液先进入高压发生器，后进入低压发生器，最后流回吸收器；溶液先进入低压发生器，后进入高压发生器，最后流回吸收器。

并联流程：溶液分别同时进入高、低压发生器，然后分别流回吸收器。

串并联流程：溶液分别同时进入高、低发生器，高压发生器流出的溶液先进入低压发生器，然后和低压发生器的溶液一起流回吸收器。

模块二　溴化锂吸收式制冷循环形式

一、单效溴化锂吸收式制冷循环

在溴化锂吸收式制冷循环中，只经过一次发生过程的称为单效循环。

单效溴化锂吸收式制冷循环原理图如图 5-2 所示。

在单效溴化锂吸收式制冷循环中，从吸收器来的溴化锂稀溶液首先由发生器泵经过热交换器吸热后送入发生器。在发生器中，工作蒸气通过管热簇加热，使稀溶液的水汽化成制冷剂水蒸气而逸出溶液（即发生过程）。发生后的溴化锂浓溶液经热交换器放热并送回吸收器。

发生器中逸出溶液表面的制冷剂水蒸气进入冷凝器被冷凝器管簇内的冷却水冷却冷凝成制冷剂水（或称冷剂水）。制冷剂水经过节流器U形管节流降压后进入蒸发器吸收蒸发器管簇内冷媒水的热量。未完全汽化的部分制冷剂水落入蒸发器水盘中，被蒸发器泵送往蒸发器的喷淋装置均匀地喷淋于蒸发器管簇外表面，继续吸热汽化。蒸发器管簇内的制冷冷媒水被冷却到所需的温度，送往被冷却系统。在蒸发器中吸热汽化所形成的制冷剂水蒸气进入吸收器中，被由吸收器回流泵送来喷淋在吸收器管簇外表面的中间溶液所吸收。在吸收过程中，溶液向吸收器管簇内的冷却水放出吸收热。中间溶液吸收了冷却水蒸气成为稀溶液，聚集在吸收器的底部，再由发生器泵送往发生器。从冷凝器、吸收器中吸热后的冷却水将热量排向环境介质（高位热源）。如此就组成了一个连续的制冷循环。

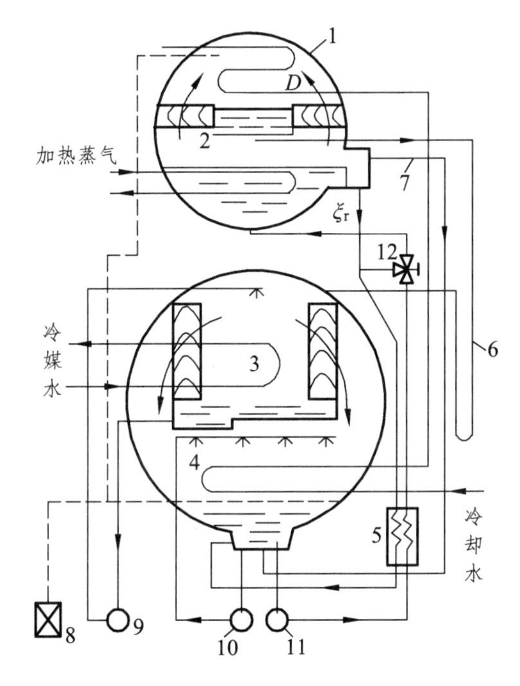

图 5-2　单效溴化锂吸收式制冷循环

1—冷凝器；2—发生器；3—蒸发器；4—吸收器；5—热交换器；6—U形管；7，8—抽气装置；9—蒸发器泵；10—吸收器泵；11—发生器泵；12—三通阀

二、双效溴化锂吸收式制冷循环

目前常见的三筒双效溴化锂吸收式制冷循环形式很多，有串流式、分流式，而分流式又有稀溶液在低温热交换器前、后分流式，如图5-3是一种前分流式的双效循环。其工作过程与单效循环的最大区别在于：吸收器出口的稀溶液，由发生器泵分两路输送，一路经低温热交换器、凝水回热器进入低压发生器；另一路经高温热交换器、凝水回热器进入高压发生器。高压发生器由工作热源加热发生；低压发生器则由高压发生器产生的水蒸气加热发生。高压发生后的溴化锂浓溶液通过高压热交换器放热后流回吸收器；低压发生后的溴化锂浓溶液经低温热交换器放热后流回吸收器。其他工作过程与单效循环相同或相似。

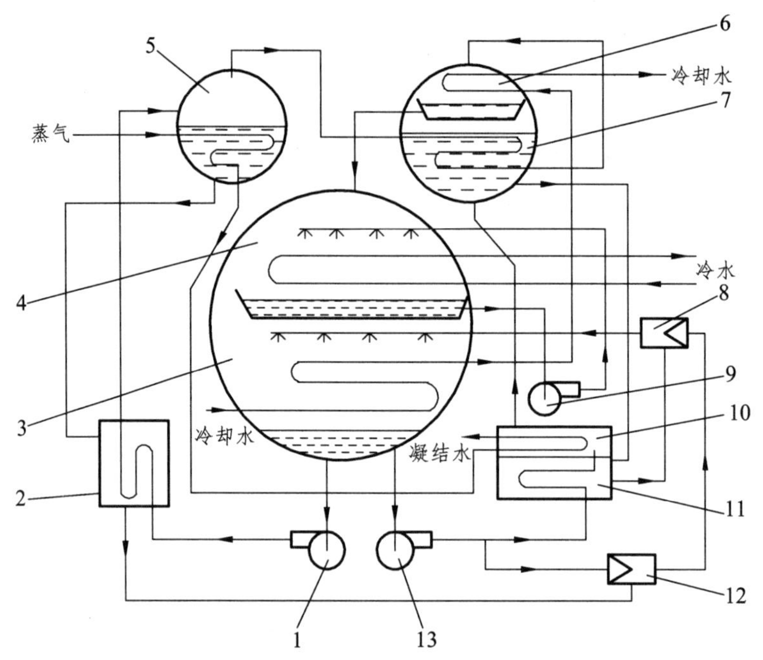

图 5-3 三筒双效溴化锂吸收式制冷循环原理图

1—高压发生器泵；2—高温热交换器；3—吸收器；4—蒸发器；5—高压发生器；6—冷凝器；7—低压发生器；8，12—引射器；9—冷剂水泵；10—凝水换热器；11—低温热交换器；13—溶液泵

三、直燃式溴化锂吸收式冷热水循环

直燃式溴化锂吸收式冷、热水循环也是一种双效溴化锂吸收式逆向循环。但直燃式循环不采用蒸气或热水作工作热源，而是采用燃气或燃油直接燃烧作工作热源来加热溴化锂溶液，因而循环的工作效率较高。直燃式溴化锂吸收式冷、热水循环原理图如图 5-4 所示。

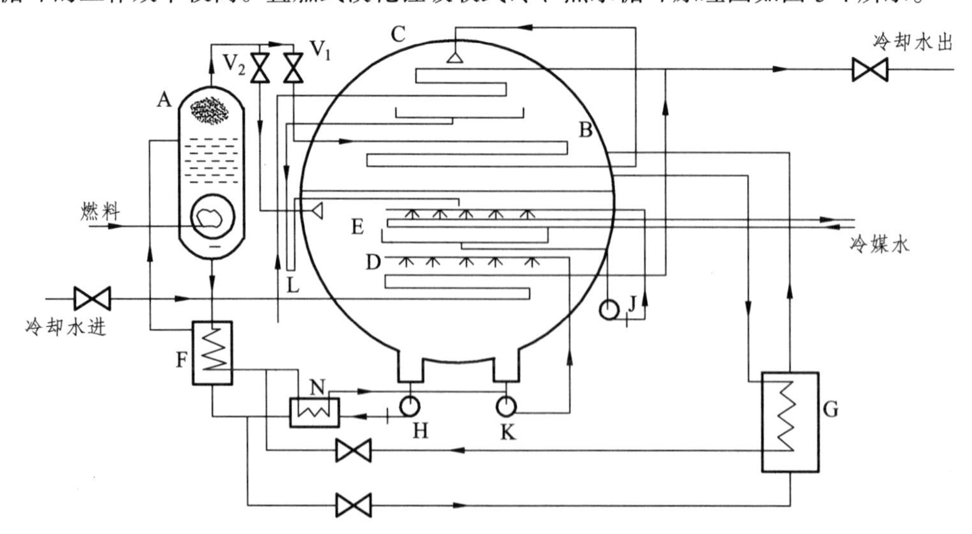

图 5-4 直燃式溴化锂吸收式冷、热水循环原理图

A—高压发生器；B—低压发生器；C—冷凝器；D—吸收器；E—蒸发器；F—高温热交换器；G—低温热交换器；H—发生器泵；I—蒸发器泵；J—吸收器泵；L—U 形管；V_1，V_2—控制阀；N—预热换热器；

与蒸气或热水双效溴化锂制冷循环不同的是，直燃式循环的高压发生器是直燃式发生器，并且通过对高压发生后的水蒸气通路中的控制阀 V_1、V_2 的切换来达到夏季供冷水、冬季供热水的目的。

直燃式溴化锂吸收式冷、热水循环工作原理如下：

夏季供冷水循环时，开启高压发生后的水蒸气通路中的控制阀 V_1，关闭控制阀 V_2，这就是普通的双效溴化锂吸收式制冷循环。

冬季供热水循环时，开启高压发生后的水蒸气通路中的控制阀 V_2，关闭控制阀 V_1，并同时关闭冷却水系统及蒸发器泵 I。这时，低压发生器 B 和冷凝器 C 是不工作的。供热水循环时，在高压直燃发生器 A 中产生的高温水蒸气经控制阀 V_2 所在的管路直接进入蒸发器 E，在此加热流经传热管中的热媒水使之升温。高压发生后的溴化锂浓溶液经热交换器 F 放热后流回吸收器 D，吸收被热媒水凝结的水。稀释后的稀溶液由发生器泵 H 再次送入高压发生器工作循环。冬季供热水循环事实上是单效吸收式循环。

模块三　提高溴化锂吸收式制冷循环的性能、减少制冷量衰减的途径

可通过下列途径来提高溴化锂吸收式制冷循环的性能、减少制冷量的衰减。

一、及时抽除不凝性气体

保持溴化锂吸收式制冷系统高度真空，及时抽除机组内的不凝性气体是提高溴化锂吸收式制冷循环性能的根本措施。常用的抽气装置有如下几种：

1. 机械真空泵抽气装置（见图 5-5）

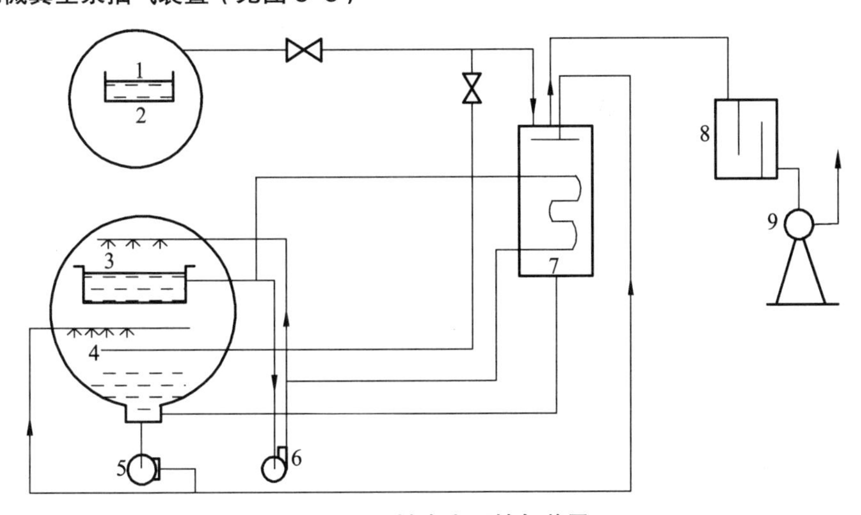

图 5-5　机械真空泵抽气装置

1—冷凝器；2—发生器；3—蒸发器；4—吸收器；5—吸收器泵；6—蒸发器泵；7—水气分离器；8—阻油器；9—旋片式真空泵

图 5-5 表示了机械真空泵抽气装置的工作原理。不凝性气体分别由冷凝器上部和吸收器上部抽出。由于抽出的不凝性气体中仍含有一定量的制冷剂水蒸气，若将它直接排走，不仅会降低真空泵的抽气能力及减少系统内制冷剂水量；同时，制冷剂水和真空泵油接触后会使真空泵油乳化，使油的黏度降低、恶化甚至丧失抽气能力。因此，应将抽出的制冷剂水蒸气加以回收。在抽气装置中设有水气分离器，让抽出的不凝性气体进入水气分离器。在分离器内，采用来自吸收器泵的中间溶液喷淋，吸收不凝性气体中的制冷剂水蒸气，吸收了水蒸气的稀溶液由分离器底部返回吸收器，吸收过程中放出的热量由在管内流动的制冷剂水带走，未被吸收的不凝性气体由分离器顶部排出，经阻油器进入真空泵，压力升高后排至大气。阻油器内设有阻油板，防止真空泵停止运行时大气压力将真空泵油压入制冷机系统，引起油对溶液的污染。

2. 自动抽气装置

自动抽气装置（见图 5-6）是利用溶液泵抽出的高压流体作为抽气动力，通过引射器引射不凝性气体，使其随溶液一起进入储气室（又称气液分离器）。在储气室内，不凝性气体与溶液分离后上升至顶部，溶液则由储气室返回吸收器。当不凝性气体积聚到一定数量时，关闭回流阀，依靠溶液泵的压力将不凝性气体压缩，使压力升高。当不凝性气体被压缩至大气压力以上时，自动打开放气阀而排出机外。这种抽气装置的关键部件是引射器。为提高自动抽气装置的抽气性能，必须对引射器进行精心设计和试验研究。

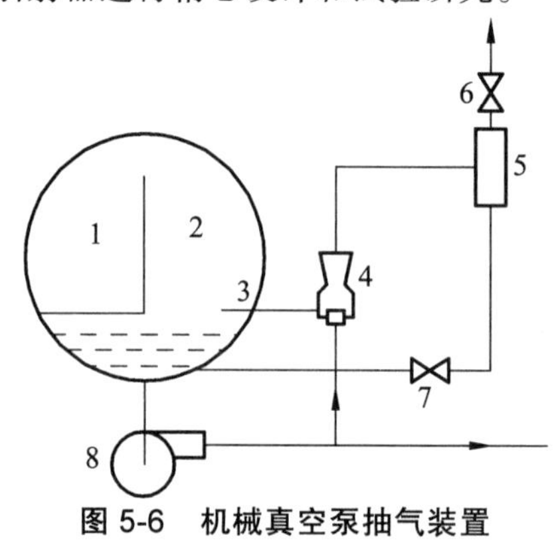

图 5-6 机械真空泵抽气装置

1—蒸发器；2—吸收器；3—抽气管；4—引射器；5—储气室；6—放气阀；7—回流阀；8—溶液泵

二、调节溶液的循环量

系统运行时，如果进入发生器的稀溶液量调节不当，可导致循环性能下降。发生器热负荷一定时，如果循环量过大，一方面使溶液的浓度差减小，产生的制冷剂水蒸气量减少；另一方面，进入吸收器的浓溶液量增大，吸收液温度升高，影响吸收效果。两者均使循环的制冷量下降，热力系数降低。如果循环量过小，机组处于部分负荷下运行，制冷能力得不到充分发挥。而且循环量过小会导致溶液的浓度差增大，浓溶液浓度过高，有产生结晶的危险。因此系统运行时，应合理调节溶液的循环量，以获得最佳的制冷效果。

三、防止制冷剂水污染

发生器中的溴化锂溶液随制冷剂水蒸气进入冷凝器、蒸发器的现象称为制冷剂水污染，制冷剂水污染会使制冷量下降。试验表明，当制冷剂水的密度大于 1.1 kg/L 时，制冷量将明显下降。这是因为制冷剂水含溴化锂后会呈稀溶液状态，纯水的蒸气压力下降，传质推动力减小，吸收过程减弱，制冷量降低。运行中，当制冷剂水密度超过 1.04 kg/L 时，应找出污染的原因，杜绝污染根源，并进行制冷剂水再生处理，使系统保持良好的运转状态。

四、添加能量增强剂

为了提高热交换设备的热、质交换能力，在溴化锂制冷机中广泛采用了能量增强剂。用于溴化锂溶液中的能量增强剂有异辛醇、正辛醇等。试验证明，添加辛醇后，制冷量提高 10% ~ 15%，对处理过的传热管，甚至能提高 40%以上。能量增强剂提高机组性能的机理如下：

（1）添加辛醇能使溶液的表面张力大幅度下降，使溶液与水蒸气的结合能力增强，吸收率增加。另外，添加辛醇后，溴化锂水溶液的分压力降低，吸收推动力增大，吸收能力增加。

（2）添加能量增强剂后，冷凝器由膜状凝结变为珠状凝结，提高了冷凝效果。由于辛醇几乎可使铜管表面完全润湿，含有辛醇的水蒸气与铜管表面接触后，很快形成一层液膜，水蒸气在辛醇液膜上呈珠状凝结。珠状凝结时的放热系数可比膜状凝结高两倍以上，增加了冷凝时的传热效果。

能量增强剂辛醇的添加量一般为溴化锂溶液的 0.1% ~ 0.3%。辛醇的密度约为 0.83 kg/L，基本上不溶于水或溴化锂溶液，随着机组的运行，辛醇将积聚在蒸发器和吸收器中的液面上，逐渐失去了提高制冷量的作用。为此，需定期将蒸发器水盘中的制冷剂水旁通至吸收器，采用加热或冲击的方法，使辛醇与溶液重新混合，然后循环使用。

模块四　溴化锂制冷的应用

以某单位溴化锂空调系统为例。

一、制冷循环原理

溶液从吸收器上部的淋板滴到冷却水管上，最后聚集到水盘，在这个过程中吸收从挡液板过来的制冷剂蒸气。同时，溶液由刚进淋板的浓溶液变成稀溶液，在正常情况下，浓度为 57% ~ 58%，称之稀溶液，稀溶液经过低温热交换器、高温热交换器加热以后，温度逐渐提高为 130 ~ 140 °C，然后进入高压发生器。

在高压发生器，稀溶液继续加热，然后制冷剂蒸气从稀溶液中分离出来，同时稀溶液本身被浓缩。浓缩后为 60% ~ 61%，称之为中间溶液，中间溶液经过高温热交换器，温度被降低（约为 84 °C），然后送往低压发生器。

吸收液由吸收器送往高压发生器主要是泵的作用，另外，溶液由高压发生器通往低压发生器主要是由于两个发生器之间的压力差，高压发生器为 700 ~ 710 mmHg，而低压发生器为 56 mmHg（1 mmHg=133.28 Pa）。在这个压力差的作用下，溶液流向低压发生器。

在低压发生器中，从高压发生器过来的制冷剂蒸气加热从高压发生器过来的中间溶液，产生制冷剂蒸气，同时中间溶液浓缩为浓溶液（约为 63%）。

最终的溴化锂溶液称作浓溶液，浓溶液经过低温热交换器后温度降低为 52 ~ 53 °C，然后回到吸收器。浓溶液流回到吸收器是通过低压发生器与吸收器之间的压力差或溶液泵的动力，周而复始地完成循环（见图 5-7）。

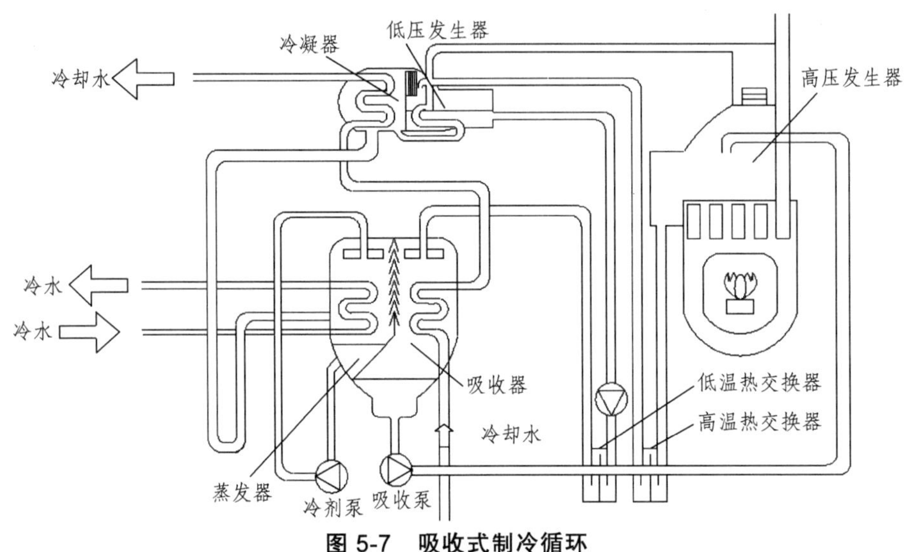

图 5-7 吸收式制冷循环

二、热水采暖原理

制冷/采暖转换阀安装在下壳体，高压发生器产生的制冷剂蒸气进入下壳体，在铜管表面变成冷凝水，靠蒸发潜热加热铜管里面的水，蒸气变成的冷凝水通过溶液泵回到高压发生器。它们的工作压力小于大气压。如上所述，采暖的原理非常简单，仅仅是通过转换阀，高压发生器产生的制冷剂蒸气作为热源在主体中加热产生热水（见图 5-8）。

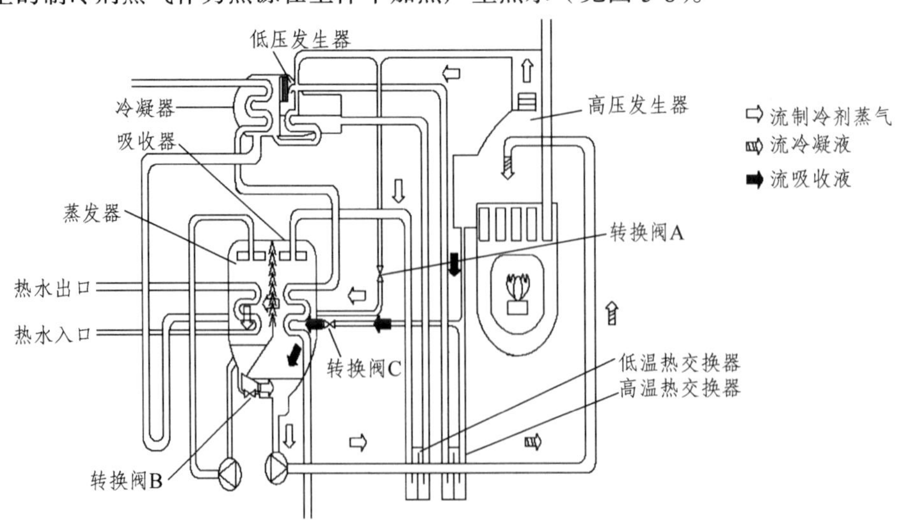

图 5-8 采暖循环（60 °C 热水，转换阀 A、B、C 开启）

思考与练习题

1. 吸收式制冷基本原理是什么？
2. 说明双效溴化锂吸收式制冷循环与单效溴化锂吸收式制冷循环的区别。
3. 如何提高溴化锂吸收式制冷循环的性能？
4. 参观溴化锂空调工程现场，绘制制冷原理图。

学习情境六　热泵原理

模块一　热泵基本知识

一、热泵的概念

热泵是把处于低温位的热能输送至高温位的设备。由热力学第二定律可知：热量是不自动从低温区向高温区传递的，因此，热泵要实现这种传递就必须要消耗能量作为补偿，以实现这种热量的传递。热泵的工作原理与制冷机实际上是相同的，它们都是从低温热源吸取热量并向高温热源排放，在此过程中消耗一定的能量。两者的不同在于使用的目的：使用制冷机的目的是获取冷量，而使用热泵的目的则是获取热量；制冷机是从低于环境温度的物体中吸取热量后排放到环境中，而热泵是从环境中吸取热量后排放到温度高于环境的物体中。热泵冬季供热和夏季制冷模式的改变，是通过机组内一个换向阀来调换蒸发器和冷凝器工作而实现的。因此，热泵又可定义为能实现蒸发器与冷凝器功能转换的制冷机。制冷与热泵系统的基本能量转换关系如图 6-1 所示。

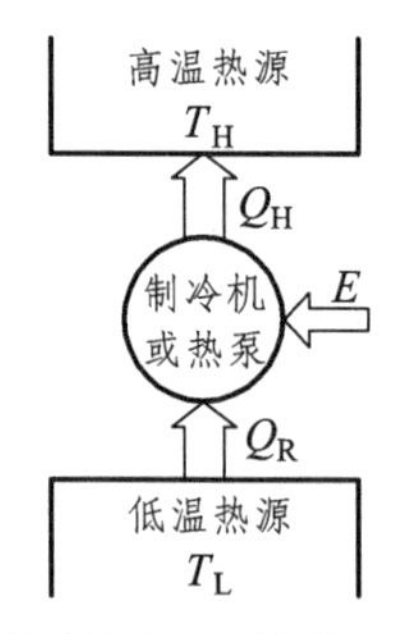

图 6-1　制冷与热泵系统的基本能量转换关系

二、热泵分类

目前工程界对热泵系统的称呼尚未形成规范统一的术语，热泵的分类方法也各不相同。如有的国外文献把热泵按低温热源所处的几何空间分为大气源热泵（Air Source Heat Pump，ASHP）和地源热泵（Ground Source Heat Pump，GSHP）两大类。地源热泵又进一步分为地表水热泵（Surface-Water Heat Pump，SWHP）、地下水热泵（Ground-Water Heat Pump，CWHP）和地下耦合热泵（Ground-Coupled Heat Pump，GCHP）。国内文献则把地源热泵系统分为 3 类，分别称为地表水地源热泵系统、地下水地源热泵系统、地埋管地源热泵系统。如果按工作原理对热泵分类可以将其分为机械压缩式热泵、吸收式热泵、热电式热泵和化学热泵。如果按驱动能源的种类对热泵分类又可以将其分为电动热泵、燃气热泵、蒸气热泵。由此看来分类方法不相同对热泵的称呼会有差异。在暖通空调专业范畴内，当对热泵机组分类时常按热泵机组换热器所接触的载热介质分类，当对热泵系统分类时常按低位热源分类。

三、热泵发展的历史与现状

1. 热泵的国际发展历史与现状

热泵的理论研究起源于法国科学家卡诺在 1824 年发表的关于卡诺循环的论文。在这个理论基础上，1852 年英国教授汤姆逊（W. Thomson）首先提出一种热泵设想，那时称为热量倍增器。

到 20 世纪二三十年代热泵的应用研究不断拓宽。1927 年，英国人霍尔丹（Haldane）在苏格兰安装试验了一台用氨作为工质的封闭循环热泵，用于家庭的采暖及加热水。1931 年，美国南加利福尼亚安迪生公司的洛杉矶办公楼里的制冷机被用于供热，这是大容量热泵的最早应用，供热量达 1050 kW，制热系数达 2.5。1937 年，在日本的大型建筑物内安装了两台 194 kW 采用透平式压缩机的带有蓄热箱的热泵系统，以井水为热源，制热系数达 4.4。1938—1939 年，瑞士苏黎世会大厦安装了夏季制冷冬季供热的大型热泵采暖装置，该装置采用离心式压缩机，R12 作为工质，以河水作低温热源，输出热量达 175 kW，制热系数为 2，输出水温 60 °C。

20 世纪 40—60 年代热泵技术进入了快速发展期。欧洲 1937—1941 年期间各种热泵装置应用于学校、医院、办公室和牛奶场。20 世纪 40 年代后期，出现了许多更加具有代表性的热泵装置的设计，1940 年美国已安装了 15 台大型商业用热泵，并且大都以井水为热源。到 1950 年，已有 20 个厂商及十余所大学和研究单位从事热泵的研究，各种空调与热泵机组面世。当时拥有的 600 台热泵中，约 50%用于房屋供暖，45%为商用建筑空调，5%用于工业。1950 年前后，美、英两国开始研究采用地盘管的土壤热源热泵。通用电气公司生产的以空气为热源，制热与制冷可自动切换的热泵机组打开了局面，作为一种全年运行空调机组进入了空调商品市场。1957 年，美国决定在建造大批住房项目中用热泵来代替燃气供热，使热泵的生产形成了一个高潮。至 20 世纪 60 年代初，在美国安装的热泵机组已达近 8 万台。然而，在这段时间由于美国的冬夏两用热泵机组产品增长速度过快，造成制造、安装、维修及运行等技术没有跟上，出现了美国热泵发展史上重大的挫折，直至 20 世纪 70 年代中期产量才获得了恢复。尽管如此，在此期间，在全世界范围内还是扩大了热泵的应用。日本、瑞典和法国等国家生产了以室外空气为热源的小型家用热泵，英国和德国更注重把大型热泵装置用于大型商业和公共建筑物的热回收系统。

20 纪 70 年代以后，热泵技术进入了成熟期。美国 1971 年年产 8.2 万台热泵装置，到 1976 年达年产 30 万台，1977 年跃升为 50 万台/年。而日本后来居上，1977 年产量已超过 50 万台。据报道，1976 年美国已有 160 万套热泵在运行，1979 年约有 200 万套热泵装置在运行。联邦德国 1979 年约有 5000 个热泵系统正常使用。1983—1987 年瑞典建立了约 100 座以湖/海水、地下水为低位热源的热泵站用于区域供暖，斯德哥尔摩市区域供暖的容量约有 50%由大型热泵站提供，成为世界上应用大型地表水源热泵站最多的国家之一。而后，芬兰、荷兰、丹麦等国也相继建成了一批大型地表水源热泵站用于区域供热。1994—1995 年美国的土壤源热泵的应用从 10%上升到 30%，至 1996 年美国的空气源热泵年产量就达 114 万台。日本 1996 年热泵型房间空调器年产量达 700 万台，商用热泵空调器产量达 75 万台。1992—1994 年，国际能源机构的热泵中心对 25 个国家（其中包括经济合作发展组织的美、日、英、法、德等 16 国和中、韩、巴西、捷克等 9 国）在热泵方面的技术和市场状况进行了调查和分析。全世界已经安装运行的热泵已超过 5500 万台，已有 7000 台工业热泵在使用，近 400 套区域集中供热系统在供热。全世界的供热需求量中由热泵提供的近 2%。

目前，热泵不仅在工业发达的美国、德国、法国、日本、瑞典等国得到很好的应用，在发展中国家更是迅速发展。热泵的用途也在不断地开拓，在木材、食品及棉、毛、纸制品等的干燥，谷物、茶叶的烘干以及牛奶浓缩、海水淡化等方面都得到广泛的应用。特别是在人居环境方面，热泵已成功地用于同时需要供冷和供热的场合，如室内游泳池和人工冰场等。

2. 热泵在中国的发展历史与现状

中国的热泵发展与应用相对于工业发达国家有一段明显的滞后期，但起点较高，有些研究项目达到了当时的世界先进水平。早在 20 世纪 50 年代初，天津大学、同济大学的一些学者已经开始从事热泵技术的研究工作，为我国热泵事业开了个好头。1965 年，我国第一台制热量为 3720 W 的热泵型窗式空调器在上海研制成功，我国第一台水源热泵空调机组在天津研制成功。1965 年，哈尔滨建筑工程学院徐邦裕教授等首次提出应用辅助冷凝器作为恒温恒湿空调机组的二次加热器的新流程，并与生产厂家共同开始研制利用冷凝废热作为空调二次加热的立柜式恒温恒湿热泵式空调机。20 世纪 70 年代初，我国第一例采用热泵机组实现的恒温恒湿工程在黑龙江省安达市完成，现场实测的运行效果达到（20±1）°C，（60±10）%的精度要求。1978—1988 年，我国热泵应用工作全面启动，暖通空调、制冷界大力研究和开发适合国情的热泵装置和热泵系统。在这期间，大量引进国外空气热泵技术和先进生产线，我国家用热泵空调器开始由 1980 年年产 1.32 万台快速增长到 1988 年年产 24.35 万台。在 20 世纪 80 年代，我国热泵系统在各种场合的应用研究有许多进展，成功地用于木材干燥、茶叶干燥、游泳池或水产养殖池冬季加热等方面的工程中。1984 年，由上海、开封、无锡等地的科技人员联合试制了双效型吸收式热泵机组。

1989—1999 年期间，我国热泵行业紧跟国民经济突飞猛进的时代潮流，在理论研究、实验研究、产品开发、工程应用等方面取得可喜成果。1995 年，我国开始生产变频空调器。房间空调器的生产已使我国成为世界生产大国，1996 年我国产量达 645.9 万台，其中热泵型空调器占 65%。窗式热泵空调器、分体式热泵空调器开始步入百姓家庭。到 1999 年年底，上海每百户居民拥有家用空调器 85.2 台，广东为 83.47 台，北京为 49.9 台，天津为 59.8 台。1989—1999 年，热泵专利总数 161 项。我国的热泵新产品不断涌现，20 世纪 90 年代中期开发出井水源热泵冷热水机组，20 世纪 90 年代末又开发出污水源热泵系统。采用大容量的螺杆式压缩机和小容量的涡旋式压缩机的空气源热泵冷热水机组产品日趋成熟，在华中、华东和华南地区逐步形成中小型公共和民用建筑空调项目的冷热源设计主流。1995 年以后，空气源热泵冷热水机组的应用范围由长江流域开始扩展到黄河流域。20 世纪 90 年代中期，我国一些大中城市的现代办公楼和大型商场建筑中开始采用闭式环路水源热泵空调系统（又称水环热泵空调系统），到 1997 年，国内采用水环热泵空调系统的工程共 52 项。全国各省市几乎均有热泵应用的工程实例，热泵装置已成为暖通空调中的重要设备之一。到 1999 年，全国约有 100 个项目，2 万台水源热泵机组在运行。

20 世纪 90 年代我国逐步形成了完整的热泵工业体系。热泵式家用空调器厂家约有 300 家；空气源热泵冷热水机组生产厂家约有 40 家；水源热泵生产厂家约有 20 家；国际知名品牌热泵生产厂商纷纷在中国投资建厂。我国已步入国际上空调用热泵的生产大国，产品的质量也与世界知名品牌相距不远。

进入 21 世纪后，我国热泵技术的研究不断创新。热泵理论研究工作比以前显著地加大了深度与广度，对空气源热泵、水源热泵、土壤源热泵和水环热泵空调系统等进行了系统研究。热泵的变频技术、热泵计算机仿真和优化技术、热泵的 CFC 替代技术、空气源热泵的除霜技术、一拖多热泵技术等都取得了实质性的进展。

2000—2003 年热泵专利总数 287 项，年平均为 71.75 项，是 1989—1999 年专利平均数的 4.9 倍。我国的同井回灌热泵系统、土壤蓄冷与土壤耦合热泵集成系统、供寒冷地区应用的双级耦合热泵系统的创新性成果均处于世界领先地位。

2005 年，国家发展和改革委员会制定并颁布了《中华人民共和国可再生能源产业发展指导目录》。地热发电、地热供暖、地源热泵供暖或空调、地下热能储存系统被列入重点发展项目，地热井专用钻探设备、地热井泵、水源热泵机组、地热能系统设计、优化和测评软件、水的热源利用等被列为地热利用领域重点推荐选用的设备。

2006 年，财政部、建设部印发《可再生能源建筑应用专项资金管理暂行办法》的通知。该办法第四条专项资金支持的重点领域中包括：利用土壤源热泵和浅层地下水源热泵技术供热制冷；地表水丰富地区利用淡水源热泵技术供热制冷；沿海地区利用海水源热泵技术供热制冷；利用污水源热泵技术供热制冷。

2007 年，建设部科学技术司印发了关于组织推荐申报《建设部“十一五”可再生能源建筑应用技术目录》项目的通知。申报技术领域中包括：土壤源热泵技术、空气源热泵技术、地表/地下水源热泵技术、海水水源热泵技术、污水水源热泵技术以及地热能梯级利用技术和地热能热电及热电冷三联供技术。2007 年，国家发展和改革委员会发布实施了《关于印发可再生能源中长期发展规划的通知》。其中对地热能的中长期发展目标和方向做出明确规定，要积极推进我国地热能的开发利用，合理利用地热资源，推广满足环境保护和水资源保护要求的地热供暖、供热水和地源热泵技术，在长江流域和沿海地区发展地表水、地下水、土壤等浅层地热能进行建筑采暖、空调和生活热水供应。

2008 年，住房和城乡建设部办公厅和财政部办公厅联合印发了《关于组织申报 2008 年可再生能源建筑应用示范项目的通知》。重点支持以下几个方面的建筑应用示范：与建筑一体化的太阳能供应生活热水（高层建筑）及太阳能供热制冷技术；与建筑一体化的太阳能光电转换技术；沿江、海、湖地区利用地表水源热泵供热制冷技术；地质条件适宜地区利用土壤源及水源热泵技术；利用污水源热泵供热制冷技术；利用太阳能与热泵复合供热制冷技术。

2011 年，财政部办公厅与住房和城乡建设部办公厅发布了《关于 2011 年度可再生能源建筑应用申报工作》的通知。支持对可再生能源建筑应用技术进步与产业发展有重大影响的共性关键技术、产品、设备的研发和产业化，包括热泵关键部件（压缩机、高效换热器）自主研发及产业化、基于吸收式热泵的供暖技术及设备研发和产业化、区域制冷/制热系统能效提高关键技术、产品研发及产业化、太阳能高效热利用技术、产品研发及产业化等。2011 年，科技部会同重庆市科委共同组织开展了全国范围地热能利用技术及应用情况的调研工作，编制完成了《中国地热能利用技术及应用》。

2012 年，国家能源局公布了《可再生能源发展“十二五”规划》，其中安排了地热能在“十二五”的发展目标。地热发电装机容量争取达到 10 万千瓦，浅层地温能建筑供热制冷面积达到 5 亿米^2。

2013 年，国务院印发了《大气污染防治行动计划》。其中第四条措施“加快调整能源结构，增加清洁能源供应”中指出，积极发展绿色建筑，政府投资的公共建筑、保障性住房等要率先执行绿色建筑标准。新建建筑要严格执行强制性节能标准，推广使用太阳能热水系统、地源热泵、空气源热泵、光伏建筑一体化、“热-电-冷”三联供等技术和装备。

模块二　空气源热泵

空气源热泵以空气为冷热源，其系统图如图 6-2 所示。空气源热泵在供热工况下，将室外空气作为低温热源，从室外空气中吸收热量，经热泵提高温度送入室内供暖。由于空气取用方便，空气源热泵系统简单，初期投资低。空气源热泵的主要缺点是在夏季高温和冬季寒冷天气时热泵的效率大大降低。而且其制热量随室外空气温度降低而减少，这与建筑热负荷需求趋势正好相反。因此，当室外空气温度低于热泵工作的平衡点温度时，需要用电或其他辅助热源对空气进行加热。此外，在供热工况下，空气源热泵的蒸发器上会结霜，需要定期除霜，这也将消耗大量的能量。在寒冷地区和高湿度地区，热泵蒸发器的结霜成为较大的技术障碍。因此，在建筑空调中采用空气源热泵受到气候条件的制约，在我国典型应用范围是长江以南地区。

按冷凝器放出热量时进行热交换介质的不同，空气源热泵有空气-空气式热泵和空气-水式热泵。前者从空气中吸收热量，供热介质为空气，是最普通的热泵形式，包括家用空调器、柜式空调器、多联式空调机、屋顶式空调机组等。后者从空气中吸收热量，供热介质为水，俗称风冷热泵冷热水机组或风冷热泵机组。

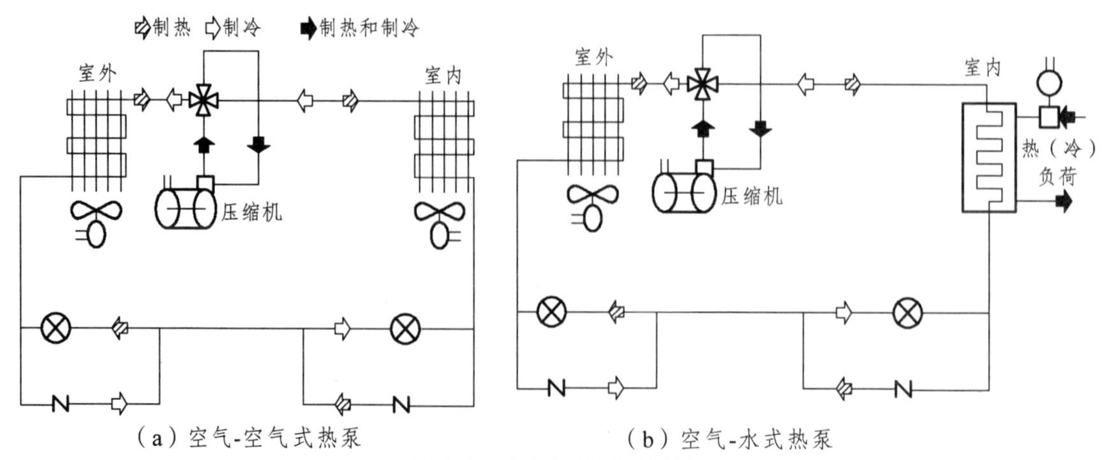

图 6-2　空气源热泵系统图

模块三　水源热泵

水源热泵是相对空气源热泵而言的，它是以水作为低温热源而提供热量。目前，水源热泵的分类并不完全一致。经查阅文献，参照美国 ARI 标准将水源热泵进行分类，水源热泵分为水环热泵（Water Loop Heat Pump）、水源热泵（Water Source Heat Pump）和地源闭环热泵（Ground Source Closed Loop Heat Pump）三大类。其中水源热泵又可细分为地下水（如深井水）热泵和地表水（如江、河、湖、海水等）热泵。下面介绍这 3 类水源热泵的特点。

一、水环热泵

1. 水环热泵空调系统的原理及特点

水环热泵空调系统是指水-空气热泵联成一个封闭的水环路，以建筑物内部余热为低温热源的热泵系统，其原理如图 6-3 所示。

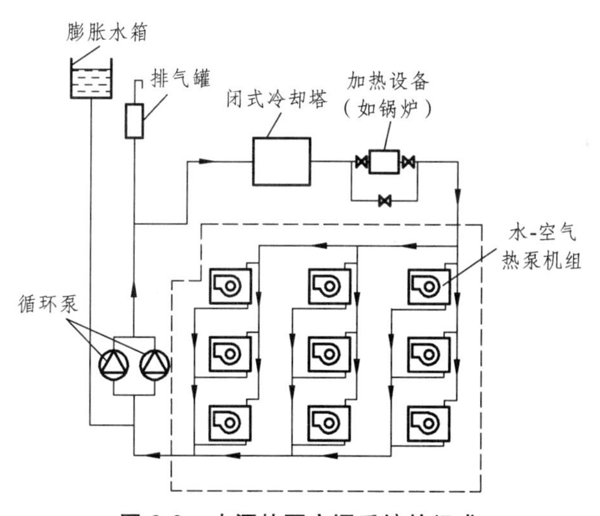

图 6-3　水源热泵空调系统的组成

该系统在制热时，以水为加热源；在制冷时，以水为排热源。机组供冷运行时，水侧换热器作为冷凝器用，风侧换热器作为蒸发器用；机组供热运行时，二者作用恰好相反。若空调房间达到设定温度时，热泵中的压缩机就停止工作，机组既不供冷也不供热。当水源热泵空调机组制冷运行的放热量大于制热运行的吸热量时，环路中水的温度上升，当超过一定值时，通过冷却塔将热量放出。当水源热泵空调机组制冷运行的放热量小于制热运行的吸热量时，环路中水的温度将下降，当其低于一定值时，通常使用加热装置对循环水进行加热。只有当建筑物内区的余热与外区需要的热量相等时，通过水环热泵空调系统将建筑物内的余热量转移到需要热量的外部区域，此时，既不启动冷却塔，也不启动加热装置，系统才能在最佳状态下运行。这时系统将获得最佳的节能效果。事实上，在不同的季节不可能完全达到这种效果，下面将就 4 个季节的运行情况进行分析。

不同季节水环热泵空调系统的运行工况分析见图 6-4。

图 6-4（a）是夏季运行情况，此时所有房间均需制冷，水-空气热泵空调机组放给循环水的热量，通过冷却水塔散出，使水环路的水温保持在 35 °C 以下。

图 6-4（b）是冬季运行情况，此时所有房间均需供热，这时分散安装于各房间的水-空气热泵空调机组从循环水中吸收热量，而这些热量由加热设备补给。

图 6-4（c）是春、秋季时运行的情况，此时水–空气热泵空调机组有约 40% 制冷、60%制热，水循环系统接近于热平衡，无须开动加热设备和冷却设备，系统的水温保持在 13 ~ 35 °C。

图 6-4（d）是建筑物的内区由于灯光、人体和设备的散热量，使这些房间全年需要制冷的情况。而该建筑物周边的房间在冬季时需要制热，此时可利用内区的房间放出的热量加热循环水，再通过循环水加热周边房间，其不足部分可启动加热设备补充。

在图 6-4（c）、（d）两种工况下，建筑物内的余热通过闭式环路得到了转移，减少了冷却塔和加热设备的运行时间，节约能耗，从这种意义上说，水环热泵空调系统是一种热回收系统。对于有多余热量或内区面积较大的建筑物，利用水环热泵空调系统不仅可以取得良好的节能效果，也可以获得良好的经济效益。

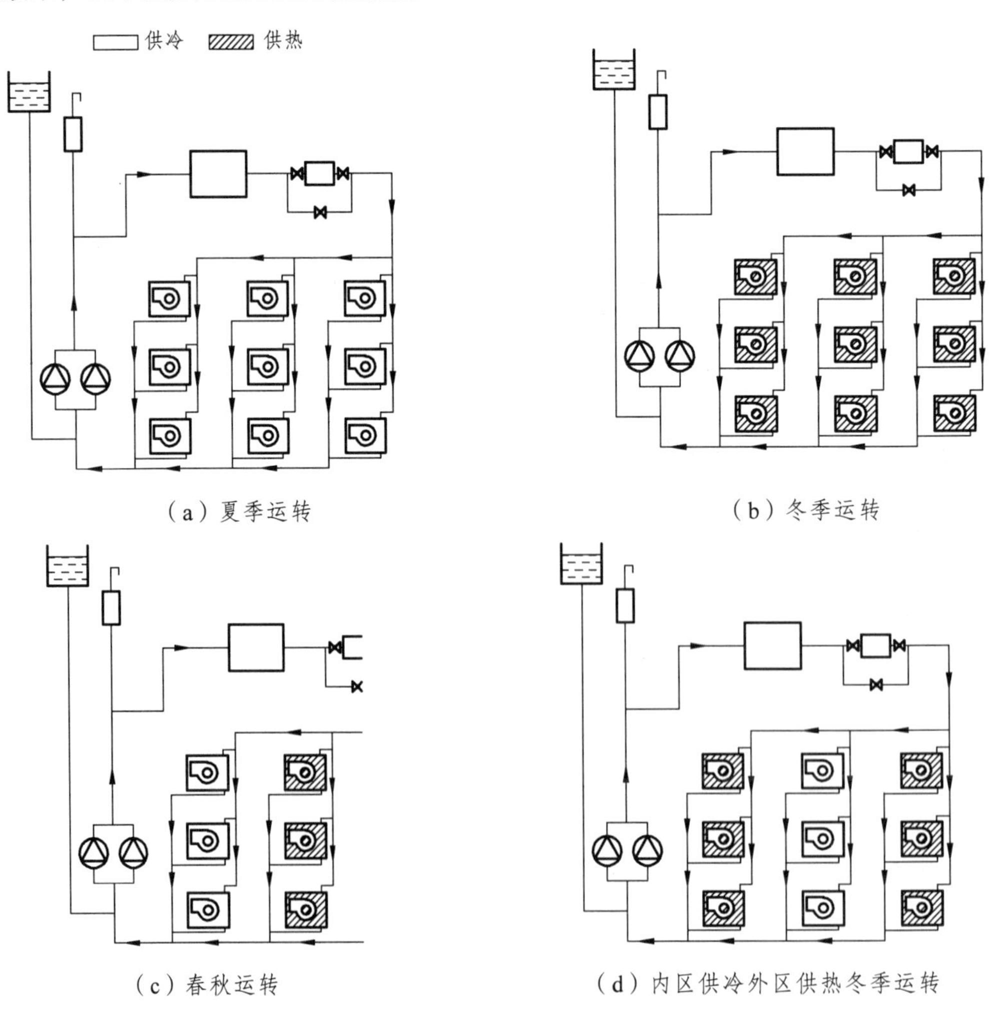

图 6-4　水环热泵在不同季节的运行状况

2. 水环热泵空调系统的加热与冷却装置

水环热泵空调系统在冬季运行时，尤其在气温较低而要求有一定供暖时间的地区，当水系统的温度不足以维持水环路所规定的最低温度（一般为 15 °C）时，就必须要投入加热装置。加热装置的容量大小应视具体工程、具体地区而定。一般应先计算出建筑物的热负荷，然后扣除水-空气热泵机组的总压缩功、回收冷凝热，最后乘以适当的同期使用系数即可得出加热装置的容量。通常使用的加热装置有电锅炉、燃气锅炉、燃油锅炉等。

当水源热泵空调机在夏季使用时，要将冷凝热量排入循环水系统，根据标准，当水温超过 32 °C 时，要启动冷却水系统将热量排入大气。冷却塔的形式有两种，即封闭式冷却塔和开式冷却塔。在封闭式冷却塔中，冷却塔的喷淋循环水与水源热泵空调系统中的循环水不接触，循环水降温是通过冷却塔中的换热器进行的。在开式冷却塔中，由于循环水经喷淋冷却后，会有部分灰尘和杂质混入水中，容易引起热泵空调机的冷凝套管堵塞。因此，为了避免热泵空调机的冷凝套管的堵塞，工程上常采用开式冷却塔加板式换热器的方式。这样，水源热泵空调系统中的循环水便成为闭式循环水系统。

二、水源热泵

水源热泵可分为地下水（如深井水）热泵和地表水（如江、河、湖、海水等）热泵，现分别予以介绍。

1. 地下水源热泵系统

地下水源热泵是以深井水为换热介质的热泵系统，它利用深井水直接或间接与热泵机组进行热量交换，热交换后的水再回灌到另一口井内，以保持地下水位的平衡。如果压缩机能真正实现 100%的回灌到原水层，这样就能保证地下水总体上的供回平衡。地下水源热泵空调系统流程图如图 6-5 所示。

夏季机组制冷时，地下水进入机组的冷凝器，作为热源。通过制冷剂在蒸发器中蒸发，吸收制冷系统水的热量，为建筑物提供 7 °C 的冷冻水。制冷剂经过压缩机压缩后进入机组的冷凝器，由地下水带走热量，并回灌入地下。

冬季机组制热时，地下水进入机组的蒸发器，作为冷源。通过制冷剂在蒸发器中蒸发，吸收地下水中的热量，地下水回灌于地下。制冷剂经过压缩机压缩之后，成为高温高压过热气体，进入冷凝器，加热循环水，可获得 45 ~ 60 °C 的热水。

地下水源热泵中央空调系统成败的关键是深井水源。文献显示，提升的深井水含有 1/10 000 的细砂，长期运行就会将回灌井壁的网眼堵塞，使回灌量下降直到报废。解决的方法是，使取水井和回灌井都安装深井泵，取水井和回灌井轮换运行，且回灌井要定期“回扬”。所谓“回扬”是将由回灌井中提升上来的含有细砂的水排掉，“回扬”的目的是使回灌井的网眼不致堵塞。一般每运行 15 天左右就应回扬一次，时间为 10 ~ 20 min。

与土壤源热泵相比，深井水取水的钻井费用少，传热性能好。其缺点是：受当地水文条件及法律条款的限制（是否允许开采地下水）；需水量大，不易找到合适的水源；热泵的换热器易受悬浮物、腐蚀物、水垢、细菌微生物的影响，有可能需要设置水处理设备；深井回灌技术受各地质条件影响，当回灌不成功时将造成地下水浪费并引起地下水位下降，最终引起地面下沉；由于地下水源热泵并不是密闭的循环系统，回灌过程中的回扬、水回路中产生的负压和沉砂池，都避免不了空气和地下水的接触导致地下水氧化。因此，采用深井水的水源热泵使用范围受到了较大的限制。

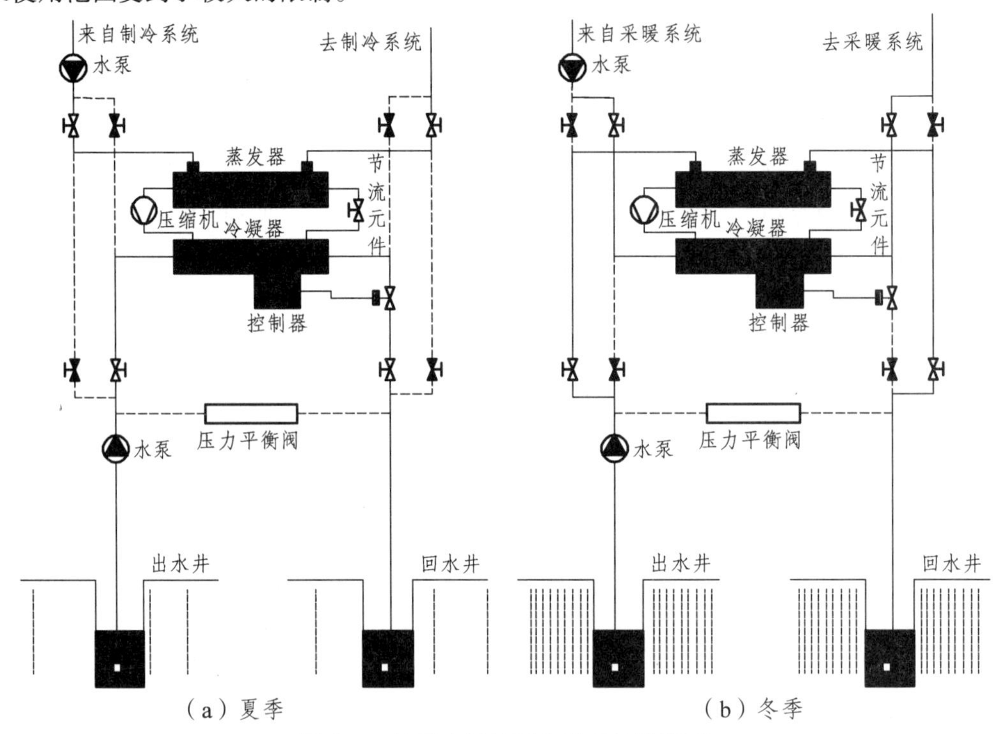

（a）夏季　（b）冬季

图 6-5　地下水源热泵空调系统流程图

2. 地表水、海水源热泵系统

（1）地表水源热泵就是利用江、河、湖、海的地表水作为热泵机组的热源。当建筑物的周围有大量的地表水域可以利用时，可通过水泵和输配管路将水体的热量传递给热泵机组或将热泵机组的热量释放到地表蓄水体中。

地表水地源热泵系统，通过直接抽取或者间接换热的方式，利用包括江水、河水、湖水、水库水以及海水作为热泵冷热源。由潜在水面以下的、多重并联的塑料管组成的地下水热交换器取代了土壤热交换器，与土壤热交换地源热泵一样，它们被连接到建筑物中，并且在北方地区需要进行防冻处理。

其优点有：在 10 m 或更深的湖中，可提供 10 °C 的直接制冷，比地下埋管系统投资要小，水泵能耗较低，高可靠性，低维修要求，低运行费用，在温暖地区，湖水可作热源；其缺点有：在浅水湖中，盘管容易被破坏，由于水温变化较大，会降低机组的效率。

（2）海水源热泵就是将海水中存在的大量的低位能收集起来，借助压缩机系统，通过消耗少量电能，在冬季把存于海水中的低品位能量“取”出来，给建筑物供热；夏季则把建筑物内的能量“取”出来释放到海水中，以达到调节室内温度的目的。

海水的热容量比较大，其值为 3996 kJ/(m^3・°C)，而空气只有 1.28 kJ/(m^3・°C)，因而海水非常适合作为热源使用。图 6-6 所示是海水源热泵系统图。一般来说，海水源热泵供热、供冷系统由海水取水构筑物、海水泵站、热泵机组、供热与供冷管网、用户末端组成。

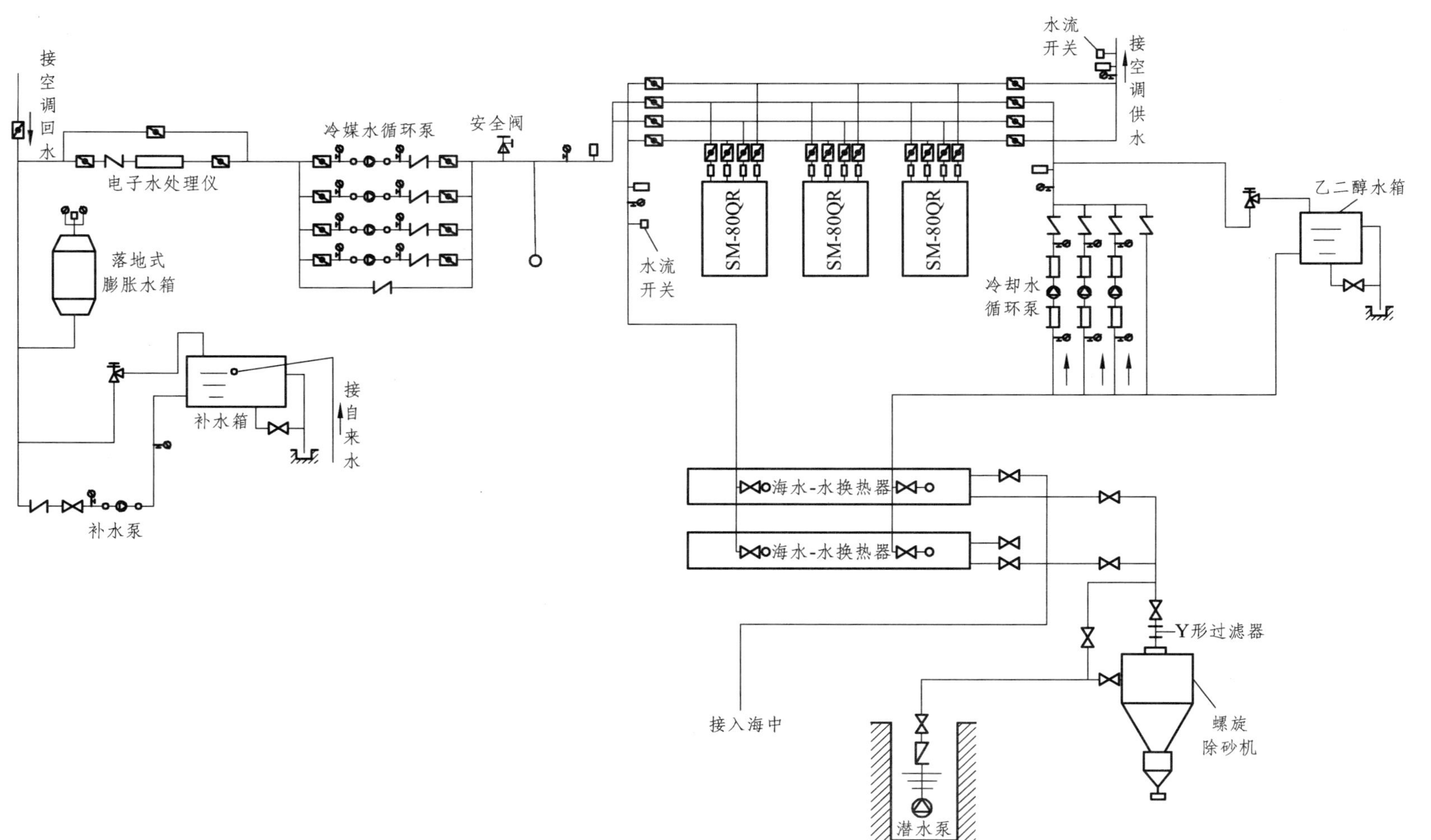

图 6-6　海水源热泵系统图

海水取水构造物为系统安全可靠地从海中取海水；海水泵的功能是将取得的海水输送到热泵系统相关的设备（板式换热器或热泵机组）；热泵机组的功能是利用海水作热源或热汇，制备供暖与空调用的热媒或冷媒水；供热与供冷管网将热媒或冷媒输送到各个热用户，再由用户末端向建筑物内各房间分配冷量与热量，从而创造出健康而舒适的工作与居住环境。

这种系统的最大优势在于对资源的高效利用，首先它虽然以海水为“源体”，但不消耗海水，也不对海水造成污染；其次它的热效率高，消耗 1 kW 的电能，可以获得 3 ~ 4 kW 的热量或冷量。

3. 污水源热泵

污水源热泵系统是利用污水（生活废水、工业废水、矿井水、江河湖海水、工业设备冷却水、生产工艺排放的废水），通过污水换热器与中介水进行换热，中介水进入热泵主机，主机消耗少量的电能。冬天，将水资源中的低品质能量“汲取”出来，经管网供给室内制热系统；夏天，将室内的热量带走，并释放到污水中，给室内制冷。

污水源热泵形式繁多。根据热泵是否直接从污水中吸取热量，也将污水源热泵分为直接开式和间接闭式两种。间接闭式污水源热泵是指热泵低位热源环路与污水热量抽取环路之间设有中间换热器，吸取污水中热量的装置。而直接开式污水源热泵是指城市污水可以通过热泵换热器，或热泵的换热器直接设置在污水池中，吸取污水中热量的装置。

间接闭式污水源热泵比直接开式的运行条件要好些，热泵一般来说没有堵塞、腐蚀、繁殖微生物的可能性，但是中间水-污水换热器应具有防堵塞、防腐蚀、防繁殖微生物等功能。间接闭式污水源热泵系统复杂、设备（换热器、水泵等）多。因此，在供热能力相同的情况下，间接闭式系统的造价要高于直接开式系统。

在同样的污水温度条件下，直接开式污水源热泵的蒸发温度要比间接闭式高 2 ~ 3 °C，因此，在供热能力相同的情况下，直接开式污水源热泵要比间接闭式节能 7%左右。但是要针对污水水质的特点，设计和优化污水源热泵的污水/制冷剂换热器的构造，其换热器应具有防堵塞、防腐蚀、防繁殖微生物等功能，通常采用水平管（或板式）淋水式、浸没式换热器、污水干管组合式换热器。由于换热设备的不同，可组合成多种污水源热泵形式，图 6-7、图 6-8分别描述了不同的污水源热泵系统。

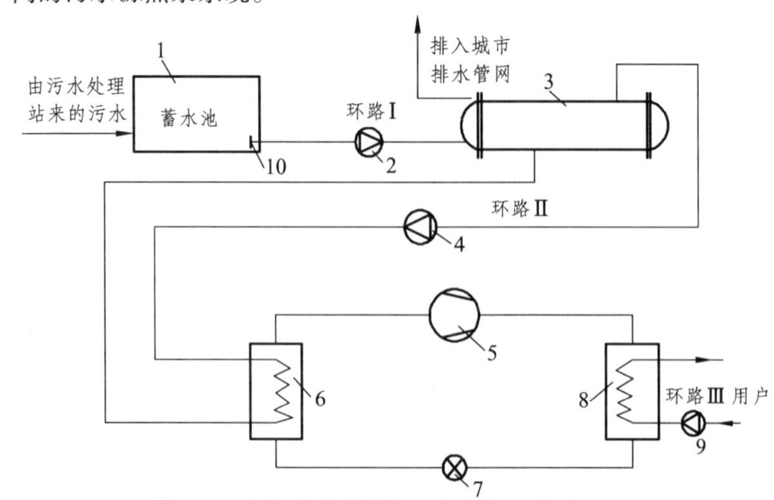

图 6-7 壳管式换热器污水源热泵系统原理图

1—蓄水池；2—环路Ⅰ循环泵（污水泵）；3—壳管式换热器；4—环路Ⅱ循环泵；5—压缩机；6—蒸发器（热泵工况）；7—节流阀；8—冷凝器；9—环路Ⅲ循环泵（热水泵）；10—过滤装置

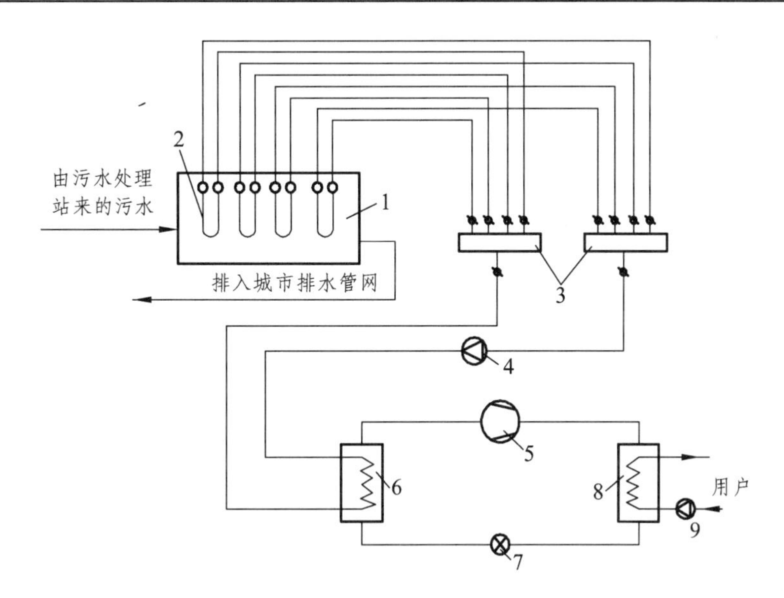

图 6-8　浸没式换热器污水源热泵系统原理图

1—蓄水池；2—浸没式换热器；3—集水缸与分水缸；4—环路Ⅱ循环泵；5—压缩机；6—蒸发器（热泵工况）；7—节流阀；8—冷凝器（热泵工况）；9—环路Ⅲ循环泵（热水泵）

其优点有：高效节能，由于通常污水的温度较高，冬季也可以维持在 10 °C 左右，优于地表水，所以其运行效率更高，可以取得更好的节能效果；运行安全，污水源热泵系统既可省去打井费用，无须抽水与回灌动力，又可避免因回灌引起的水资源破坏的问题；环保效果显著，采用污水作为低位热源，没有燃烧，不产生固体废弃物和有害气体，环保性好。

需要注意的问题是，采用污水源热泵，首先要保证污水水量充足，且在热泵运行过程中基本保持不变；其次是污水的水温，冬季污水水温应比环境温度高，夏季比环境温度低，可以使热泵机组保证高效运行；再次是污水的水质，污水的腐蚀度和杂质标准，应满足污水源热泵换热器的要求。

三、土壤源热泵

土壤源热泵是一种利用地下浅层低温地热资源，既可供热又可制冷的高效节能热泵系统。地能可在冬季作为热泵供暖的热源，同时蓄存冷量，以备夏季使用；而在夏季可作为冷源，同时蓄存热量，以备冬季使用。

土壤热源的主要优点是温度稳定，夏季比环境温度低，冬季比环境温度高，使得土壤源热泵比传统空气源热泵运行效率要高，节能效果明显，运行更加可靠、稳定。土壤的换热管埋在地下，热泵运行中不需要通过风机或水泵即可换热，无噪声，换热器也不需要除霜。但由于土壤的传热性能欠佳，需要较多的传热面积，导致占地面积较大，且一次性投资较大。土壤源热泵系统的地下换热器根据敷设形式不同可分为闭式和直接膨胀式，其系统图如图 6-9 所示。闭式系统采用埋于地下的高强度塑料管作为换热器，管路中充满介质，通常是水或防冻水溶液。闭式系统利用泵作为循环动力，由于环路是封闭的，所以换热介质和地下水不直接接触，也不受矿物质影响。

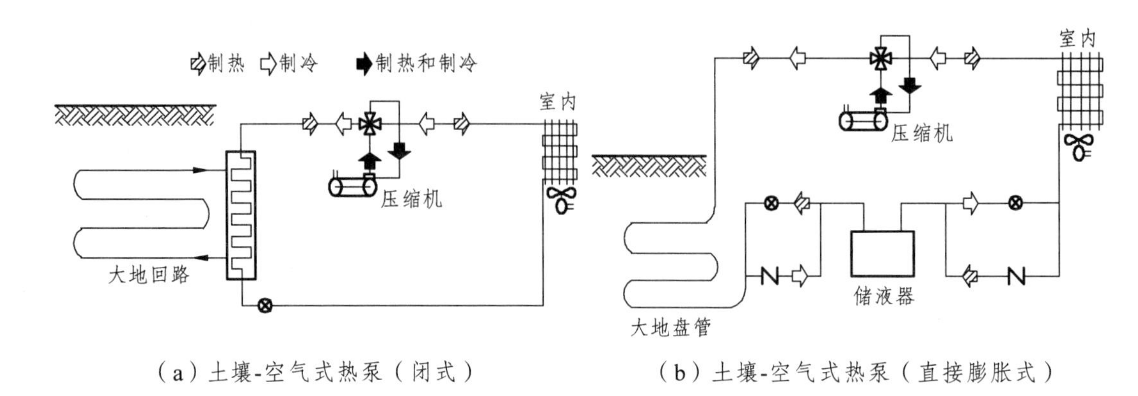

（a）土壤-空气式热泵（闭式）　（b）土壤-空气式热泵（直接膨胀式）

图 6-9　土壤源热泵系统图

直接膨胀式系统不像闭式系统那样采用中间介质水来传递热量，而是将热泵的蒸发器直接埋入地下进行换热，即制冷剂直接进入地下回路进行换热。由于取消了板式换热器或者套管式换热器，换热效率有所提高，但是由于制冷剂使用量比较大，其整体经济性和安全性不高。

闭式系统可分为水平式、垂直式两种。

（1）水平管闭式系统如图 6-10 所示，当有足够土地表面可利用时，可用此系统。塑料管水平埋设在沟壕中，沟壕长度取决于土壤状况和沟壕中管子的数量。该系统常用于住宅建筑。其优点是：挖沟壕的成本较低，安装灵活。其缺点是：需大量土地面积，由于埋设深度浅，土壤温度易受季节影响，因而热泵的效率略低，土壤热特性随季节、降雨量、埋设深度而波动。

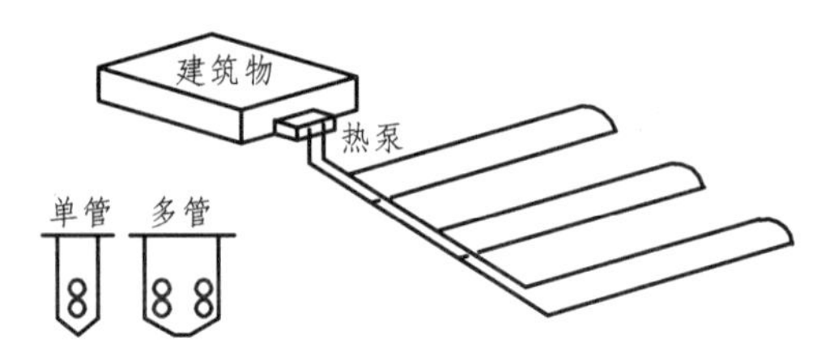

图 6-10　水平管闭式系统

（2）垂直环路闭式系统如图 6-11 所示，当土地面积受限时可以采用垂直环路闭式系统。封闭管路插入垂直的井中，根据土壤及温度条件确定管长，设计中一般需要多个井。垂直环路闭式系统有 3 种换热器基本类型：U 形管式、分置式和同心管式，其中 U 形管式应用较广。

其优点是：所需管材量少于其他闭式系统，泵的能耗最小，所需土地面积最少，土壤温度不易受季节变化的影响。其缺点是钻井费用高。

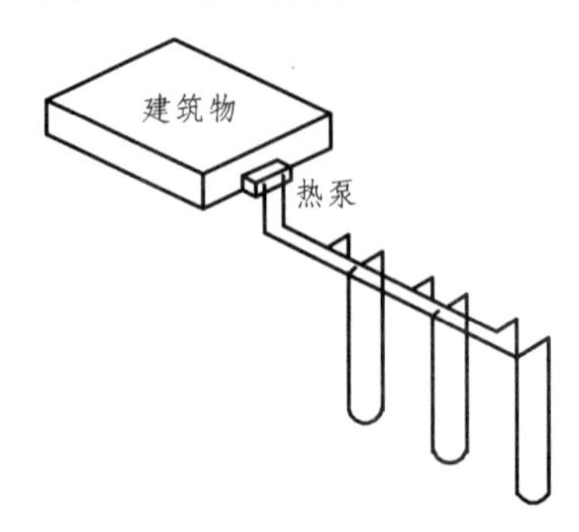

图 6-11　垂直环路闭式系统

模块四　太阳能热泵

太阳能热泵是以太阳能为热源的热泵系统，由于太阳能的辐射强度较小，当供热所需的热量较大时，就需要很大的太阳能集热器，因此实际工程中很少单独使用太阳能作为热泵的热源。通常采用太阳能与土壤源联合工作的方式作为热泵的热源，即太阳能-土壤源热泵。

太阳能-土壤源热泵是以太阳能和土壤热为复合热源的热泵系统，是太阳能和土壤热综合利用的一种形式。在寒冷地区，太阳能集热器与埋地盘管的组合，具有很大的灵活性，可弥补单独热源热泵的不足，一年四季均可以利用，可提高装置的利用系数。冬季供暖运行时，当太阳能集热器所提供的热量能满足建筑物的热需求时，可以由太阳能集热器直接将热量供给太阳能热泵供热，当太阳能集热器所供给的热量不足以为建筑物供热时，则由土壤本源热量来补充，如图 6-12 所示。这样，土壤源热泵就可实现间歇运行，使土壤温度场得到一定程度的恢复，以提高土壤源热泵的性能系数。另外，在我国北方地区，冬季土壤温度较低，而且以供热负荷为主。若完全采用地源热泵来供暖，则地热换热器及机组的初投资均比热的地源热泵系统较高，连续运行的效率也较低。而在夏季运行时，机组的容量又显得过大，造成浪费。因此，可利用太阳能集热器作为辅助能源，在白天的时间，完全依靠地源热泵供暖，夜间利用太阳能集热器储存的热量，使土壤换热器与太阳能集热器联合工作。研究结果表明，太阳能-土壤源热泵比完全用土壤源热泵供暖更经济。

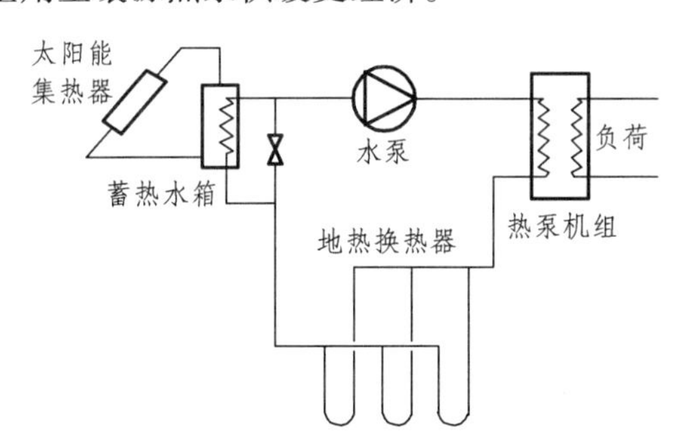

图 6-12　利用太阳能辅助加热的地源热泵系统

模块五　热泵应用

在建筑领域，常用的热泵机组可简单划分为单元式热泵机组、风冷热泵式冷热水机组和水源热泵。前一种多用于家庭、商店等场所，具有使用安装方便的特点，后两种多用于较大型空调工程。

一、单元式热泵机组

随着国民经济的发展与人民生活水平的日益提高，以空气为吸热源或排热源的热泵型房间空调器与热泵型单元式机组已广泛用于家庭、商店、医院、宾馆、饭店等各种场所。下面以家用分体热泵型空调及大型商用单元式热泵机组为例予以介绍。

1. 家用分体热泵型空调器

家用分体热泵型空调器的制冷或制热量范围一般为 2500 ~ 7000 W；电源为 220 V，50 Hz。它由单独分开的室内机组和室外机组两部分组成。安装使用时，用制冷剂配管把室内机组和室外机组连接起来，用电线将室内外机组的控制部分连接起来。室内机设有操作开关、室内换热器、贯流风机、电器控制箱等。室外机则设有压缩机、轴流风机、室外换热器、换向阀、毛细管或膨胀阀等。分体式空调器与窗式空调器相比主要有以下特点：

（1）压缩机单独设在室外，故室内噪声很小；

（2）只有制冷剂配管和电线穿过外墙或外窗，故外墙或外窗的开口面积小；

（3）室内机组体积较小，机组大多采用微型计算机控制，故热泵制热效果较好；

（4）由于制冷剂管道安装时采用纳子接头连接，故不可避免地存在着制冷剂的渗漏问题，因此，每隔 3 ~ 5 年就需充注一次制冷剂。

分体式家用空调器按其结构形式主要分为壁挂式、落地式、吊顶式和立柜式等。其功能也大大增强，如除湿、定时、静电过滤、自动送风、睡眠运行、热风启动等。

如图 6-13 所示为分体壁挂机的工作原理图。在制冷循环中，制冷剂的流向如图 6-13 中实线箭头所示，制冷剂在室内换热器内吸热蒸发后经连接管（低压管）到室外机组，被在室外机组中的压缩机升压升温后排至室外换热器中散热，散热后制冷剂凝结成液体，之后经过滤器、毛细管、止回阀、消声器、截止阀及连接管（高压管）进入室内蒸发器。在制热循环中，制冷剂的流向如图 6-13 中虚线箭头所示，低温低压的液体制冷剂在室外机组换热器（此时作为蒸发器）内蒸发吸热后，经换向阀被压缩机吸入，并将高温高压气体通过截止阀、连接管排入到室内机组，在室内换热器（此时作为冷凝器）放热后制冷剂冷凝成液体，经连接管进入室外机组，历经截止阀、消声器、过滤器、副毛细管、主毛细管、过滤器进入换热器再吸热，完成制热循环，达到从室外吸热并将其排至室内的目的。

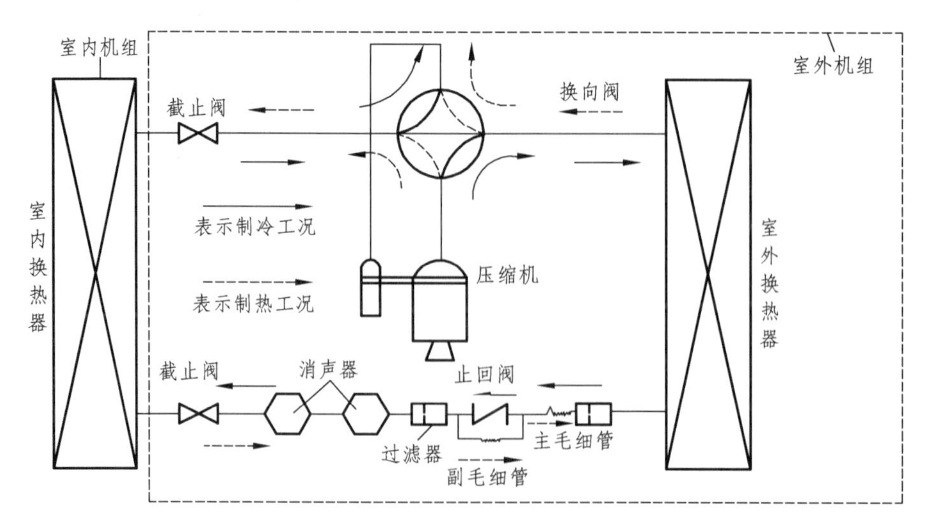

图 6-13 分体壁挂机工作原理图

从图中可以看出，两个循环（制热循环与制冷循环）过程中节流用的毛细管是不同的。即制热循环中制冷剂通过主、副两个毛细管，而制冷循环时则只通过主毛细管。原因是对同一个系统来说，制冷剂的流量在制冷与制热时是不同的：在额定工况下，机组的制热量往往大于制冷量，而制冷剂的质量流量则相反，此时，如只用一根毛细管不能实现制冷与制热运行时均获得最佳的制冷剂流量。这种制冷制热采用两套毛细管的方式称为“双回路”系统。而制冷制热采用一套毛细管的方式则称为“单回路”系统。因此，大分体式热泵空调器多采用“双回路”系统。有些厂商为了节约成本，在分体式热泵空调器中也采用“单回路”系统。

2. 大型商用分体热泵机组

大型商用分体热泵机组指以空气为吸热源或排热源的热泵型单元式空调机组，其形式有立柜式、天花板嵌入式、天花板悬吊式和屋顶式等。其制冷及制热量一般为 7 ~ 100 kW；电源为 380 V，50 Hz。

下面以立柜式为例介绍大型热泵式空调机组的工作原理，如图 6-14 所示。

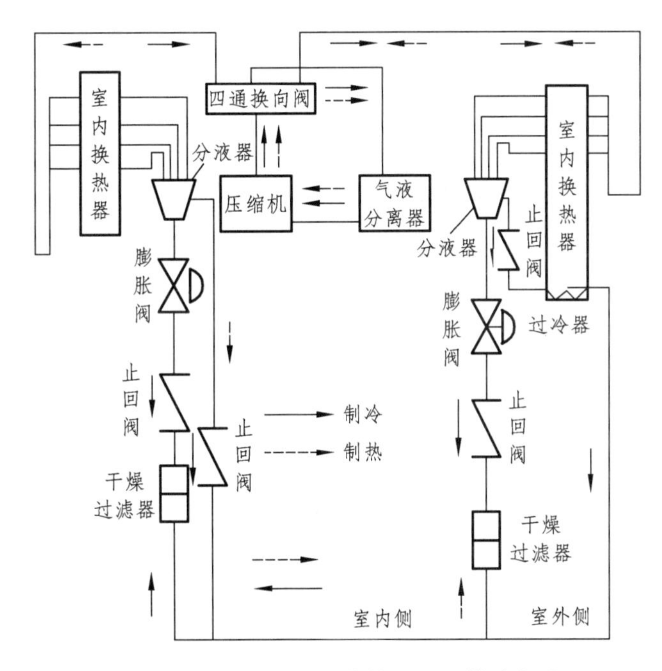

图 6-14　大型商用分体热泵机组的流程图

大型商用分体热泵机组的工作原理与家用分体式热泵型空调器原理类似，与小型机组相比，结构复杂一些，同时压缩机的放置位置也不尽相同，有的放在室内，有的放在室外。图 6-14 所示为某公司生产的压缩机放置室内、冷凝器放在室外的风冷式热泵型空调机组的流程图。

制冷循环如图 6-14 中实线箭头所示，压缩机排出的高温、高压蒸气经换向阀从室内机组排到室外换热器中冷凝成液体，再经分液器、止回阀进入过冷器，制冷剂过冷后流回到室内机组，经干燥过滤器、止回阀、热力膨胀阀、分液器进入室内换热器吸收热量，进行制冷，最后经换向阀通过气液分离器进入压缩机完成制冷循环。

制热循环如图 6-14 中虚线箭头所示，借助于换向阀完成制冷剂的流向变换。其流向为：高温高压的气态制冷剂经换向阀在室内换热器冷凝成液体，经止回阀到室外机组，再经干燥过滤器、单向阀、膨胀阀至分液器，然后进入室外换热器吸热汽化，最后经气液分离器进入压缩机完成制热循环。

二、风冷热泵冷热水机组

风冷热泵冷热水机组是以空气作为低温热源为空调系统提供冷热水的机组，相对于水冷而言，它安装使用方便，插上电源即可使用，无须冷却水系统和锅炉加热系统，特别适用于夏季需制冷，冬季需供热的地区。但由于空气的比热容小，传热性能差，所以空气侧换热器的体积较为庞大。另外，由于空气中含有水分，当空气侧表面温度低于 0 °C 时，翅片管表面上会结霜，结霜后传热能力会下降，供热量减小，所以风冷热泵机组在制热工况下工作时要定期除霜。

1. 风冷热泵冷热水机组的形式和结构

风冷热泵冷热水机组所采用的压缩机有往复式制冷压缩机和螺杆式制冷压缩机，机组结构类型可分为组合式热泵冷热水机组和整体式热泵冷热水机组。组合式热泵冷热水机组，由多个独立回路的单元机组组成，每个单元机组有一台压缩机、一台空气侧换热器和一台水侧换热器，几个单元组合起来后将水管连接起来成为一台独立机组。如某制冷厂生产的风冷热泵冷热水机组系列就属于这种类型。每个单元用一台全封闭往复式压缩机，功率 18 kW，额定制冷量 64.5 kW，额定制热量 65.6 kW。一个机组由 5 个单元组成，额定制冷量 321.5 kW，额定制热量 328 kW。整体式热泵冷热水机组，由一台压缩机或多台压缩机为主机，但共用一台水侧换热器。

风冷热泵冷热水机组的整体结构有如下特点：

（1）空气换热器的排列方式和通风形式。

大部分产品的通风都采用顶吹式轴流风机，小型机组也采用侧吹形式。换热器则基本上采用铝翅片套铜管组成的排管，其排列方式有直立式、V 形、L 形和 W 形多种，其中 W 形用于大容量机组。

（2）水侧换热器的形式。

目前，大容量机组基本上都以壳管式换热器为主，有单回路、双回路和多回路形式。回路数由制冷压缩机的数量而定。换热器都属于干式蒸发器类型。小容量机组多采用板式换热器，板式换热器由于体积小、质量轻，已引起许多厂商的重视，但在防冻方面比壳管式要求高。

（3）膨胀阀系统的形式。

目前，多数产品都采用独立设置制冷、制热膨胀阀的形式，以满足制冷与制热循环制冷剂流量不同的需求，也有很多中小型产品采用单一膨胀阀，在制热时串联一毛细管来控制流量。随着技术的发展，电子膨胀阀和双向热力膨胀阀已开始被采用。由于电子膨胀阀控制系统具有精度高、反应灵敏、工况稳定等特点，在大容量机组中已取代两只不同规格的热力膨胀阀，此时，不仅流程简单，而且能充分发挥制冷效能，在新型热泵机组中已普遍被采用。

（4）带热回收功能的机组。

带热回收功能风冷热泵冷热水机组是在一般常规风冷热泵机组中，增加了一套壳管式辅助冷凝器。该机组可在制热的同时制取 45 ~ 65 °C 的热水，节能效果良好。

2. 风冷热泵冷热水机组系统与工作原理

采用螺杆压缩机的风冷热泵冷热水机组的典型流程见图 6-15。

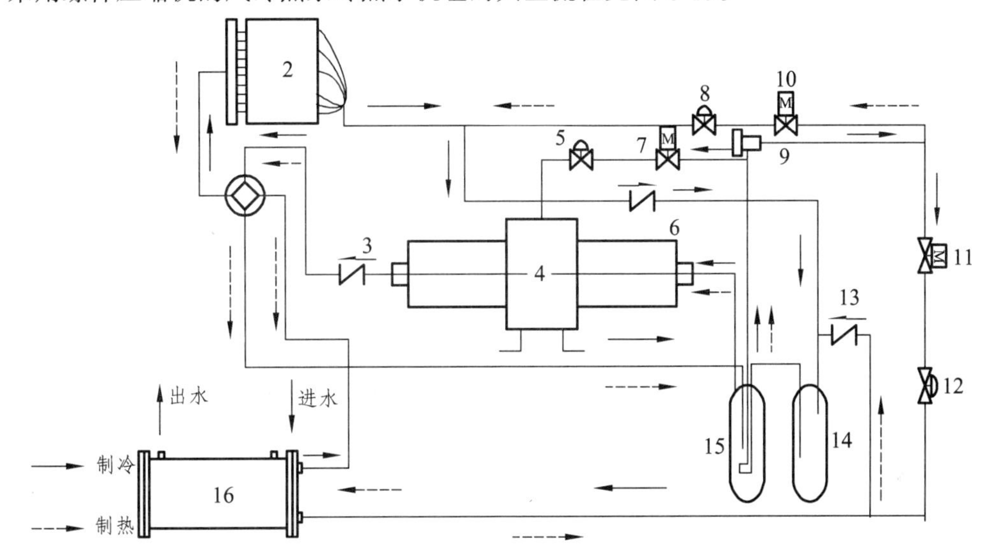

图 6-15 用螺杆压缩机的风冷热泵冷热水机组的制冷剂流程

1—四通换向阀；2—翅片管换热器；3，6，13—止回阀；4—螺杆压缩机；5—膨胀阀；7，10，11—电磁阀；8—制热膨胀阀；9—干燥过滤器；12—制冷膨胀阀；14—储液器；15—气液分离器；16—管式换热器

该系统采用的螺杆压缩机是半封闭螺杆压缩机。齿间润滑采用压差式供油，从而使压缩机运行时省去一套庞大的油处理装置。制冷剂采用 R22，在制冷工况时，电磁阀 11 开启，电磁阀 10 关闭，从螺杆压缩机排出的高温高压 R22 气体经止回阀 3、四通换向阀 1，进入空气侧翅片管换热器 2，冷凝后的 R22 液体经止回阀 6 进入储液器 14。从储液器出来的高压液体经气液分离器 15 中的换热器得到过冷，过冷后的 R22 液体分两路，一路经电磁阀 7、膨胀阀 5 降为低压低温的 R22 液体，并喷入螺杆压缩机压缩腔内进行冷却。另一路经干燥过滤器 9、电磁阀 11 和制冷膨胀阀 12 进入水侧壳管式换热器 16，在额定工况下，将冷水从 12 °C 冷却到 7 °C，同时 R22 液体吸热蒸发后转变为低温低压的 R22 蒸气。低温低压的 R22 气体再经四通换向阀 1 进入气液分离器 15，分离后的 R22 气体进入压缩机。制热工况时，四通换向阀换向，电磁阀 11 关闭，电磁阀 10 开启，从螺杆压缩机排出的高温高压 R22 气体直接进入壳管式水换热器 16，将热水从 40 °C 加热到 45 °C，送入空调系统。在换热器中冷凝后的液体，经止回阀 13，进入储液器 14。从储液器出来的 R22 液体经气液分离器中的换热器过冷后，再经干燥过滤器 9、电磁阀 10 和制热膨胀阀 8 进入翅片管空气换热器 2，蒸发后的 R22 气体经四通换向阀 1 进入气液分离器 15。在气液分离器中分离后的 R22 气体吸入压缩机。冬季机组在制热工况下运行时，室外温度在 5 ~ 7 °C 以上时，翅片管换热器不结露，传热系数较高；在 0 ~ 5 °C 翅片管换热器表面就会结霜。除霜运行时，机组的四通换向阀换向，采用热气融霜方式，从制热工况转向制冷工况，让压缩机的排气直接进入空气侧换热器，使翅片管表面霜融化，除霜时间一般在 10 ~ 20 min。

风冷热泵冷热水机组的除霜：风冷热泵冷热水机组采用的除霜方法都是通过四通换向阀将制热循环转入制冷循环，使压缩机排出的高温高压气体直接进入翅片管换热器来融解翅片表面的霜层而达到除霜的目的。

三、土壤源热泵应用

图 6-16 所示为土壤源热泵空调系统流程图。该系统主要包括 3 个回路：用户回路、制冷剂回路和地下换热器回路。根据需要也可以增加第 4 个回路——生活热水回路。图中地下换热器的敷设形式属于闭式，埋管方式为垂直式。

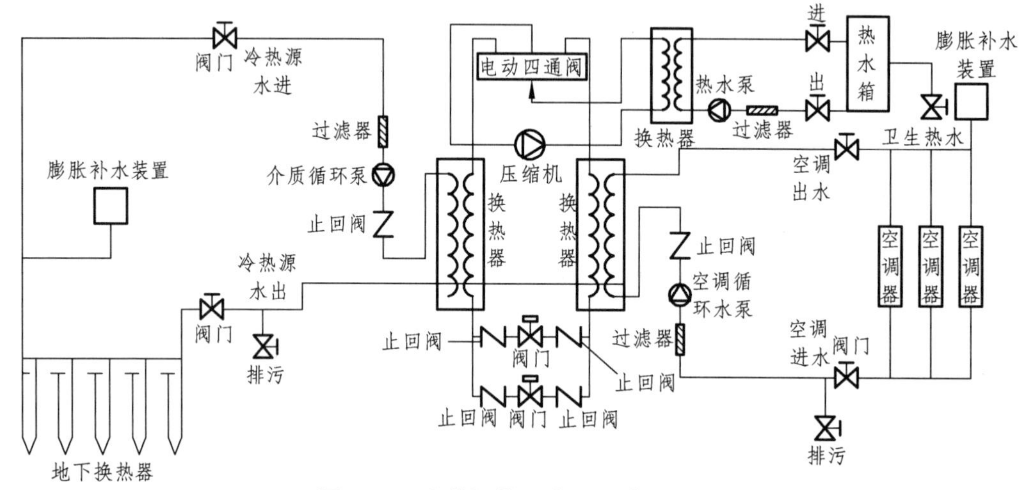

图 6-16 土壤源热泵空调系统流程图

四、太阳能与地源热泵系统联合应用

图 6-17 为太阳能与地源热泵系统联合应用系统图。当太阳能热水温度较高时，直接参与末端供热水；当太阳能热水温度低于直接供热水温度时，先通过热泵机组加热再供给末端，快速提升热水温度为系统补热，提高系统水升温速度。当温度低于某一值不能达到直接供热水，这时将经过太阳能吸热后再经过热泵机组加热再供给末端供热水；当末端不需要供暖或制热水时，单独利用太阳能热水在系统中循环，防止系统结冻；也可参与地埋管系统水循环，利用太阳能为地下土壤补热，克服地下温度场热不平衡的问题。

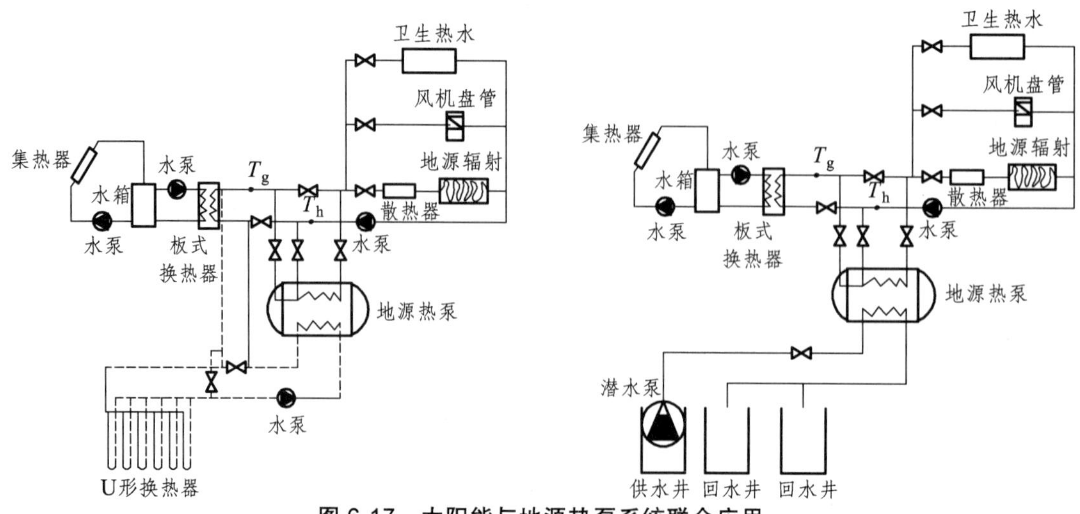

图 6-17 太阳能与地源热泵系统联合应用

思考与练习题

1. 简述水源热泵原理。
2. 简述地源热泵原理。
3. 简述水环热泵原理。
4. 简述土壤源热泵原理。
5. 简述空气源热泵原理。
6. 简述海水源热泵原理。
7. 简述大型商用分体热泵机组原理。
8. 简述污水源热泵原理。
9. 简述用螺杆压缩机的风冷热泵冷热水机组的制冷原理。
10. 简述太阳能与地源热泵系统联合应用原理。

学习情境七　蓄冷和蓄热系统

将冷热量储存在某种介质或材料中，在另一时段释放出来的系统称为蓄能系统；当冷量以显热或潜热形式储存在某种介质中，并能够在需要时释放出冷量的空调系统称为蓄冷空调系统，简称蓄冷系统；通过制冰方式，以相变潜热储存冷量，并在需要时融冰释放出冷量的空调系统称为冰蓄冷空调系统，简称冰蓄冷系统；利用水的显热储存冷/热量的系统称为水蓄冷/热系统。蓄冷介质通常有水、冰及共晶盐相变材料等。

蓄冷系统一般由制冷、蓄冷以及供冷系统组成。制冷、蓄冷系统由制冷设备、蓄冷装置、辅助设备、控制调节设备四部分通过管道和导线（包括控制导线和动力电缆等）连接组成。通常以水或乙烯乙二醇水溶液（以下简称为乙二醇水溶液）为载冷剂，除了能用于常规制冷外，还能在蓄冷工况下运行，从蓄冷介质中移出热量（显热和潜热），待需要供冷时，可由制冷设备单独制冷供冷，或蓄冷装置单独释冷供冷，或二者联合供冷。

供冷系统以空调为目的，是空气处理、输送、分配以及控制其参数的所有设备、管道及附件、仪器仪表的总称。其中包括空调末端设备、输送载冷剂的泵与管道、输送空气的风机、风管和附件以及控制和监控的仪器仪表等。

模块一　水蓄冷技术与空调系统

一、水蓄冷技术特点

以水作为蓄冷介质的水蓄冷装置是适应性较强、应用比较广的一种蓄冷设施。它可用钢筋混凝土、钢板、工程塑料等材料制作。水蓄冷技术主要具有以下特点：

（1）既可以与一切常规的以电为动力的各种制冷冷水机组相匹配，又可与吸收式制冷机相组合。这是其适应性广、通用性强在主机设备方面的体现。

（2）不管是在蓄冷时，还是在直接供冷时，制冷机的运行工况基本无变化，其运行操作简单、方便、安全。

（3）可利用地下室、建筑物的箱形基础、条形基础等低矮空间且难以作其他有效利用的空间做成蓄冷槽，还可利用消防水池兼作蓄冷容积。这是其适应性广在建筑场地、空间环境方面的体现。

（4）制冷机组可始终保持以较高的蒸发温度运行，故制冷系数较高。

（5）结构简单、造价低廉。

（6）由于水蓄冷是显热型蓄冷，蓄冷装置的可利用温差仅为 5～11 °C，故单位容积的蓄冷能力小。

（7）蓄冷水槽通常赖以正常、有效工作的温度分层机理，易受机械扰动而遭受破坏，导致不同程度的混合损失。

（8）蓄冷水槽通常是无压力的开敞式贮槽，与密闭式空调水系统结合使用时，在技术上必须采取可靠的措施，以防止循环水泵停运后引起虹吸作用，导致系统水的排空和水槽水位的波动，甚至溢流。

二、水蓄冷装置的种类

由于水蓄冷装置的实际蓄冷能力、蓄冷效果，在很大程度上取决于槽内水的温度混合损失状况，所以其派生出的各种不同形状和结构，基本上都是围绕着如何尽量减少温度的混合损失而进行改进的。

1. 温度分层型水蓄冷装置

在蓄冷水槽中设有上、下两个均匀分配水流的分布器。为了达到自然分层的效果，要求热水总是从上部分布器流入或流出，冷水则从下部分布器流入或流出；应尽可能形成并保持不同温度水的上下活塞型的均匀移动，从而在上部热区和下部冷区之间形成和保持一个稳定的温度剧变层，以防止下部的冷水与上部的热水之间相互混合。如图 7-1 所示的温度分层型蓄冷水槽，即靠温度剧变层将下部 5 °C 的冷水与上部 15 °C 的热水分隔开来。从尽可能加大蓄冷容量的观点看，温度剧变层厚度应越小越好，一般希望不超过 0.5 m。实践经验证明，一个结构设计合理、运行良好的温度分层型蓄冷水槽，其实际释冷能力可达所蓄冷量的 90%。

2. 隔膜式蓄冷水槽

如图 7-2 所示，隔膜式蓄冷水槽采用一块弹性薄膜，把热水和冷水完全分隔开。当蓄冷和释冷时，隔膜便随着水流产生向上或向下的移动。从而相应地改变冷水和热水的容量。虽然隔膜可以完全避免混合损失，但却不能消除冷热水之间的传热损失。隔膜式蓄冷水槽的蓄冷特性可靠，但造价较高，维护工作量大。

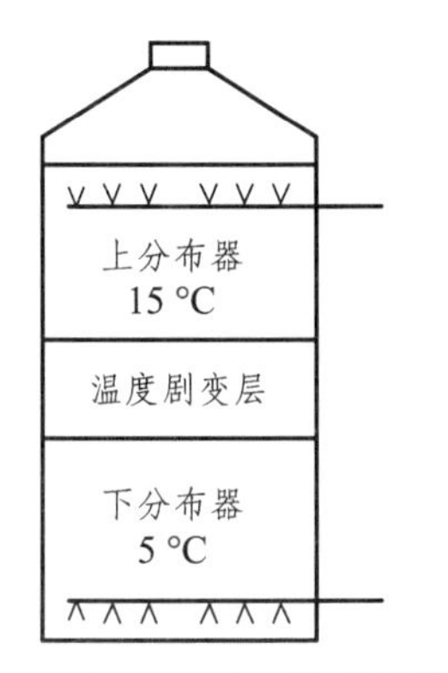

图 7-1　温度分层型水蓄冷装置

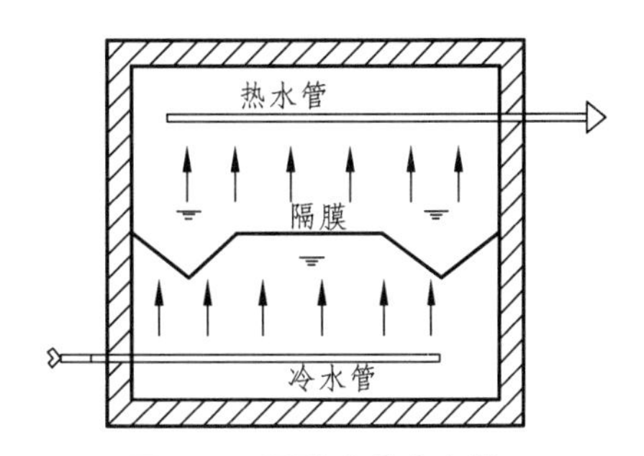

图 7-2　隔膜式蓄冷水槽

3. 迷宫式蓄冷水槽

如图 7-3 所示的迷宫式蓄冷水槽，一般均利用建筑物的地下箱形基础，通过适当的改造建成。其原理是将热水或冷水依次流通各个小间，使水流保持单一方向，减少冷水与热水的混合。

4. 溢流式蓄冷水槽

典型的溢流式蓄冷水槽如图 7-4 所示。为了形成良好的温度分层效应，利用一些垂直的隔板，把一个大的水槽分隔成若干个小间，并安排水流，使之在蓄冷时从一个小室的底部进入，从顶部溢流进入下一个小间。待到释冷时，水流方向相反。

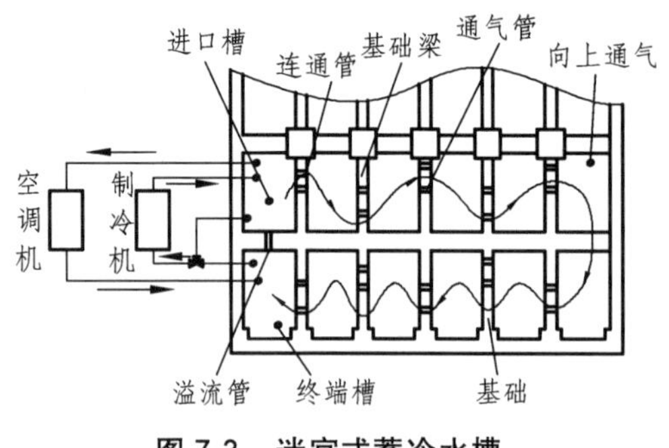

图 7-3 迷宫式蓄冷水槽

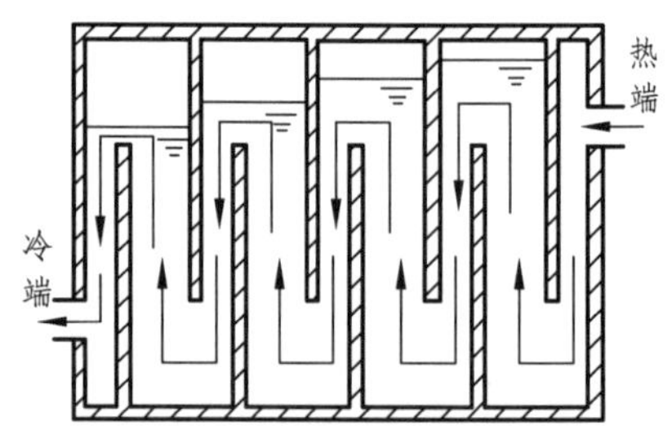

图 7-4 典型的溢流式蓄冷水槽

5. 多联组合式蓄冷水槽

典型的多联组合式蓄冷水槽如图 7-5 所示，可由若干个结构、形状、大小相同的小水槽按水流方向串接组合而成。其工作原理与溢流式类似，但在布置、结构上灵活性则大得多，水的流动状态也好得多，还可减少通过垂直隔板的传热损失。在水流的性状上两者却有明显的不同。在溢流式蓄冷水槽中，水的流动依赖的是溢流，所以，做成开敞式结构并无妨碍；在多联组合式蓄冷水槽里，靠水的溢流是行不通的，故只能做成密闭式结构，在压力的作用下，水依次流过各水槽。

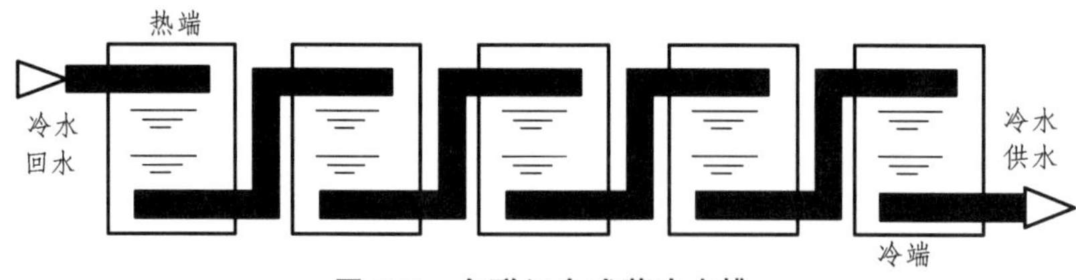

图 7-5 多联组合式蓄冷水槽

三、水蓄冷空调系统

如图 7-6 所示的空调水循环是一个开式系统，该系统的冷源完全由蓄水池供应而无法由冷水机组和水池联合供应。该系统属全负荷蓄冷，它适用于间歇性的空调场合，如体育馆、影剧院等，不适用于高层建筑和部分负荷蓄冷的情况。解决这一问题的办法是采用部分负荷蓄冷方式，使蓄冷装置和制冷机联合运行。图 7-7 为用换热器间接供冷的部分负荷蓄冷方式。

图 7-7 中，用户侧系统要求 7 °C 供水，冷水机及蓄水池的供水温度为 4 ~ 6 °C，采用高效板式换热器（传热温差 0.5 ~ 1 °C）用于冷水机组和空调水系统之间的热量交换，此类水蓄冷系统可以实现多种运行工况，即蓄冷工况、制冷机供冷工况、蓄水池供冷工况和制冷机与蓄水池联合供冷工况。

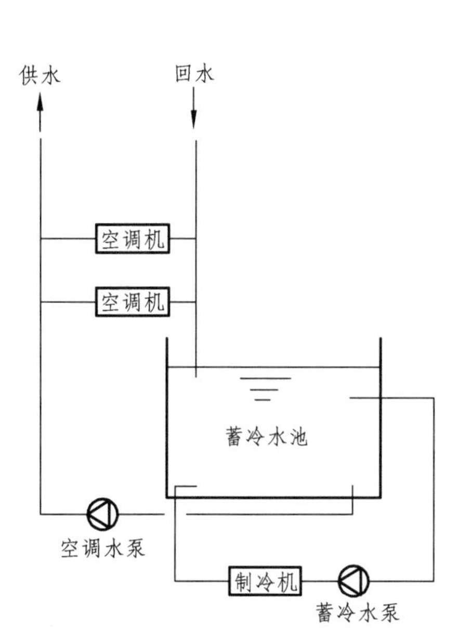

图 7-6　全负荷水蓄冷系统示意图

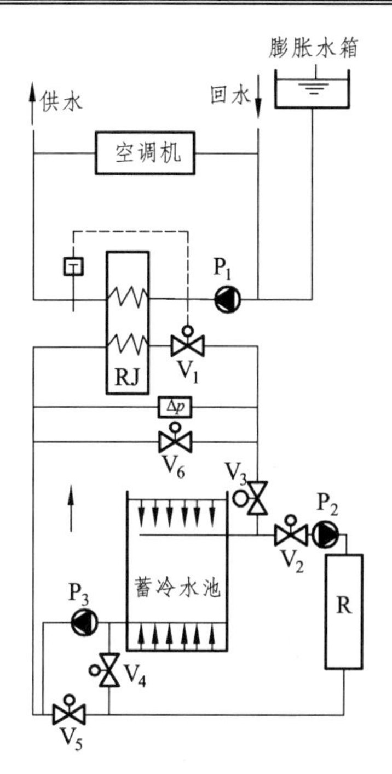

图 7-7　用换热器间接供冷的流程

RJ—换热器；V—阀门；P—水泵

图 7-8 为一典型的水蓄冷空调水系统接管，可实现如表 7-1 所列的各种运行工况。

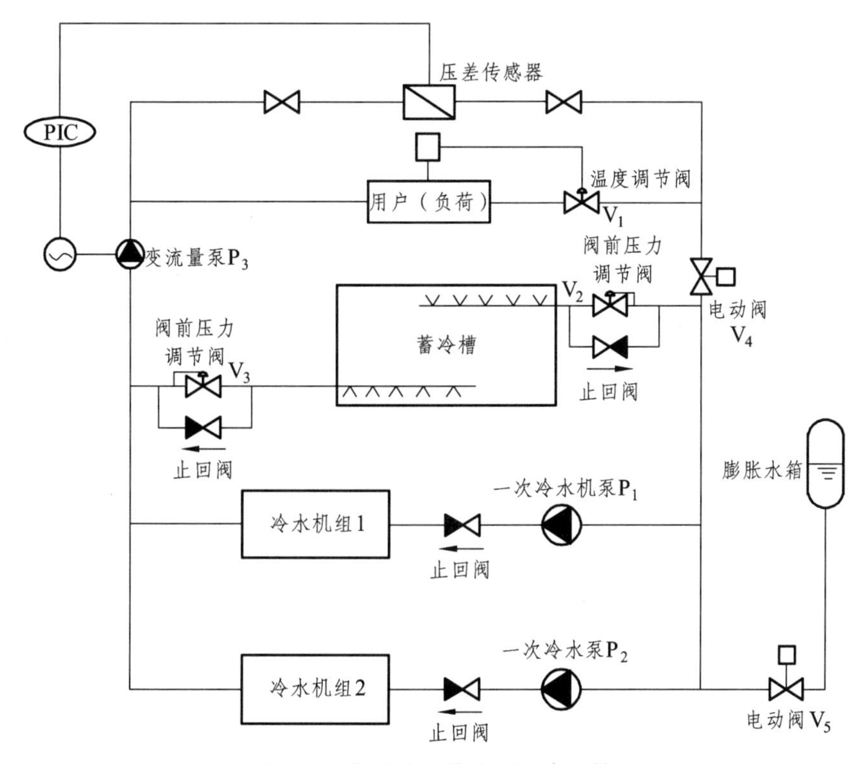

图 7-8　典型的水蓄冷空调水系统

表 7-1 典型水蓄冷空调水系统的运行工况

工况	机组 1	机组 2	泵 P_1	泵 P_2	泵 P_3	阀 V_2	阀 V_3	阀 V_4	阀 V_5
单蓄冷	开	开	开	开	停	关	开	关	关
冷水机组供冷	开	开	开	开	调节	关	关	开	开
蓄冷水槽供冷	停	停	停	停	调节	开	关	开	关
机组与蓄冷水槽同时供冷	开	停	开	停	调节	开	关	开	开
机组一边供冷一边蓄冷	开	开	开	开	调节	关	开	开	关

模块二　冰蓄冷装置与空调系统

在上述水蓄冷装置中，只能利用水的显热蓄冷。但若采用冰蓄冷，却可同时利用冰的相变潜热和水的显热蓄冷。由分析可知，冰蓄冷能力至少约为水蓄冷能力的 9 倍。所以，采用冰蓄冷可大大缩小蓄冷装置的容积。

在冰蓄冷技术中，有一个重要的表征冰蓄冷装置特性的参数，称为蓄冰率（*IPF*）。其定义式为

$$IPE=\frac{V_z}{V_r}\times 100\% \tag{7-1}$$

式中　V_z——蓄冰槽内制冰容积，m^3；

V_r——蓄冰槽容积，m^3。

一、冰蓄冷装置的种类

1. 冰盘管式蓄冷装置

这是一种静态制冰蓄冷装置。按照其融冰释冷时融冰的方向，有内融冰和外融冰之分，按照制冰方式，则分直接膨胀冰盘管式和间接制冷冰盘管式。

（1）直接膨胀冰盘管式蓄冷装置。

这是把制冷机组中的蒸发盘管直接浸入蓄冷槽内，以使其中水结冰的一种结构。其典型的装置如图 7-9 所示。其融冰方式只能是利用空调回水，从盘管外部冰层的最外表面开始融冰，逐步由外及里的外融冰方式。这种外融冰方式，由于空调回水与冰直接接触，故换热效果好，释冷快。但是，为使外融冰机理得到充分的发挥，带冰槽内至少应给水留有约一半的空间。因此，其蓄冰率不超过 50%，所需蓄冷槽容积较大。

（2）间接制冷冰盘管式蓄冷装置。

其冰盘管管内流通的是低温载冷剂（常为乙烯乙二醇水溶液）。低温载冷剂由制冷机组制备供应。浸在蓄冷槽内的传热管随供应厂商的不同，可以是由不同管径的塑料管或钢管制成。其融冰方式多采用内融冰方式。该类蓄冷装置如图 7-10 所示。其盘管结构原理见图 7-10、图 7-11。

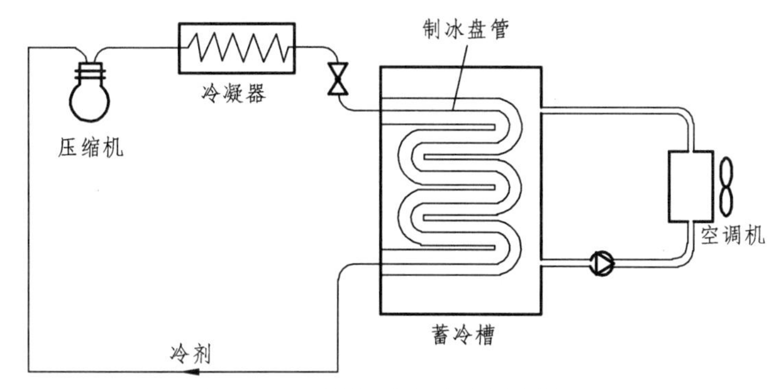

图 7-9　直接膨胀冰盘式蓄冷装置

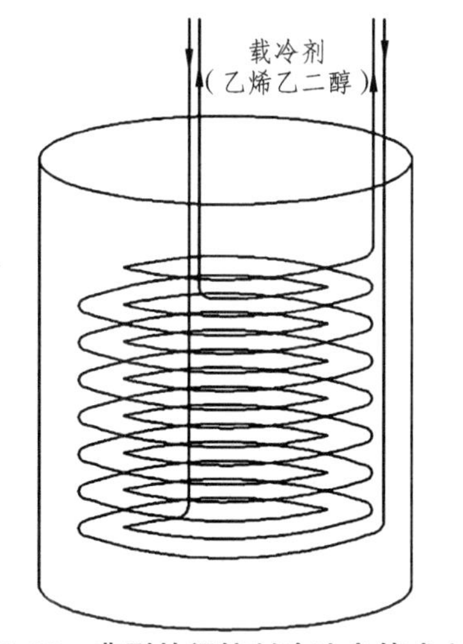

图 7-10　典型的间接制冷冰盘管式之一（Calmac 结构）

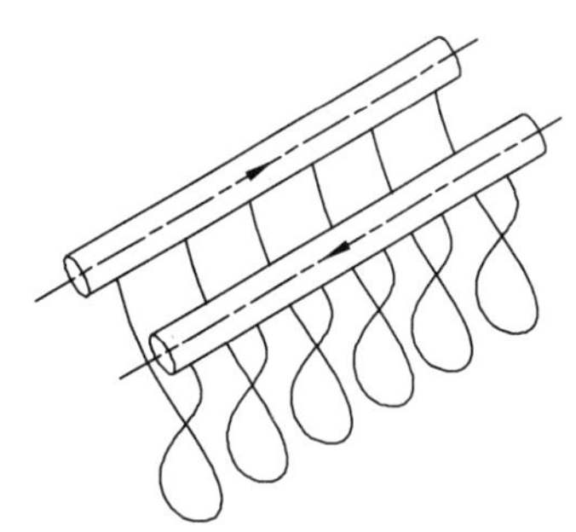

图 7-11　典型的间接制冷冰盘管式之二（Fafco 结构）

间接制冷冰盘管式蓄冷装置的主要特点：所用制冷设备和蓄冷设备成套性强，系列化、标准化、模数化程度高，设计选用方便，受设计者的欢迎。在技术性能上，由于采用了间接制冷，需要适当降低制冷机组运行的蒸发温度，但因传热管径小、冰层厚度小，故其传热热阻较小，其间得失可获平衡。此外，由图 7-12 可知，间接制冷冰盘管式蓄冷装置中的蓄冷槽虽然也是敞开式的容器，但由于用作制冰、融冰的乙烯乙二醇载冷剂水溶液处于一个封闭式的环路中，所以，其空调水系统依然是一个密封式系统。但是，这样的系统会带来另一个问题，即乙烯乙二醇水溶液系统变得很庞大，需要一直延伸到用户管网。这一方面会因其价格高而增加投资，另一方面也会因其黏度大，增大输送能耗。为了解决这一问题，可参照图 7-12 右侧，采用板式换热器，把用户侧从水力上分隔开来。表 7-2 为各种冰盘管蓄冷装置的结构和性能比较。

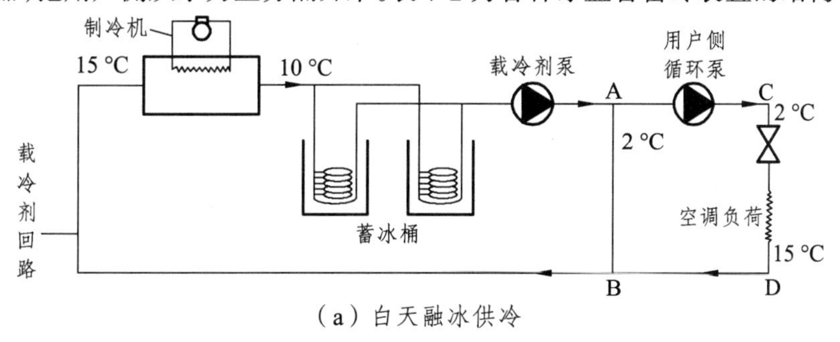

（a）白天融冰供冷

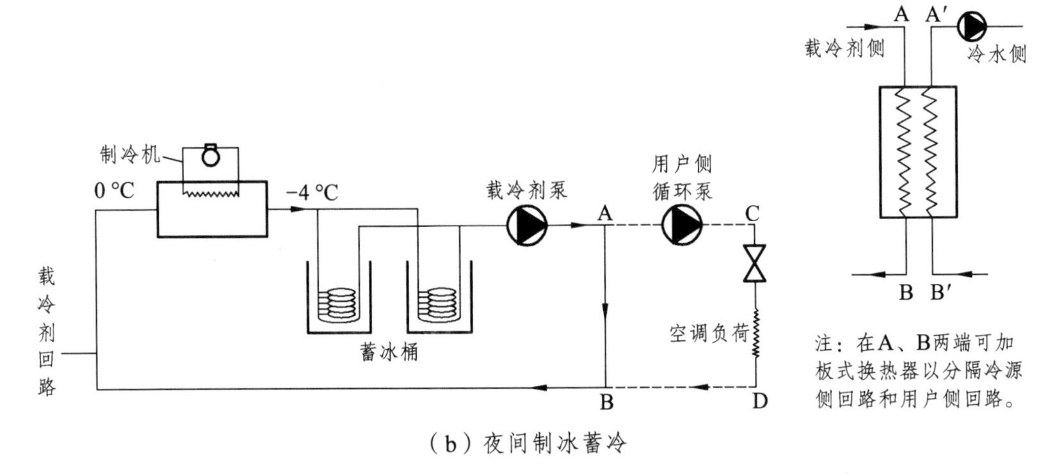

（b）夜间制冰蓄冷

图 7-12　间接制冰冷盘管式蓄冷装置及其基本系统

表 7-2　各种冰盘管蓄冷装置的结构和性能比较

制造厂	B · A · C	Calmac	Fafco
管材和外径/mm	钢管 26.27	塑料管 16	塑料管 6.35
冰层厚度/mm	约 30	约 12	约 10
盘管外表面积/[m^2/（kW · h）]	0.176	0.512	0.444
蓄冰槽容积/[m^3/（kW · h）]	0.022	0.018	0.017
乙二醇溶液量/[kg/（kW · h）]	1.166	1.024	0.626
冰水体积/[m^3/（kW · h）]	0.014	1.011	0.011
蓄冰装置质量/[kg/（kW · h）]	2.56	1.24	1.65
流动阻力/kPa	约 75	约 115	约 75

2. 封装式冰蓄冷装置

这是一种将众多内部封装蓄冷介质的球形或板形小容器，密集地放置在密封罐或开式槽体内，构成的冰蓄冷装置。载冷剂（乙烯乙二醇水溶液）在球形或板形小容器外流动，将其中蓄冷介质冻结以蓄冷，或融化以取冷。

封装在小容器内的蓄冷介质主要有两种：水或其他相变材料。目前比较广泛采用的封装容器主要有 3 种：冰球、双金属蕊心冰球、冰板。

（1）冰球。

世界上生产和供应冰球封装式蓄冷装置的厂家，首推法国西亚特（CIAT）公司。其所用封装容器为壁厚 1.5 mm，外径 77 mm 和 95 mm 的硬质塑料空心球（见图 7-13）。球内充注水和添加剂，并预留约 9%的胀缩空间。其单位蓄冷量所需换热面积约为 0.796 m^2/（kW · h）。每立方米罐体空间内可容纳 ϕ95 mm 的冰球 1300 个，或 ϕ77 mm 的冰球 2550 个，总蓄冷量约 57 kW · h，其中潜热蓄冷量约 48.5 kW · h。

必须注意，不论采用开敞式槽体，还是密封型罐体，冰球必须密集堆放，防止载冷剂从无球空间旁通流过。

（2）双金属蕊心冰球。

这是我国台湾发明的一项专利技术。其外形和结构如图 7-14 所示。壳体材料为高弹性、高强度的聚乙烯。外部皱褶的作用，主要在于补偿内部水结冰后的膨胀。两侧的中空金属蕊心，一方面可加强与内部水的换热；另一方面又可起到配重作用，在敞开式槽体内放置时，冻结后不致浮起。

双金属蕊心冰球直径为 130 mm，长 242 mm，球内充注 95%的水和 5%的添加剂。后者的作用在于促进冻结。每 1000 个摺囊球的蓄冷量为 207 kW · h。

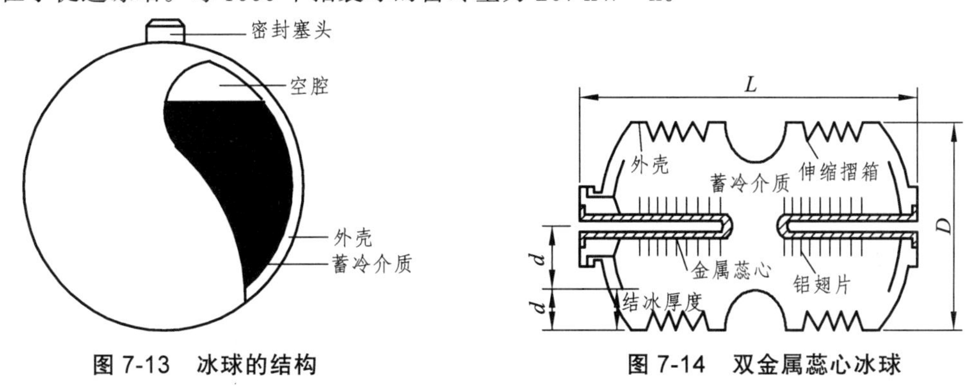

图 7-13　冰球的结构　　图 7-14　双金属蕊心冰球

（3）冰板。

冰板封装式蓄冷装置，以美国里爱克欣（Reaction）公司的产品为代表。中空冰板的外形尺寸为 812 mm×304 mm×44.5 mm，制作材料为高密度聚乙烯。板中充注去离子水，其单位蓄冷量的换热面积为 0.66 m^2/（kW · h）。

3. 片冰滑落式蓄冷装置

在冰盘管式制冷装置中，冰层一般都比较厚。冰层厚，传热性能恶化，会降低制冷机的蒸发温度，严重影响制冷机的运行效率。片冰滑落式制冰机组可大大改善这种状况。从原理上说，它与上述冰盘管式或封装式不同。冰盘管式和封装式的制冰蓄冷与融冰释冷都是发生在同一处，所以称静态制冰类型。片冰滑落式却是制冰在一处，冰生成后靠自重或螺旋输送机械转移到另一处融化释冷，所以称动态制冰。其工作原理是向制冷机板式蒸发器表面上不断供水，使之冻结成薄薄的片状冰后，再通入制冷剂的热气流，加热蒸发器冻结表面，使接触面处冰层融化，生成的片冰靠自重落入下部蓄冷冰槽。

这种制冰装置由于制冰厚度仅为 3 ~ 6 mm，故蒸发温度可比冰盘管式提高 2 ~ 3 °C；这种装置制冰快，可连续制冰；片冰厚度小，融化释冷速度快。但是，在其运行过程中，需要断续地变换工况运行，进行热气流融冻，这将在某种程度上削弱和降低制冷机的运行性能。同时这类制冰蓄冷装置还要求有较高的安装场地，这对于一般新建、改建的工程来说，都较难适应。

4. 冰浆式制冰蓄冷装置

这也是一种动态制冰蓄冷装置，并已有系列化产品的成套机组供应市场。其工作原理是将水喷淋在圆筒形满液式蒸发器表面上，使之生成一层薄冰，然后利用旋转的刮刀刮下落入下部的蓄冰槽。这种装置优于片冰滑落式之处，是它不需要热气流融冻，可连续地制冰、取冰。

这是加拿大 Sunwell 公司推出的一项专利技术，根据最新资料表明，该装置的结构和原理大致如图 7-15 所示。装置中采用的是螺旋板状结构的所谓超级蒸发器。在其筒形内部水侧，装有一对由外部电动机传动并以一定转速旋转的叶片。旋转叶片的功能一是加速水溶液的旋流速度；二是防止蒸发器表面结冰。

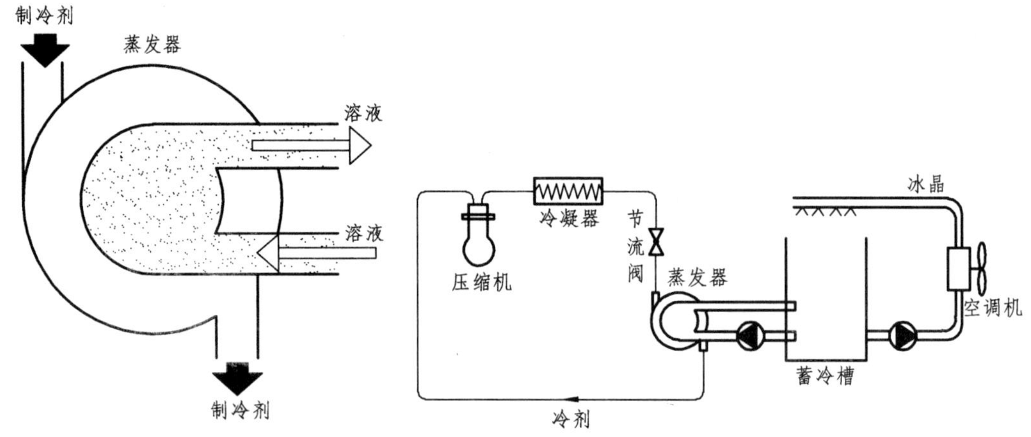

图 7-15 冰晶制冰蓄冷装置的结构原理示意图

二、冰蓄冷空调系统

它是在常规空调系统的基础上，末端处理装置和系统不变，将制冷机改为双工况制冷机组，蓄冰时要求制冷机出水温度为−5 °C，系统中设板式换热器，通过板式换热器得到 7 °C/12 °C 的冷水；直接供冷时，要求制冷机组出水温度为 5 ~ 5.5 °C。因此，冰蓄冷空调系统蓄冰和供冷通常是不能同时进行的。

冰蓄冷根据用户与冰槽在系统中的相对连接形式可分为并联系统和串联系统。

1. 并联系统

如图 7-16 所示，此蓄冰系统是由两个完全分开的环路组成，各环路具有独立的膨胀水箱及循环压力。空调水系统环路中，介质为普通水；而在蓄冷环路中，介质需考虑防冻要求，通常采用乙二醇水溶液。

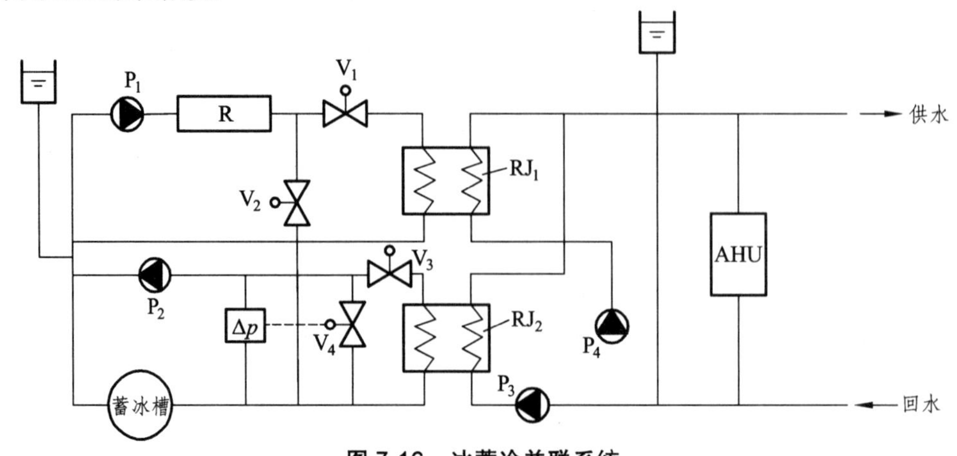

图 7-16 冰蓄冷并联系统

RJ—换热器；V—阀门；P—水泵

2. 串联系统

如图 7-17 所示是冰蓄冷串联系统。

无论是并联还是串联冰蓄冷系统都可实现 4 种运行工况，即蓄冰工况、制冷机供冷工况、蓄冰槽供冷工况和制冷机与蓄冰槽联合供冷工况。

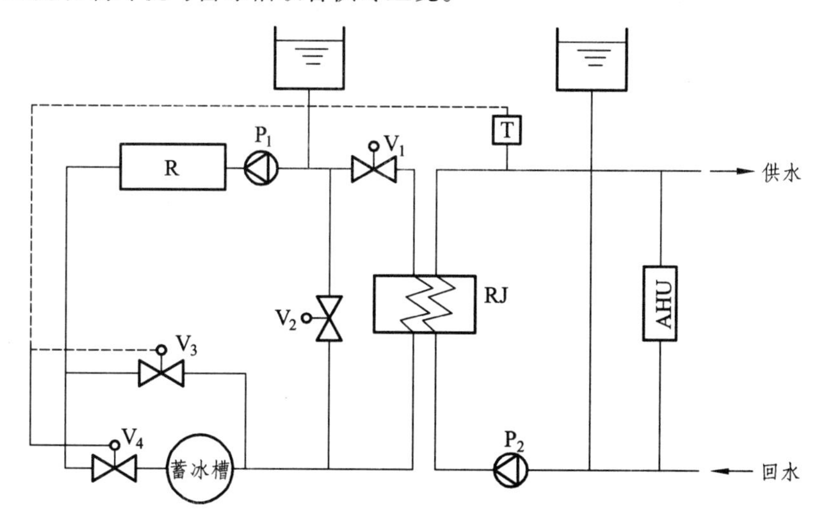

图 7-17　冰蓄冷串联系统

RJ—换热器；V—阀门；P—水泵

3. 并、串联系统运行工况流程图

图 7-18 为典型的并联式冰蓄冷系统接管图。图中点画线框内部分表示的是冷源侧，由制冷机组、蓄冷槽及相应的泵组和控制阀组成；框外部分是用户负荷侧。两者之间的界面为板式换热器。在多数（如静态的间接制冰方式和动态的冰晶式制冰方式）情况下，冷源侧系统内循环的是不冻液乙烯乙二醇水溶液载冷剂。

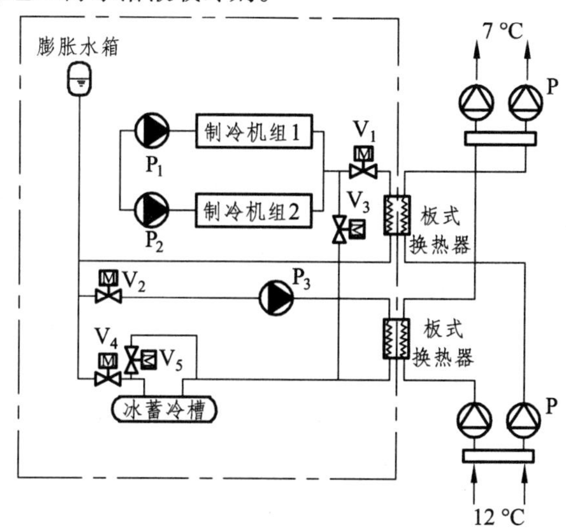

图 7-18　典型的并联式冰蓄冷系统接管图

P—泵；V—阀

按照图 7-18，冷源侧系统可方便地实现下面 4 种基本运行模式。

（1）制冰蓄冷。这时令阀门 V_1、V_2 和 V_5 关闭，阀门 V_3 和 V_4 开启，制冷机组便可通过乙烯乙二醇水溶液向蓄冷槽供冷以制冰，蓄入冷量。

（2）制冷机供冷。这时除开启阀门 V_1 之外，其余阀门均关闭。制冷机组便可把载冷剂通入板式换热器，直接向用户供冷。

（3）蓄冷槽供冷。关闭阀门 V_1 和 V_3 并开启阀门 V_2、V_4 和 V_5，启动泵 P_3 后，即可实现从蓄冷槽融冰取冷。这时可根据空调供水温度或回水温度，调节阀门 V_4 和 V_5 的开度，控制蓄冷槽的融冰速度和供冷量。

（4）制冷机与蓄冷槽联合供冷。关闭阀门 V_3，启动泵 P_1、P_2 和 P_3，即可实现制冷剂和蓄冷槽的联合供冷。至于联合供冷时，各自负荷量的分配则取决于运行策略的确定。

图 7-19 为典型的串联式冰蓄冷系统接管图。不难看出，串联系统与并联系统类似，利用相应阀门的切换，也可实现上述 4 种不同的运行工况。这时，当按蓄冷槽单独供冷工况和制冷机与蓄冷槽联合供冷工况运行时，需靠阀门 V_2 和 V_3 的动作来调节各自的供冷量。

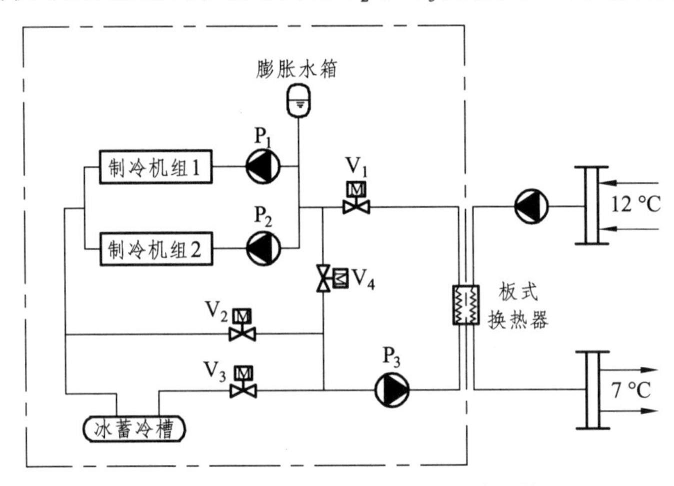

图 7-19 典型的串联式冰蓄冷系统接管图

三、冰蓄冷系统的特点

冰蓄冷空调系统除了转移尖峰用电时段的空调用电负荷目标外，还能充分利用冰蓄冷的高品位冷量的优势，采用低温、大温差供冷送风技术，明显地缩小风管、水管、空气处理设备、风机、水泵的尺寸，所节省的一次投资可有效地补偿冰蓄冷装置及其控制系统所增加的设备投资费。同时，低温、大温差供冷送风又使空调水系统、风系统的输配电耗比常规空调系统降低 2/3 左右，可有效地补偿单纯冰蓄冷在电耗上的增加，使整体运行电耗低于常规空调系统，且在实行分时电价的情况下更节约电费。

四、冰蓄冷系统的控制

为使冰蓄冷系统的运行既能充分满足不断变化的负载要求，又能确保安全、经济的效果，必须具备较完善的控制手段。作为整个蓄冷系统的控制，除了制冷机组的安全运行控制、容量控制、运行工况的转换控制，以及通常的空调供水、回水温度的控制外，还应包含蓄冷运行工况和供冷运行工况之间的转换控制。

在蓄冷工况和供冷工况运行转换控制方面，如果采用的是全量蓄冷系统，问题就比较简单。如果采用的是分量蓄冷系统，便要解决制冷机与蓄冷装置之间的供冷负荷如何合理分配的问题。

这就涉及控制策略问题，常用的控制策略有 3 种：制冷机组供冷优先、蓄冷槽供冷优先及优化式控制。

1. 制冷机组供冷优先

这是指在既可以由制冷机组直接供冷，也可以由蓄冷槽供冷的情况下，选择尽量利用制冷机组作满负荷运行供冷。只有当空调冷负荷超过了制冷机组的供冷能力时，才启用蓄冷槽，令其承担不足部分的负荷。这种控制的实施简便，运行可靠。但是，蓄冷槽的使用率低，不能最大限度地削减高峰用电负荷、节约运行费用。

2. 蓄冷槽供冷优先

这是指在既可以由制冷机组直接供冷，又可以由蓄冷槽供冷的情况下，确定优先尽量发挥蓄冷槽的供冷能力。只有当蓄冷槽的供冷能力不足以满足负荷要求时，才启动制冷机组供冷。显然，这一策略的成功实施比较复杂。试想，如果安排失当，一旦蓄冷槽的供冷能力耗尽，而制冷机组的供冷能力又不足以满足实时负荷要求，则必将影响用户的使用要求。所以，实施这一策略的前提是要有对空调供冷负荷的预测，以便做到既要最大限度地高效率利用蓄冷槽的蓄冷能力，又要确保其在任何时刻均具备能力，以补充制冷机组应付实时负荷能力的不足。

3. 优化控制

这是一种建立在电子计算机控制技术基础上的控制方式。利用电子计算机对前一天系统运行中的各项参数进行快速及时地采集、运算和处理，进而对未来一天逐时负荷和蓄冷槽的逐时供冷能力，做出精确的计算和预测，并实施自动适应性调整，以求充分利用昼夜电价差，实施经济的优化运行模式。

模块三　蓄热系统

蓄热技术是指采用适当的方式，利用特定的装置，将暂时不用或多余的热量通过一定的蓄热材料储存起来，需要时再释放出来加以利用的方法。

一、电能蓄热系统

在电力低谷电期间，利用电作为能源来加热蓄热介质，并将其储藏在蓄热装置中在用电高峰期间将蓄热装置中的热能释放出来满足供热需要。

优点：平衡电网峰谷荷载，减轻了电厂的建设压力；充分利用廉价的低谷电，降低了运行费用；系统运行的自动化程度高；无噪声、无污染、无明火、消防要求低。

缺点：受电力资源和经济性条件的限制，系统的采用需进行技术经济比较；自控系统较复杂。

二、电蓄热供暖系统分类

并联供暖流程控制相对简单，蓄热装置的热利用率较低，初期投资较大（见图 7-20）；串联供暖流程蓄热装置的热利用率较高，可以提供稳定的供水温度，控制复杂，控制元件的初期投资大（见图 7-21）。

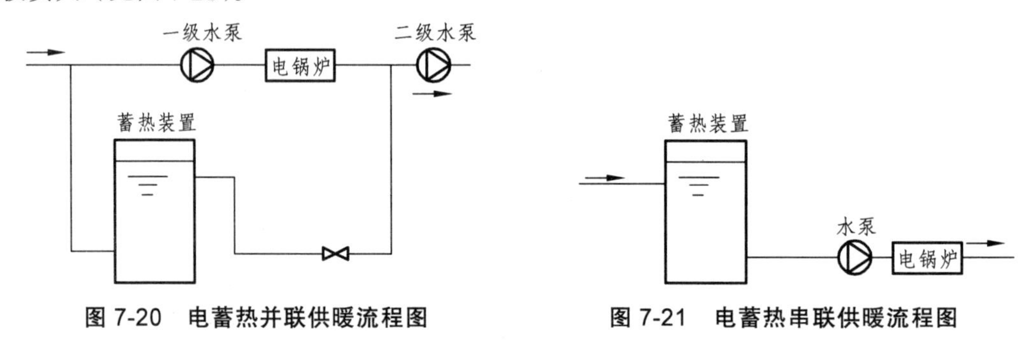

图 7-20 电蓄热并联供暖流程图　　图 7-21 电蓄热串联供暖流程图

三、生活热水蓄热系统

1. 电蓄热式生活热水系统（见图 7-22 ~ 7-24）

通常生活热水系统的蓄热温差较大，因此，采用电蓄热方式可降低部分能耗和运行费用。

屋顶蓄热式适用于屋顶能承受电锅炉及蓄热装置等设备质量的场所、蓄热量较小的场所；集中低位水箱蓄热式适用于蓄热量较大的场所、供水系统分散（如居民小区或公寓式集体宿舍等）的场所；集中高位水箱蓄热式适用于屋顶能部分承受蓄热装置的质量，且底层有电锅炉机房位置的场所，蓄热系统较大的场所，供水系统较集中的场所。

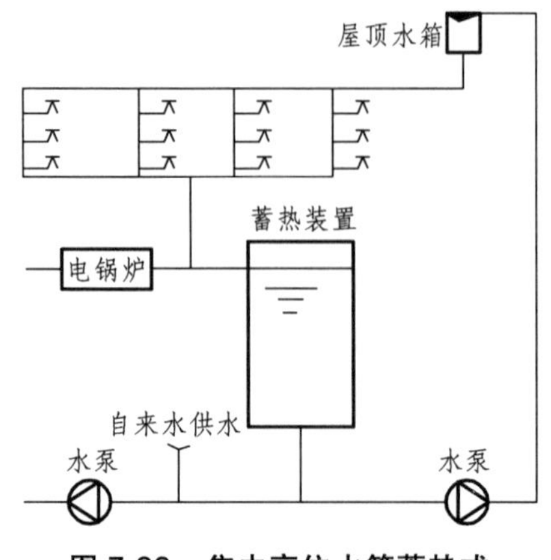

图 7-22 集中高位水箱蓄热式

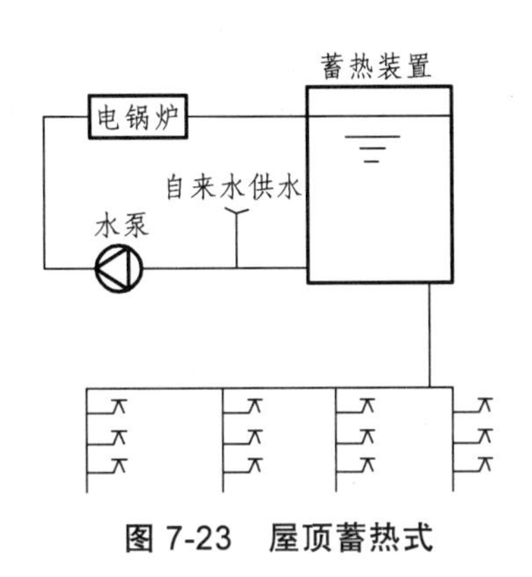

图 7-23　屋顶蓄热式

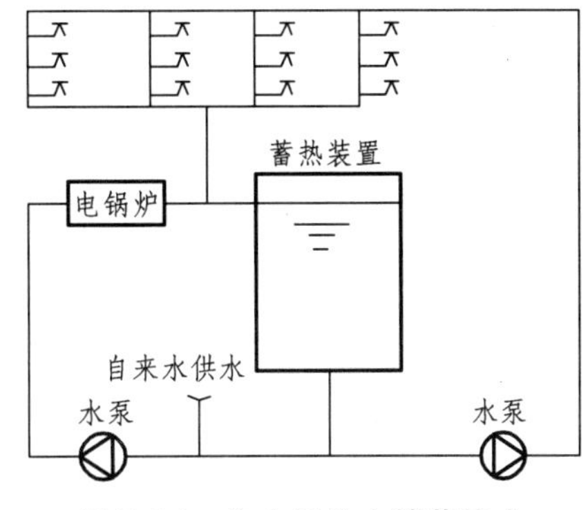

图 7-24　集中低位水箱蓄热式

2. 太阳能蓄热

太阳能蓄热是解决太阳能间隙性和不可靠性，有效利用太阳能的重要手段，满足用能连续和稳定供应的需要。太阳能蓄热系统利用集热器吸收太阳辐射能转换成热能，将热量传给循环工作的介质（如水），并储藏起来，如图 7-25 所示。

优点：清洁、无污染，取用方便；节约能源；安全。

缺点：集热器装置大；应用受季节和地区限制。

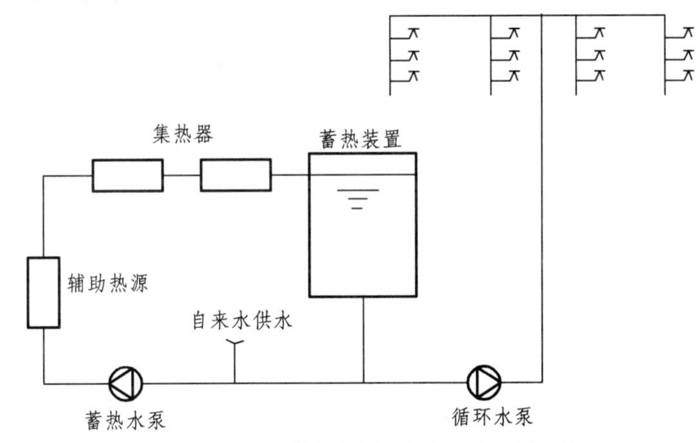

图 7-25　太阳能蓄热生活热水系统原理图

3. 工业余热或废热蓄热系统

工业余热或废热蓄热系统利用余热或废热通过换热装置蓄热，需要时释放热量。

优点：缓解热能供给和需求失配的矛盾，廉价。

缺点：用热系统受热源的品位、场所等限制。

模块四　冰蓄冷应用

蓄冷空调系统的经济性分析比常规空调工程复杂得多，主要从以下几方面考虑：

（1）由于各地区电网的缺电状况和夏季峰谷负荷差不尽相同，因此要综合考虑各地区供电部门的时间电价结构和增容建设费的收费标准。

（2）蓄冷空调系统的运行电耗与建筑物的冷负荷特性、蓄冷方式、运行策略、控制模式密切相关，应综合考虑。

（3）蓄冷装置的种类很多，采用不同的蓄冷方式和制冷机组，初期投资会有很大差异。

（4）在计算初期投资时，要综合考虑蓄冷装置占用建筑面积的不利因素和可以降低建筑层高的有利因素。

综上所述，对一项工程是否采用蓄冷空调系统，必须根据建筑物的使用功能、建筑物的冷负荷特性、当地的时间电价政策、对蓄冷装置与主机的选配、控制策略与控制模式的组合，进行多种方案的经济比较与优化分析，选出最佳方案。

以某海边冰蓄冷空调系统为例，如图 7-26 所示。

首先对乙二醇水溶液进行冷却（此时，1 号截止阀和 2 号截止阀打开，3 号、4 号和 5 号截止阀关闭），降温后的乙二醇水溶液流经蓄冰罐，把冰球中的水冷冻成冰，这样冷量就被蓄存在蓄冰罐中。当房间需要制冷时，关闭 1 号截止阀和 2 号截止阀，打开 3 号和 4 号截止阀，冰球里的冰融化，释放出冷量，冷却乙二醇水溶液，乙二醇水溶液流经板式换热器时，把冷量传递给冷媒水。冷媒水经分水器输送到各个房间中的风机盘管，对空调房间进行冷却。然后，返回集水器，继续循环。当系统中的乙二醇水溶液不足时，打开 5 号截止阀，利用储液罐中的乙二醇水溶液，对其进行补充。

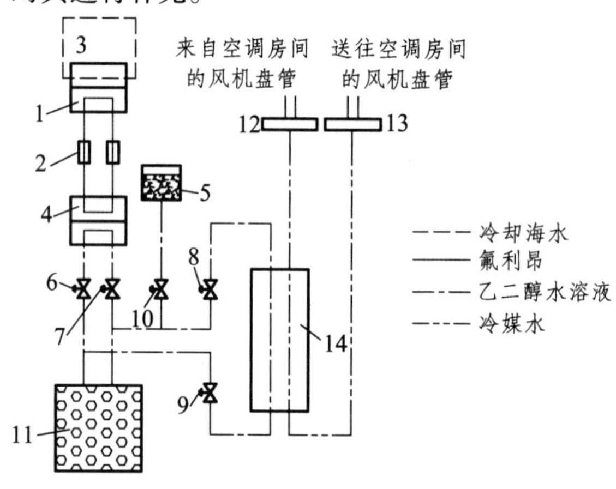

图 7-26 冰蓄冷的应用

1—用海水冷却的冷凝器；2—节流阀；3—压缩机；4—蒸发器；5—乙二醇水溶液储液罐；6，7，8，9，10—一至五号截止阀；11—蓄冰槽；12—集水器；13—分水器；14—板式换热器

思考与练习题

1. 简述冰蓄冷系统的原理。
2. 简述水蓄冷系统的原理。
3. 简述蓄热系统的原理。

学习情境八 其他制冷方法

模块一 蒸气喷射式制冷

蒸气喷射式制冷属于蒸气压缩式制冷的一种。它是利用液体汽化吸收汽化量达到制冷效果。该系统的压缩部件不是压缩机而是喷射式扩压器。

一、构 成

蒸气喷射式制冷循环机械结构如图 8-1 所示，它由喷射器、冷凝器、蒸发器、节流装置、泵、锅炉和空调末端系统等部件组成。喷射器由喷嘴、扩压器和吸入室构成。

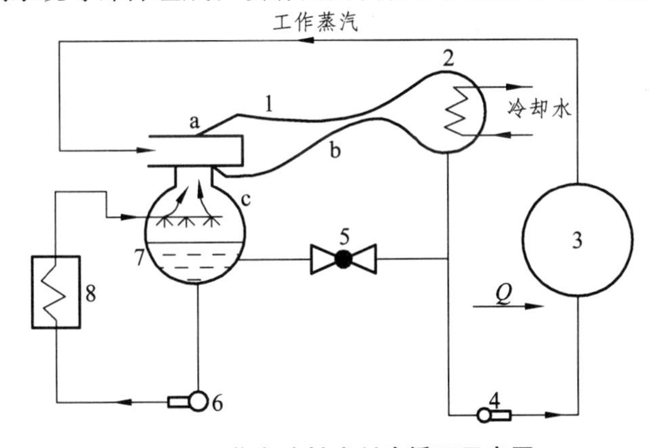

图 8-1 蒸发喷射式制冷循环示意图

1—喷射器（a—喷嘴；b—扩压器；c—吸入室）；2—冷凝器；3—压力锅炉；4—制冷剂泵；5—节流装置；6—冷媒水泵；7—蒸发器；8—空调用户末端系统

二、原 理

蒸气喷射式制冷循环工作原理如图 8-1 所示，压力锅炉 3 消耗外界热量将其中水加热汽化产生高温高压的工作蒸气。工作蒸气进入喷射器 1 的喷嘴进行膨胀并高速流动（流速可达 1000 m/s 以上），于是在喷嘴出口处，造成很低的压力。蒸发器 7 与喷射器 1 吸入室相连通，所以蒸发器中的压力也会很低而处于低压区。蒸发器 7 内部低温低压的部分水吸热而汽化蒸发，从未汽化的水中吸收汽化热（低温热源）而降低未汽化水的温度，产生制冷效果。被降温的水通过冷媒水泵 6 送入空调用户末端吸收空调房间热量而升温，重新返回蒸发器内汽化和冷却，周而复始，连续制冷。蒸发器中产生的制冷剂蒸气经吸入室与流动的工作蒸气在喷嘴出口处混合后经过扩压器而流入冷凝器 2。在扩压器中蒸气流速降低而压力升高，被环境介质（高温热源）冷却而凝结为液态水。液态由冷凝器 2 引出，分为两路：一路经过节流装置 5 降压后送回蒸发器，继续蒸发制冷；另一路由制冷剂泵提高压力送回压力锅炉 3，重新加热产生工作蒸气。

图 8-1 所示为一个封闭喷射式制冷循环系统，制冷剂、冷媒介质和工作蒸气均利用同一系统内的水。实际喷射式制冷循环系统可以是开启式，冷凝的水不进入锅炉和蒸发器而排入冷却水池，作为循环冷却水的补充水。蒸发器和锅炉内的补给水则另设水源提供。

蒸气喷射式制冷机除了用水作为工作介质外，也可采用其他制冷剂作为工作介质。各种制冷剂的标准蒸发温度不同，可以得到不同的制冷温度，以满足民用和工业工艺的各种温度需求。比如，低沸点的氟利昂制冷剂，可获得 0 °C 以下的温度。

蒸气喷射式制冷循环结构简单，加工方便，没有运动部件，可靠性高，能利用一次能源。不足之处是所需工作蒸气的压力高，喷射器流动损失大而效率低。

该循环中喷射器的增压效果被用来与蒸气压缩式制冷循环相结合使用，即喷射器作为压缩机入口前的增压器，可以提高单级压缩制冷循环在低温制冷时的效率，弥补蒸气压缩式制冷循环的不足。

按照蒸发器的形式不同，蒸气喷射式制冷机可分为卧式和立式两类。立式蒸气喷射式制冷机按水的蒸发过程又可分为单效蒸发（蒸发器只有一个舱）和多效蒸发（蒸发器分成几个舱，水依次在其中蒸发）两种，两效或三效蒸发方式应用较多。

三、特点及应用

1. 特 点

蒸气喷射式制冷机的优点：设备结构简单，加工投资低；没有运动部件，使用寿命长，操作、维修比较简单；以水为工质，运行安全可靠，无污染。其缺点是：蒸气和冷却水消耗量都比较大，制冷效率低；运行时噪声较大等。

2. 应 用

在实际使用过程中，从冷凝器出来的冷凝水往往不再返回蒸发器和锅炉，而是直接排入冷却水池，作为循环冷却水的补充水之用。而锅炉和蒸发器的补充水由另外的水源直接供给，因此，制冷系统是开式循环。为了维持冷凝器里的真空度，还增加一个二级辅助蒸气喷射器供冷凝器抽真空之用，见图 8-2 右边部分。

图 8-2 为蒸气喷射式制冷系统的实际流程图。制冷机工作过程中为了给冷凝器抽真空，用一台二级辅助喷射器与冷凝器相连接，利用来自锅炉的一部分高压主蒸气作动力源，对冷凝器抽气，直接排入大气。

近年来，为了达到特殊的目的（如得到 0 °C 以下的低温），蒸气喷射式制冷机系统可以采用其他的工质作为制冷剂，如 R22、R134a 等。也有人将喷射式系统用于压缩式制冷机的低压级，作为增压器用，以便用单级活塞式制冷压缩机制取更低的温度。

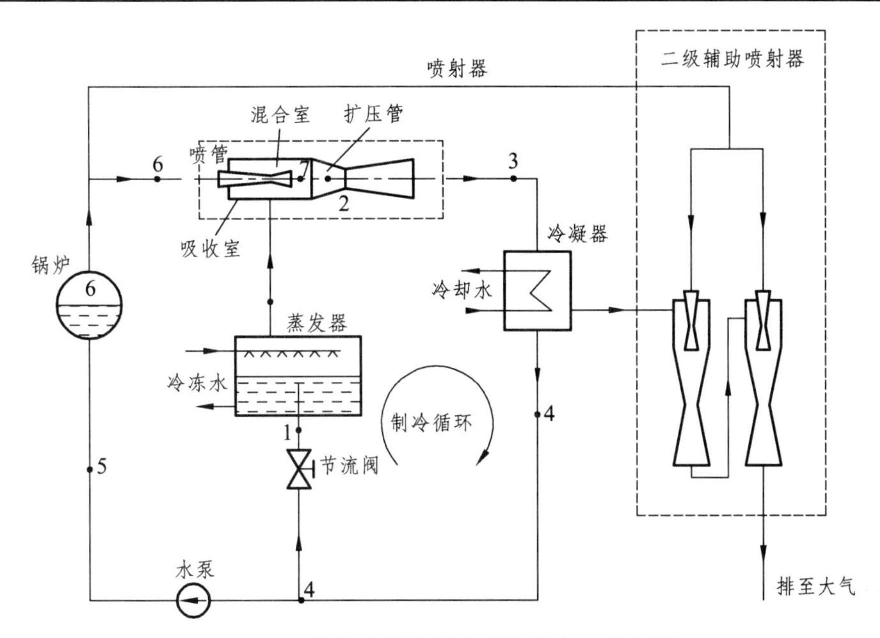

图 8-2　蒸汽喷射式制冷系统的实际流程图

蒸气喷射式制冷机以热能代替机械能或电能，同时具有结构简单、加工方便、没有运动部件（除泵外）、运行安全可靠、使用寿命长等一系列优点，故具有一定的使用价值，可用来制取空调等用的冷水。蒸气喷射式制冷机设备庞大，需要高位安装，一般在 10 m 以上，以便冷媒水泵和冷却水泵吸入处为正压，且需要较高压力（0.5 ~ 5 MPa）的工作蒸气。蒸气喷射式制冷装置需要大量的冷却水，所以适用于水源丰富的地区。目前蒸气喷射式制冷装置应用日渐减少，由于溴化锂吸收式制冷机的效率高，因此在空调系统中蒸气喷射式制冷机逐渐被溴化锂吸收式制冷机所替代。

模块二　吸附式制冷

吸附式制冷，即某些固体物质在一定的温度及压力下，能吸附某种气体或水蒸气，在另一温度及压力下，又能将它释放出来。这种吸附与解吸的过程引起的压力变化，相当于制冷压缩机的作用。固体吸附式制冷就是根据这一原理来实现的。

一、吸附剂

许多固体都具有吸附气体或液体的能力，但适宜于工业应用的吸附剂，应具有以下性质：① 对吸附质有高的吸附能力；② 能再生和多次使用；③ 有足够的机械强度；④ 化学性质稳定；⑤ 容易制取且价格便宜。

目前，用于吸附制冷的固体吸附剂如下：

1. 硅 胶

它是一种硬的玻璃状物体，具有较大的孔隙率，一般分粗孔和细孔两种。粒状硅胶直径为 0.2 ~ 7 mm，其化学稳定性和热稳定较高，吸附水蒸气的能力特别好。

2. 活性氧化铝

它是一种部分水化的多孔无定形氧化铝，粒度一般为 3 ~ 7 mm，化学稳定性和机械强度较高。

3. 沸石分子筛

它的种类很多，有 50 多种，目前国内主要有 3A、4A、5A、13X、10X、Y、丝光沸石等，其中对水的吸附性能以 13X 为最好。它们作为吸附剂，具有以下特点：

（1）有极强的吸附选择性，由于其孔径大小均匀，只吸附小于其孔径的分子，是一种离子型的极性吸附剂，对极性分子，特别是水分子（分子直径 2.8×10^{-10} m）有极大的亲和力，易于吸附。

（2）在气体组分含量低（即分压力低）的情况下具有较大的吸附能力，因为其表面积大于一般吸附剂，可达 800 ~ 1000 m^2/g。

沸石分子筛极易吸水，因此使用前必须进行活化处理，常压下活化温度一般在 400 ~ 500 °C。如果活化温度过低，活化后残存水量较多；如果活化温度过高，沸石的晶格有可能遭到破坏，甚至丧失吸附性能。如果将沸石分子筛置于真空下活化，则可降低活化再生温度。

4. 活性炭

活性炭是将各种原材料如煤炭、木材、果壳或合成高分子材料经过高温（750 ~ 950 °C）炭化热解、活化后制成的多孔吸附材料，有着广泛的工业与民用背景。活性炭具有大量的微孔，但其直径分布不如分子筛均匀。活性炭对氨、甲醇都有较好的吸附能力。循环解吸量一般情况下在 10% ~ 20%，好于分子筛系统。活性炭的比表面积可达到 600 ~ 2000 m^2/g，而制成的活性炭纤维比表面积可达 1000 ~ 3000 m^2/g，吸附性能也有很大的提高。

活性炭具有非极性的表面，为疏水性、亲有机物质的吸附剂。活性炭对有机溶剂的吸附性能较强，因而吸附剂中与之配对的以甲醇为最佳，其次可以用氨作为制冷剂。活性炭纤维比表面积发达，孔径分布均匀，因而目前已逐步成为吸附式制冷研究的一个热点，近年来越来越受到吸附式制冷行业的青睐。

二、吸附制冷循环

吸附制冷循环是利用水汽化吸热制冷，也属相变制冷循环。制冷过程中蒸发的水蒸气由吸附剂吸附，吸附达到饱和的吸附剂用余热或太阳能烘干再生，重复使用。吸附制冷有开式循环和闭式循环两种。

1. 开式吸附制冷循环

开式吸附制冷循环是利用吸附剂吸附空气中的水蒸气而使空气得以干燥；然后再向空气

中喷水，水迅速汽化，使空气降温，供空调室空调使用。它要求吸附剂对人体无害，一般采用硅胶；工业用低温空气干燥装置使用活性氧化铝。开式吸附制冷循环系统结构复杂，用电量大，成本高。开式吸附制冷循环一般只能降温 10 °C 左右，吸附和再生不在同一条件下进行时，可以连续工作。

2. 闭式吸附制冷循环

闭式吸附制冷循环是，吸附剂的吸附和解吸通过阀门控制可以在一个完全密封的系统内进行。如图 8-3 所示的闭式沸石吸附制冷系统，由沸石筒、冷凝器及设置在冰箱内的水罐三部分组成。吸附质水密封于其中。系统工作时用余热或太阳能加热沸石筒，使沸石温度升高，沸石中含有的水分吸热蒸发，到冷凝器中凝结为水（其冷却介质可为水，也可为空气），流入水罐中储存。然后移去沸石筒的热源，使沸石筒在大气中冷却，造成系统内的压力和温度下降，则水罐中的水汽化、吸热制冷。在降温幅度大时甚至可以制冰。但是由于解吸的需要，系统只能作间歇式运行。若利用太阳能制冷，可在白天对沸石筒加热，使沸石解吸出水蒸气，并冷凝后储存于水罐中，其温度与环境温度相同。到夜间随着环境温度的逐渐降低，沸石又不断吸附水蒸气，并造成系统内的真空状态，以使水在 0 °C 以下蒸发，吸收被冷却空间内的热量，使其降温达到制冷的目的。

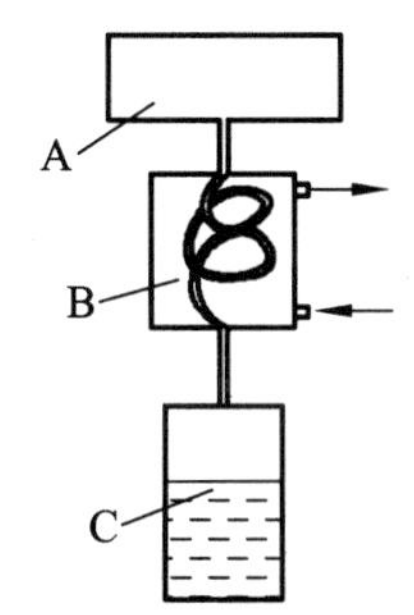

图 8-3　闭式沸石吸附制冷系统

A—沸石筒；B—冷凝器；C—水罐

三、系统原理图

以沸石-水工质对为例说明其工作过程（见图 8-4）。

白天，吸附床受日光照射，温度升高产生解析作用，从沸石中脱附出水蒸气，系统内的水蒸气压力升高，当达到与环境温度对应的饱和压力时，水蒸气在冷凝器中凝结放出潜热，凝水储存在蒸发器中。

夜间，吸附床冷下来，沸石温度逐渐降低，它吸附水蒸气的能力逐渐提高，造成系统内压力降低，同时，蒸发器中的水不断蒸发出来，用以补充沸石对水蒸气的吸附，水蒸发的过程吸热，达到制冷的目的。吸附床的作用相当于压缩机所起的作用，单个吸附床可实现间歇制冷，如要实现连续制冷，可采用两个或多个吸附器。

图 8-4 所示系统的制冷过程是在夜间进行的，虽然这对很多应用场合是可行的，如食品的冷藏等，但对建筑物的空气调节而言，冷却需要在白天进行，因此系统中就必须增设某种形

式的蓄冷装置，这是一切太阳能制冷系统的一个典型特征。如果采用其他热源，对沸石交替地进行加热和冷却，便能达到白天和夜间均可制冷的目的。

采用氮、氢、氦等气体作为被吸附介质，利用沸石的吸附和脱附作用，可以得到极低的制冷温度。

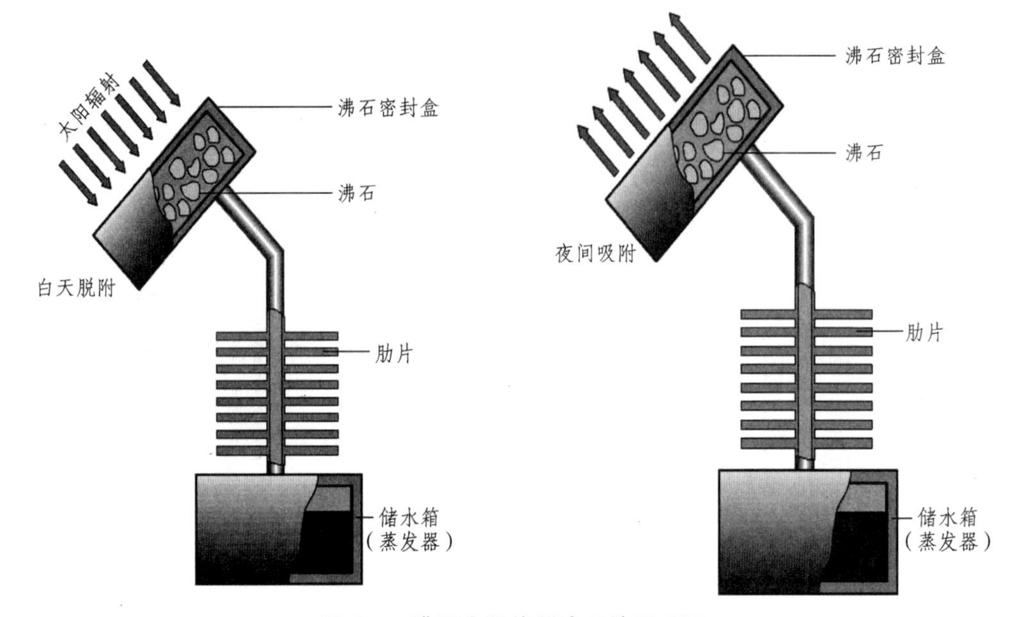

图 8-4　沸石太阳能制冷系统原理图

四、吸附制冷循环的应用

目前，吸附制冷循环的应用多以开发太阳能的利用为目的。美国沸石动力公司研制了容积为 1.12 m×0.78 m×1.22 m 的太阳能沸石吸附制冷冰箱，集热器面积为 0.7 m^2，每天可制冰 10 kg，充分表现了沸石吸附制冷的高效率。

该冰箱的吸附制冷系统如图 8-5 所示。其运行过程是打开截止阀 2，同时让沸石筒加热进

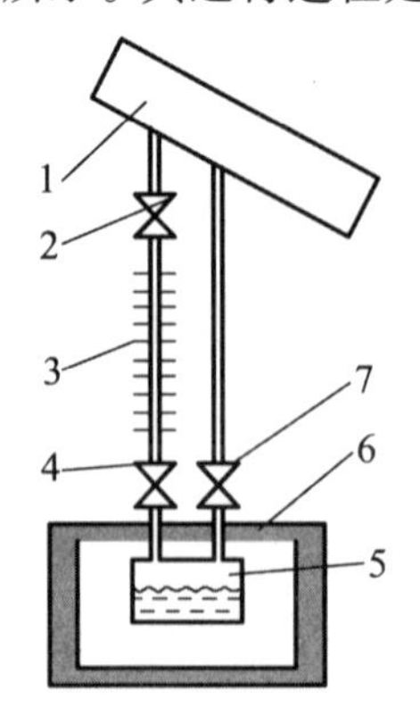

图 8-5　太阳能沸石吸附制冷冰箱系统

1—能受太阳能加热的沸石筒；2，4，7—截止阀；3—冷凝器；5—罐；6—冰箱保温层

入解吸过程，沸石解吸出的水蒸气流入冷凝器 3，同时被冷凝成水。然后关闭截止阀 2，移去沸石筒的加热热源，让其冷却降温后打开截止阀 4，将冷凝器中的凝结水放入水罐，再关闭截止阀 4 打开截止阀 7，水罐中的水在低分压下蒸发制冷。水蒸气上升至沸石筒再被沸石吸附。当水罐降温达到结冰状态时关闭截止阀 7 打开截止阀 2，沸石筒加热重新投入解吸过程。在解吸和冷却过程中，冰箱温度可利用水罐中的冰融化吸热维持。这种制冷循环系统无噪声、无污染，不需维修，能充分利用余热和太阳能，是洁净制冷技术的发展方向之一。

然而基本型吸附式制冷循环效率较低，因为在循环过程中，没有采用回热措施，吸附床的冷却放热及吸附放热白白流失了，且在循环中，制冷过程是不连续的。典型连续回热循环的吸附制冷系统图如图 8-6 所示。

假定对吸附器 2 加热，对吸附器 4 冷却，当吸附器 2 充分解吸，吸附器 4 吸附饱和后，使吸附器 2 冷却，吸附器 4 加热，吸附器 2、4 交替运行组成了一个完整的连续制冷循环。同时，为了提高能量的利用率，在两过程切换中，利用高温吸附器冷却时放出的显热和吸附热来加热另一个吸附器，即进行回热，可减少系统的能量输入，提高 COP，达到连续回热的目的。

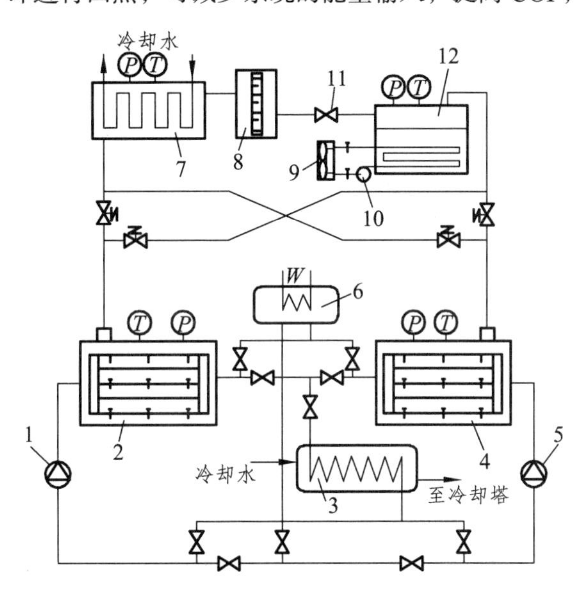

图 8-6　典型连续回热循环的吸附制冷系统图

1，5—泵；2，4—吸附器；3—冷却器；6—加热器；7—冷凝器；8—贮液器；9—风机盘管；10—水泵；11—节流阀；12—蒸发器

模块三　涡流管制冷

高压气体沿切向引入管子内形成涡流，并分成冷热两股气流产生的冷效应称为涡流制冷效应”，也称“兰克-赫尔胥效应”。利用这种冷效应的制冷方法称为涡流管制冷。涡流管制冷系统中利用高压空气或其他气体作工质，不用制冷剂，也没有运动部件，因此结构简单，工作可靠。

一、气体涡流制冷原理

1. 兰克-赫尔胥效应

高压气体沿切向引入管子内形成涡流后，在管子轴线附近的涡流中心部分，气流的角速度最大，而在管壁附近气流角速度最小，由于气流层之间产生的摩擦，使动能从涡流中心部分向外缘传输，涡流中心部分因能量输出而温度降低，其边缘部分因能量输入而温度升高。以上现象是法国人兰克于 1931 年发现，以后德国人赫尔胥利用其中的冷效应发明了涡流管制冷。所以这个现象被称为“兰克-赫尔胥效应”。

2. 涡流管结构及工作原理

涡流管是一种结构非常简单的能量分离装置，它是由喷嘴、涡流室、分离孔板和冷热两端管组成。工作时压缩气体在喷嘴内膨胀，然后以很高的速度沿切线方向进入涡流管。气流在涡流管内高速旋转时，经过涡流变换后分离成总温不相等的两部分气流，处于中心部位的气流温度低，而处于外层部位的气流温度高，调节冷热流比例，可以得到最佳制冷效应或制热效应。例如，21 °C 的空气在 0.8 MPa 压力下进入涡流管后，可以调整到一半气流冷到-34 °C，另一半热到 33 °C。涡流管工作原理示意图如图 8-7 所示。

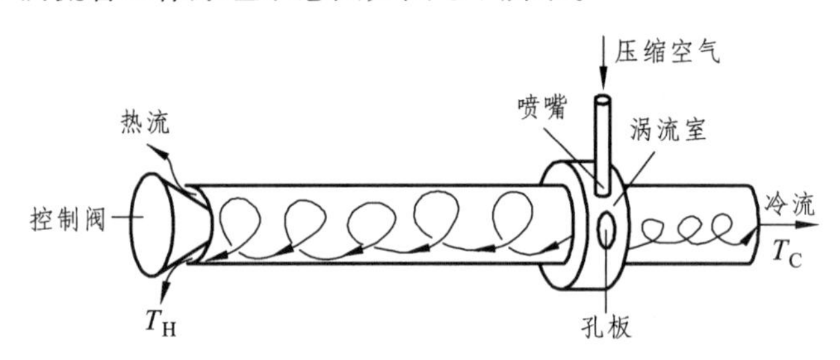

图 8-7 涡流管工作原理示意图

控制阀的作用：控制热端管子中气体的压力，从而控制冷、热两股气流的流量和温度。当控制阀全关时，过程为不可逆节流过程，不存在冷热分流现象；当控制阀全开时，涡流管相当于气体喷射器；当控制阀部分开启时，出现冷热分流现象。

在图 8-8 中，高压空气从 A 处进入几个小喷嘴，并以切线方向进入涡流室的内侧边缘，压力有所降低，气体膨胀后接近音速，然后气体像螺旋那样旋转，外层气旋向热端前进，内

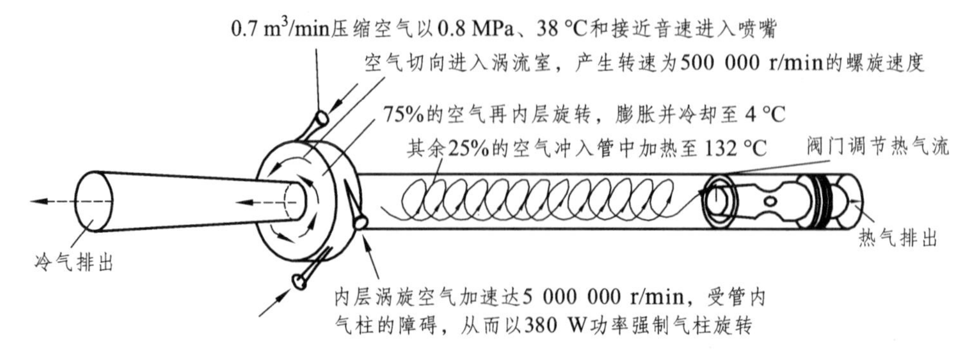

图 8-8 涡流管工作时的气流状态

层气旋向冷端前进，该过程中，中心部分的气流温度很低，从冷端孔口引出后可以制冷。通过设在热端的控制阀可调节冷热气流的流量，同时改变冷热气体的排出温度。在图 8-8 中，标出了涡流管中气体的初始压力和流速、冷热气体的不同转速和温度，以及冷热气体的不同流量。

二、涡流管制冷的特点及应用

1. 特　点

涡流管制冷低成本，免维护；温度从−46 °C 到+127 °C；采用高强度的不锈钢材质制造，抗腐蚀，抗氧化，抗高温；不用电，不用任何化学物质，没电火花产生；体积小、质量轻、防冲撞；产冷气迅速，并可通过阀门快速调节。

2. 应　用

涡流管制冷有各种不同的应用。因为涡流管制冷要用压力相当高的压缩空气，所以经常用在有高压空气排气的地方，接上涡流管后产生冷热气流，供制冷和制热之用；也有专门配备高压空气源，供不同的涡流管来制冷、制热或通风之用，通常在下列场合应用：

（1）制造行业用于冷却：塑料或金属加工、木材加工、焊接、黏接、热密封、缝纫针、模具加工和其他制造行业上的冷却。

（2）在实验室里用于冷却和干燥气体采样，冷却环境舱。

（3）电子元器件、仪表、开关和温度调节装置等的冷却及温度控制。

（4）密闭的电子控制系统的温度调节：CNC 柜、工业 PCs 系统、PLCs 系统、马达控制中心。

（5）不用任何闪火或者热爆方式就能产生 110 °C 的热气，这样就可以十分安全方便地热软化塑料、融化胶水、密封包装袋。

（6）可以给保护齿轮的操作人员进行人身制冷。

作为压缩空气制冷的先驱之一，美国的 ITW 集团成为第一家将涡流管效应付诸实际应用的公司。

模块四　热电制冷

热电制冷（又名温差电制冷、半导体制冷或电子制冷）是以温差电现象为基础的制冷方法，它是利用塞贝克效应的逆反应——珀尔贴效应的原理达到制冷的目的。

一、珀尔贴效应

所谓珀尔贴效应就是在两种不同金属组成的闭合线路中，通以直流电，当电流流过不同导体的界面时，就会使一个节点变冷，从外界吸收热量；一个节点变热，向外界放出热量。这种现象称为热电效应，即珀尔贴效应，也称温差电现象。

二、热电制冷原理

由于半导体材料内部结构的特点，决定了它产生的温差电现象比其他金属要显著得多，所以热电制冷都采用半导体材料，故也称半导体制冷。

由一块 P 型半导体和一块 N 型半导体连接成的电偶，如图 8-9 所示。当通以直流电流时，P 型半导体内载流子（空穴）和 N 型半导体内载流子（电子）在外电场作用下产生运动。由于载流子（空穴和电子）在半导体内和金属片具有的势能不一样，势必在金属片与半导体接头处发生能量的传递及转换。因为空穴在 P 型半导体内具有的势能高于空穴在金属片内的势能，在外电场作用下，当空穴通过节点 a 时，就要从金属片中吸取一部分热量，以提高自身的势能，才能进入 P 型半导体内。这样，节点 a 处就冷却下来。当空穴过节点 b 时，空穴将多余的一部分势能传递给节点 b 而进入金属片Ⅱ，因此，节点 b 就热起来。

同理，电子在 N 型半导体内的势能大于在金属片中的势能，在外电场作用下，当电子通过节点 d 时，就要从金属片Ⅲ中吸取一部分热量转换成自身的势能，才能进入 N 型半导体内。这样节点 d 处就冷却下来。当电子运动到达节点 c 时，电子将自身多余的一部分势能传给节点 c 而进入金属片Ⅱ，因此节点 C 处就热起来，这就是电偶对制冷与发热的基本原因。如果将电源极性互换，则电偶对的制冷端与发热端也随之互换。

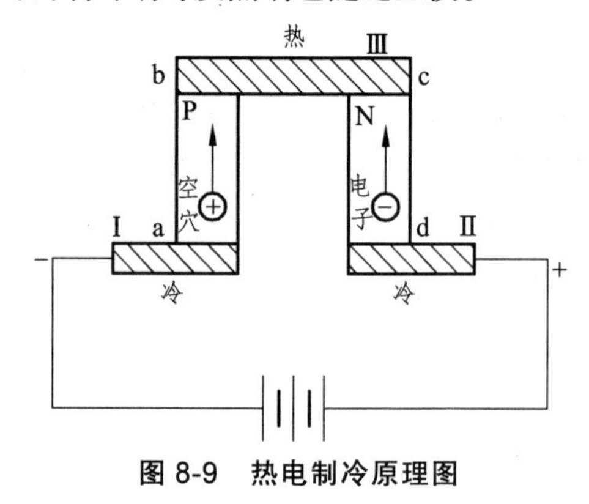

图 8-9 热电制冷原理图

三、热电制冷设备的特点及应用

热电制冷设备是靠空穴和电子在运动中直接传递能量来实现的，它与现行的压缩式与吸收式制冷机比较有其独特之处。

1. 特 点

（1）热电制冷不用制冷剂，故无泄漏，无污染，清洁卫生。

（2）热电制冷无机械传动部分，因此无噪声、无磨损、寿命长，可靠性高，维修方便。

（3）冷却速度和制冷温度可通过改变工作电流的大小任意调节，灵活性很大。

（4）可用改变电流的极性来达到冷热端互换的目的，故用于高低温恒温器有独到之处。

（5）体积和功率都可做得很小。

目前，在大容量情况下，热电制冷设备的主要缺点是效率太低。但当温差 $\Delta T<50$ °C，制冷功率在 20 W 以下时，热电制冷设备的效率比压缩式还高。

由于热电制冷具有上述一系列特点，在某些场合（如小冷量、小体积的情况下）往往起着机械制冷所不能起的作用。

2. 热电制冷的应用

（1）热电制冷器可方便地可逆操作，故用它作为小型空调器用于小轿车、飞机及家庭夏天降温、冬天取暖十分方便。

（2）热电制冷可做成家用冰箱。例如，用 200 对电偶制成 60 L 电冰箱，从 20 °C 室温降至-8 °C 需 2 h，其内部盛水已结冰。此外，用多级半导体制冷可制成小型低温冰箱，供医院冷藏药物、菌苗、血浆等使用。

（3）用多级半导体制成低温医疗器具，用于治疗各种皮肤癌及切除白内障，疗效显著。

（4）热电制冷与电子仪器制成一体，可对仪器进行冷却，减少热燥性。

（5）可做成零点仪，用来保持热电偶测温的固定点温度。

模块五　空气膨胀制冷

空气膨胀制冷属于气体膨胀制冷形式，在循环中空气不发生相变，与热源和冷源只进行显热换热，是利用空气膨胀降温的制冷循环系统。该制冷系统是利用气体压力降低过程中分子能量变化引起温度下降的机理来制冷，是不发生制冷剂相变的制冷方式。采用的制冷剂是空气。要想得到膨胀后的更低温度，可以选择其他沸点更低的理想气体，如氦气、氮气、氧气等。其循环形式主要有无回热定压循环和有回热的定压循环。

一、无回热定压循环

最早出现的制冷机是无回热定压循环。膨胀制冷基本循环由 4 个基本热力过程——压缩、冷却放热、膨胀和吸热制冷过程组成（见图 8-10）。

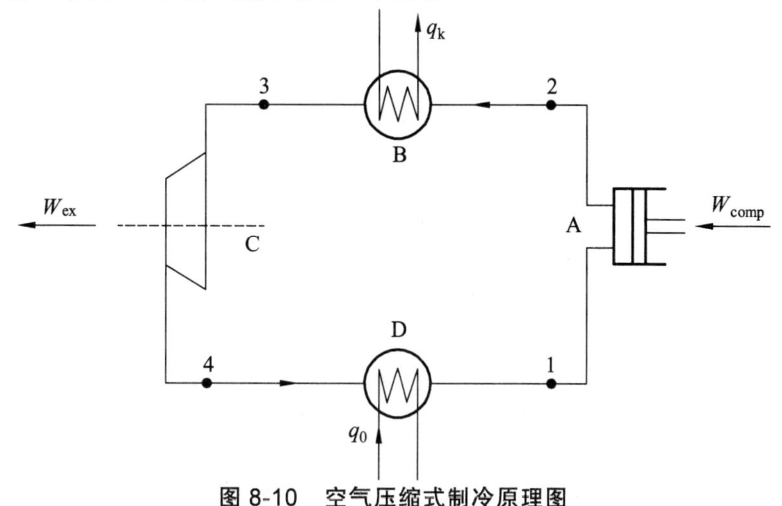

图 8-10　空气压缩式制冷原理图

A—空气压缩机；B—冷却器；C—膨胀机；D—吸热器

空气压缩制冷循环的主要热力设备有空气压缩机、空气冷却器、膨胀器及吸热器。其中空气冷却器和吸热器是显热交换设备；空气制冷压缩机是消耗外界机械功来压缩和输送制冷剂的热力设备；膨胀器是用来使制冷系统中的空气由高压降低至低压，并产生所需低温气流的设备。

空气压缩式制冷循环中的膨胀器主要有节流器和膨胀机。在膨胀机问世之前，节流器的节流冷效应是空气制冷机中产生低压冷气流的主要手段。但节流效应只能获得很小的温降，为获得足够的温降，就必须让节流前的气体具有很高的压力，因此采用节流器循环耗功大，获得的制冷量少。在现代空气压缩式制冷中，常采用膨胀机来获得冷气流。制冷膨胀机有速度型和体积型两大类，如涡轮冷却器、活塞式空气膨胀机等。另外，“回转式膨胀压缩机”能将膨胀与压缩两个热力过程容于一台设备中，有利于简化系统和最大限度地回收利用膨胀功。

空气压缩式制冷理论循环工作过程：常用的是布雷顿制冷循环，包括等熵压缩、等压冷却、等熵膨胀及等压吸热 4 个过程。制冷工质有：空气、CO_2、N_2、He 等。

在理论循环中认为工质是理想气体，无阻流动和无管路散热。理论循环各热力过程变化如图 8-11 所示。循环中：

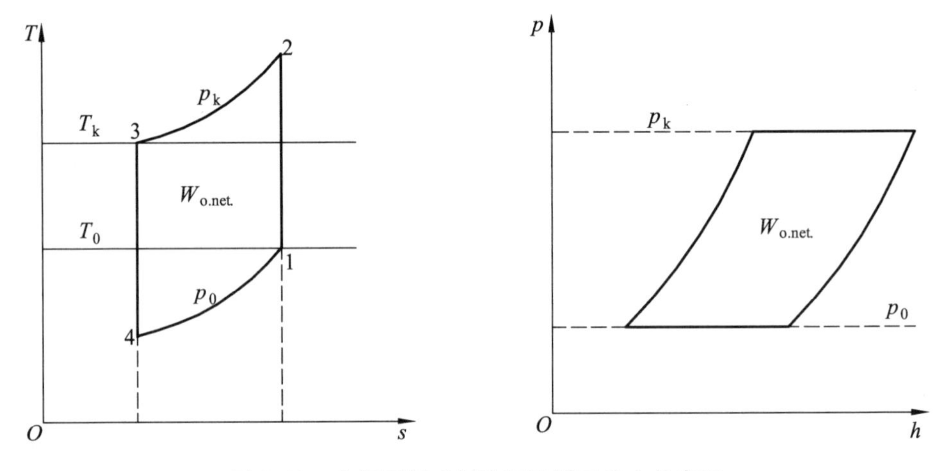

图 8-11 空气压缩式制冷理论循环热力状态图

1—2 为空气制冷压缩机的等熵压缩过程，空气压力由吸气压力 p_0 升压至排气压力 p_k；温度由吸气温度 T_1 升至排气温度 T_2。同时消耗等熵压缩功 $W_{o\cdot comp}$。在 1—2 过程中吸气温度 T_1 等于被冷却系统温度 T_0，即 $T_1=T_0$。

2—3 是空气在放热器中的等压（p_k）放热过程，工质向高温热源放出热量 Q_k 后，温度由 T_2 降至 T_3。T_3 等于冷却介质温度 T_k，即 $T_3=T_k$。

3—4 是空气在膨胀机内的等熵膨胀过程。压力由 p_k 下降至 P_0，温度由 T_3 降至 T_4，并做等熵膨胀功 $W_{o.ex}$。在理论循环中，等熵膨胀功全部得以回收。

4—1 是空气在吸热器内的等压（p_0）、吸热制冷过程。工质从低温热源吸热 Q_0，并且气体温度由 T_4 升至 T_1。

由此可见，空气压缩式制冷理论循环是由两个等熵过程和两个等压过程组成的逆向循环，压力 p_k 与 p_0 是循环的工作压力范围。

二、有回热的定压循环

无回热循环的压缩比大，必定影响制冷系数的提高。采用有回热的空气压缩制冷循环可以降低压力比，改善循环性能，如图 8-12 所示。在回热理论循环 1—5—6—7—8—4—1 中，4—1 是吸热制冷过程；1—5 是出吸热器的低压制冷剂气流在回热器内等压加热过程；5—6 是制冷剂空气在制冷压缩机内的等熵压缩过程；6—7 是压缩后的高压气流在冷却器内等压冷却过程；7—8 是经冷却器冷却后的空气在回热器内等压再冷却过程；8—4 是经冷却和再冷却后的空气在膨胀机内等熵膨胀过程，从此周而复始地循环。

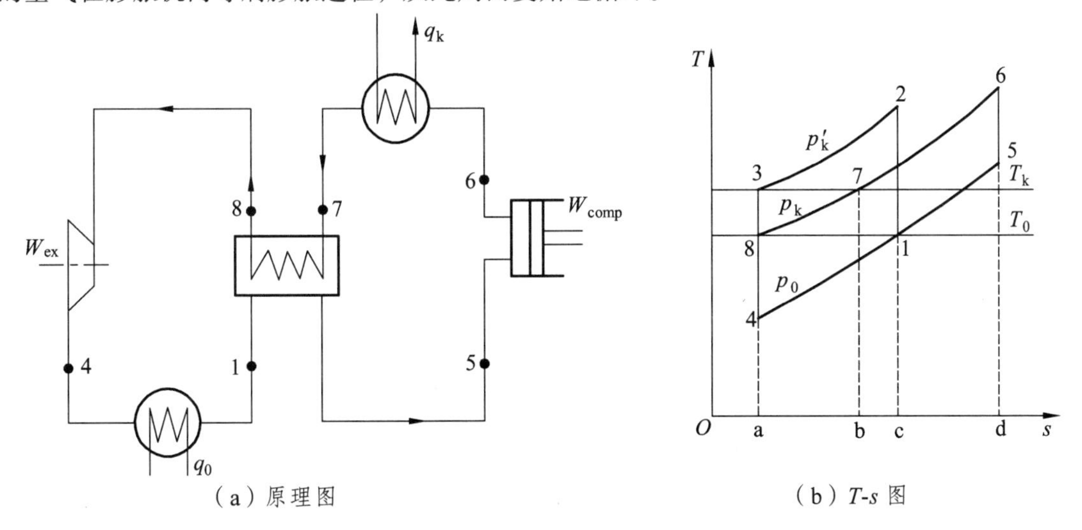

（a）原理图　　（b）T-s 图

图 8-12　回热空气压缩式制冷理论循环

空气膨胀制冷循环具有在低温（$t_0 \leqslant -80$ °C）下工作，其制冷系数高于蒸气压缩式制冷循环，并且具有降温性能可靠、设备系统简单、气密性要求低；制冷工质无公害、易获得，系统形式灵活，适应性强等优点。但空气膨胀式制冷循环工质——空气需经干燥和净化处理，工作时噪声较大；另外，$t_0 \geqslant -80$ °C 工作时其制冷系数小于蒸气压缩式制冷循环，使其应用受到限制。

思考与练习题

1. 简述蒸汽喷射式制冷原理。
2. 简述吸附式制冷原理。
3. 简述热电制冷原理。
4. 简述空气膨胀制冷原理。
5. 简述涡流管制冷原理。

参考文献

[1] 郑贤德．制冷原理与装置[M]．北京：机械工业出版社，2008.
[2] 周秋淑．冷库制冷工艺[M]．北京：高等教育出版社，2002.
[3] 周远．制冷与低温工程[M]．北京：中国电力出版社，2003.
[4] 黄奕沄．空气调节用制冷技术[M]．北京：中国电力出版社，2007.
[5] 李晓东．制冷原理与设备[M]．北京：机械工业出版社，2006.
[6] 陈军．制冷原理[M]．北京：电子工业出版社，2008.
[7] 贺俊杰．制冷技术[M]．2 版．北京：机械工业出版社，2007.
[8] 朱立．空气调节技术 [M]．北京：高等教育出版社，2008.
[9] 刘佳霓．制冷原理 [M]．北京：机械工业出版社，2012.
[10] 张昌．热泵技术与应用[M]．北京：机械工业出版社，2015.
[11] 陆耀庆．实用供热空调设计手册[M]．北京：中国建筑工业出版社，2008.
[12] 尉迟斌，卢世勋，周祖毅．实用制冷与空调工程手册[M]．北京：机械工业出版社，2015.
[13] 殷浩，徐德胜．制冷原理[M]．上海：上海交通大学出版社，2009.
[14] 易新，梁仁建．现代空调用制冷技术[M]．北京：机械工业出版社，2003.
[15] 彦启森．制冷技术及其应用[M]．北京：中国建筑工业出版社，2006.
[16] 姜守忠，匡奕珍．制冷原理[M]．北京：中国商业出版社，2001.
[17] 卜啸华．制冷与空调技术问答[M]．北京：机械工业出版社，2000.
[18] 王如竹，丁国良，等．制冷原理与技术[M]．北京：科学出版社，2003.
[19] 李建华，王春．冷库设计[M]．北京：机械工业出版社，2003.
[20] 金国砥．制冷设备技术[M]．北京：电子工业出版社，2003.
[21] 魏龙．制冷空调机器设备[M]．北京：电子工业出版社，2007.
[22] 陈光明．制冷与低温原理[M]．北京：机械工业出版社，2000.
[23] 陆亚俊．空调工程中的制冷技术[M]．哈尔滨：哈尔滨工业大学出版社，2001.
[24] 张勇，何希杰．热泵空调技术及其应用[J]．通用机械．2010（1）：81.
[25] 刘佳霓．制冷原理与装置[M]．北京：高等教育出版社，2011.
[26] 闫师杰，董吉林．制冷技术与食品冷冻冷藏设施设计[M]．北京：中国轻工业出版社，2011.
[27] 时阳．制冷技术[M]．北京：中国轻工业出版社，2007.
[28] 俞炳丰．中央空调新技术及应用[M]．北京：化学工业出版社，2004.
[29] 雷霞．制冷原理[M]．北京：机械工业出版社，2003.
[30] 田国庆．制冷原理[M]．北京：机械工业出版社．2002.
[31] 朱立．制冷压缩机与设备[M]．北京：机械工业出版社，2005.
[32] 刘卫华．制冷空调新技术及进展[M]．北京：机械工业出版社，2004.

[33] 曹德胜. 制冷空调系统的安全运行、维护管理及节能环保[M]. 北京：中国电力出版社，2003.

[34] 岳帮贤. 制冷工[M]. 北京：化学工业出版社，2004.

[35] 中国建筑标准设计研究院. 污水源热泵系统设计与安装[M]. 北京：中国计划出版社，2013.

[36] 中国建筑标准设计研究院. 冰蓄冷系统设计与施工图集[M]. 北京：中国计划出版社，2007.

[37] 中国建筑标准设计研究院. 水环热泵空调系统设计与安装[M]. 北京：中国计划出版社，2007.

[38] 中国建筑标准设计研究院. 多联式空调机系统设计与施工安装[M]. 北京：中国计划出版社，2009.

[39] 中国建筑标准设计研究院. 地源热泵冷热源机房设计与施工[M]. 北京：中国计划出版社，2006.

附　录

附录A　常用制冷剂压焓图

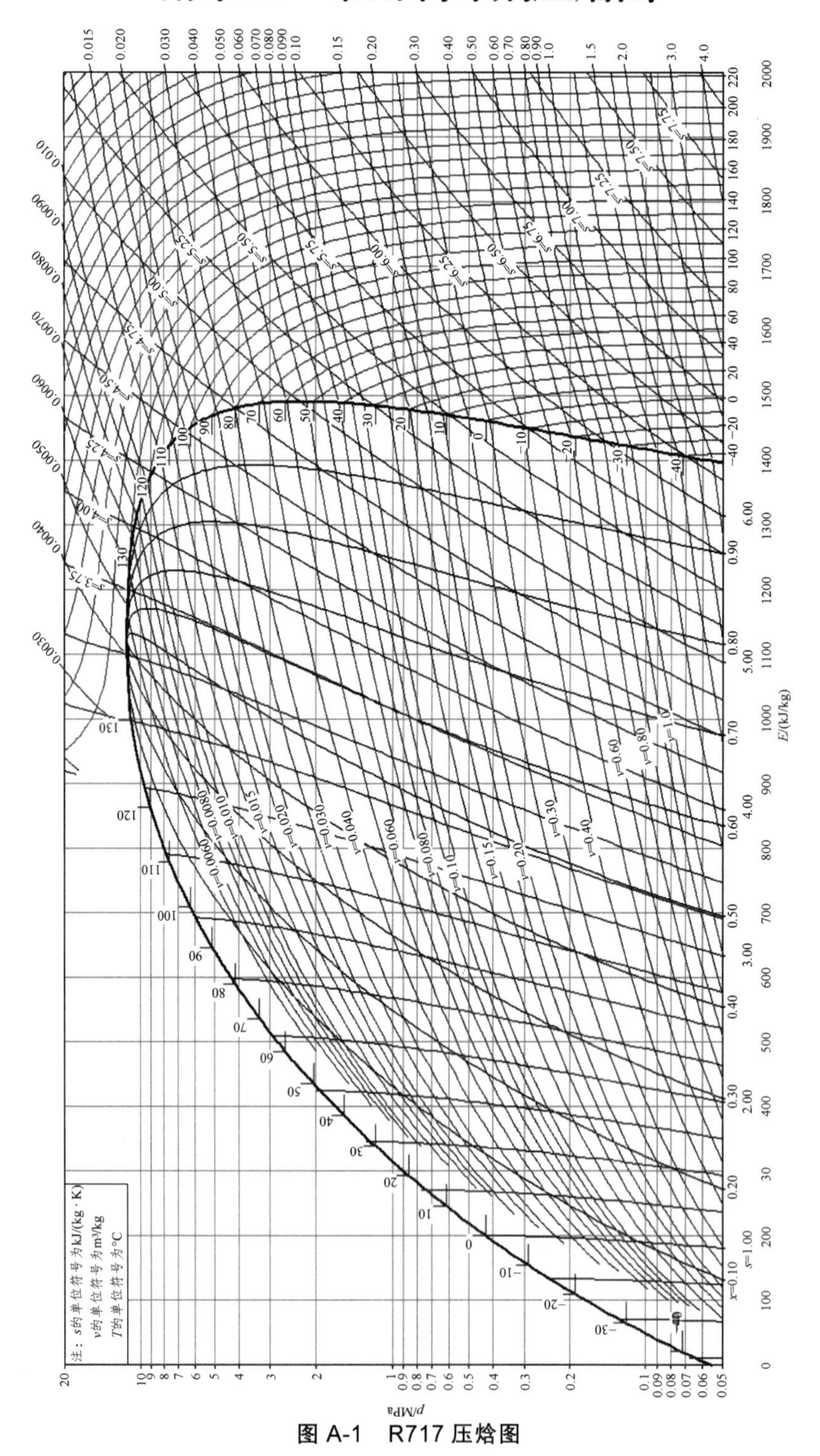

图A-1　R717压焓图

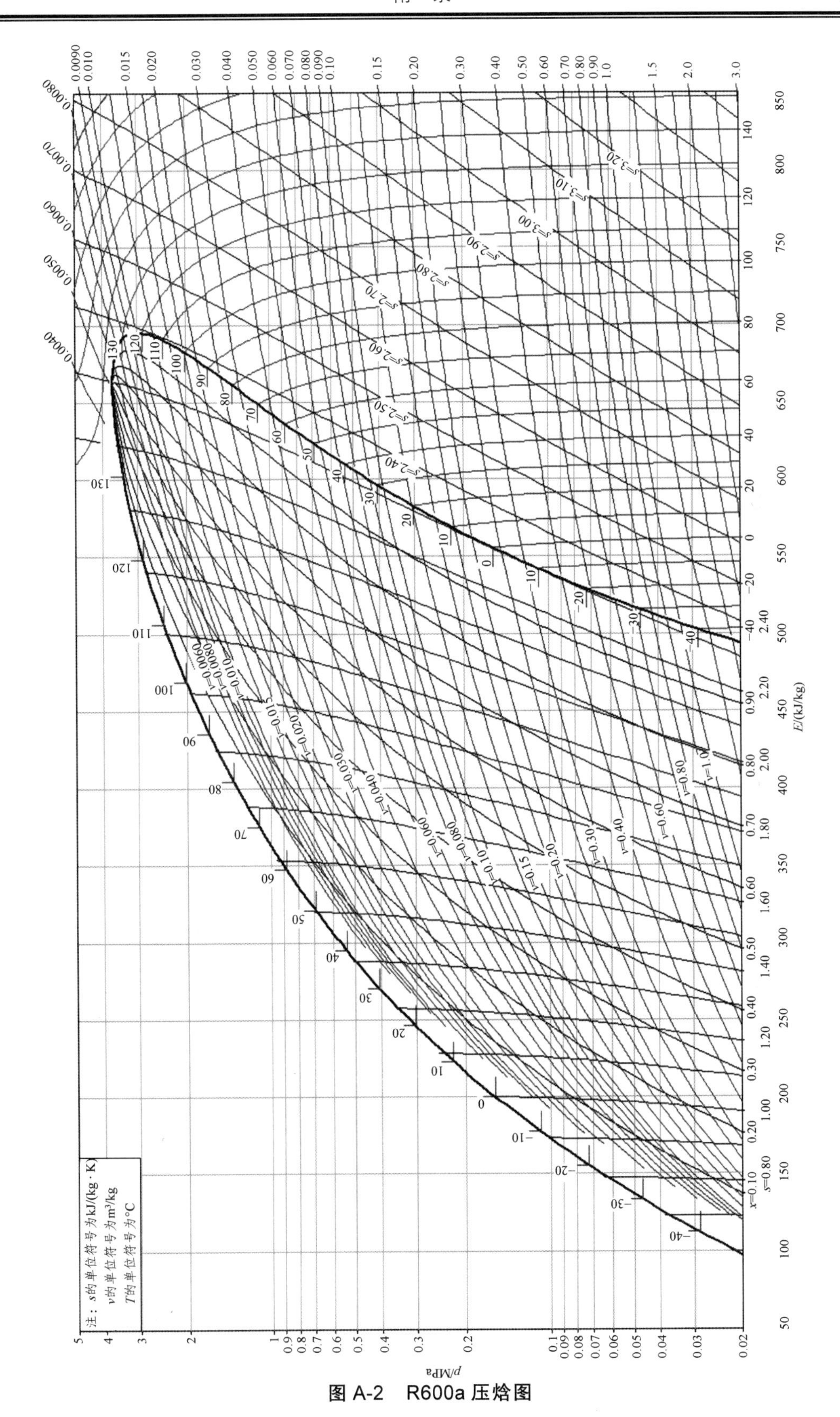

图 A-2 R600a 压焓图

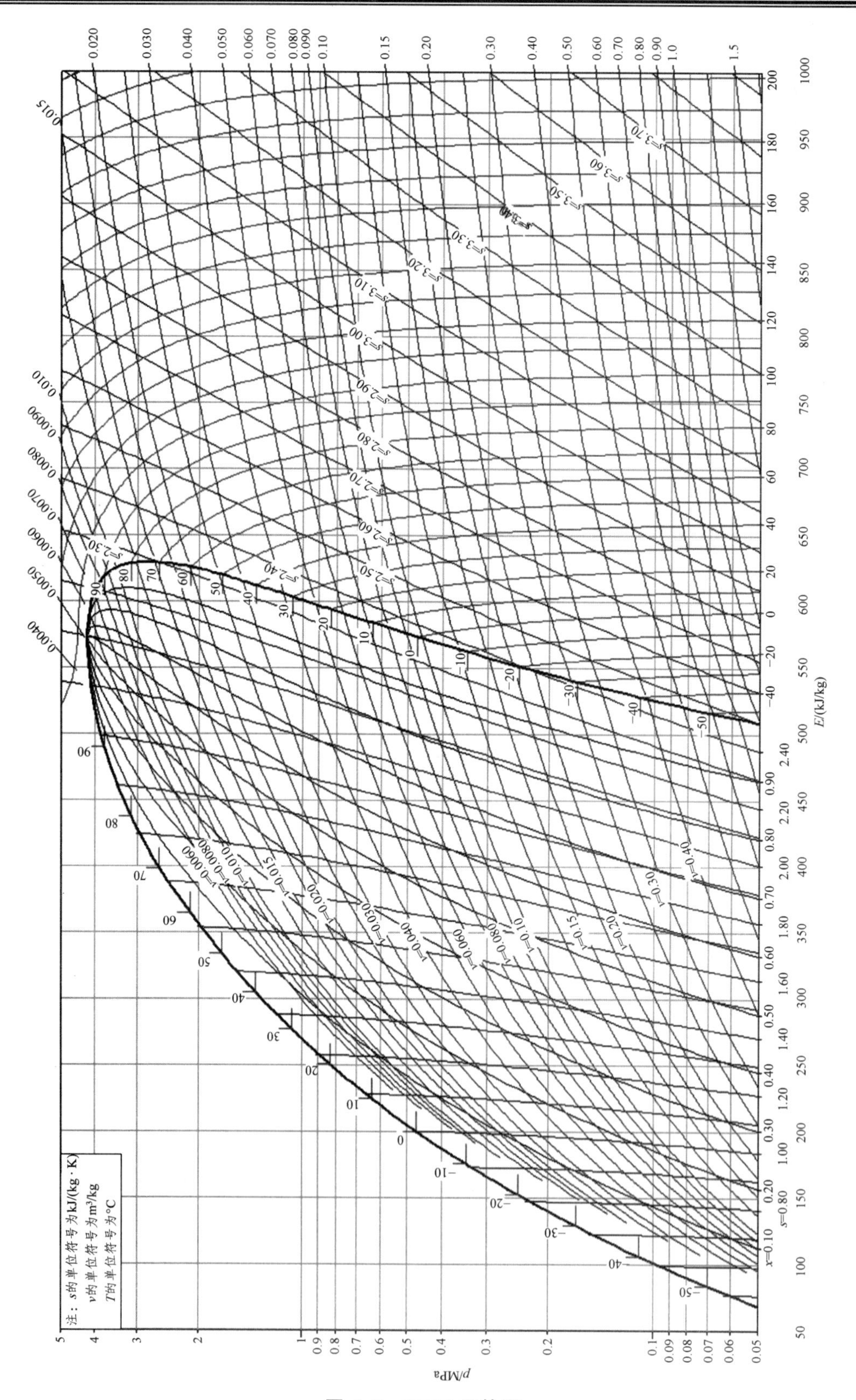

图 A-3 R290 压焓图

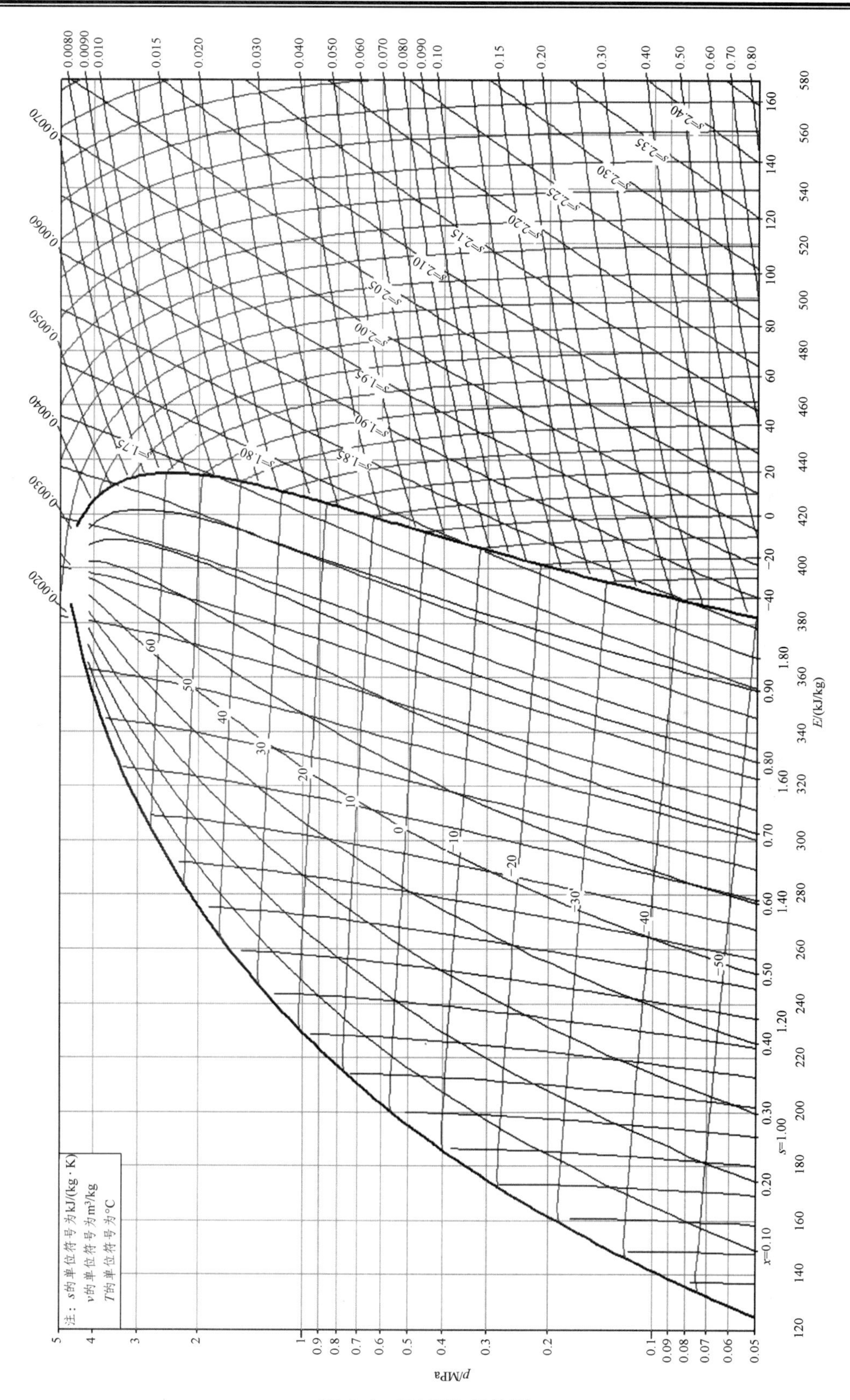

图 A-4　R407C 压焓图

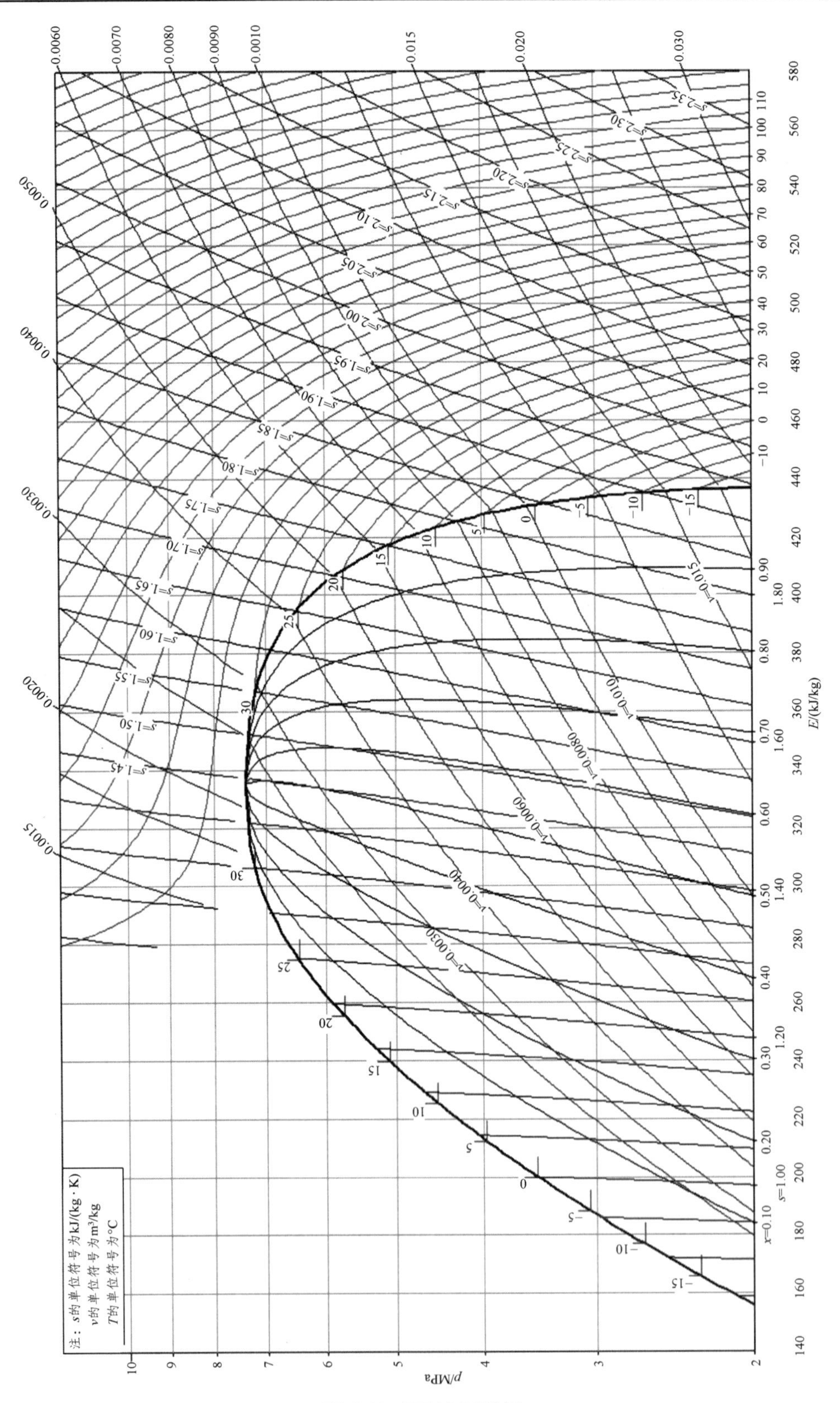

图 A-5 R744 压焓图

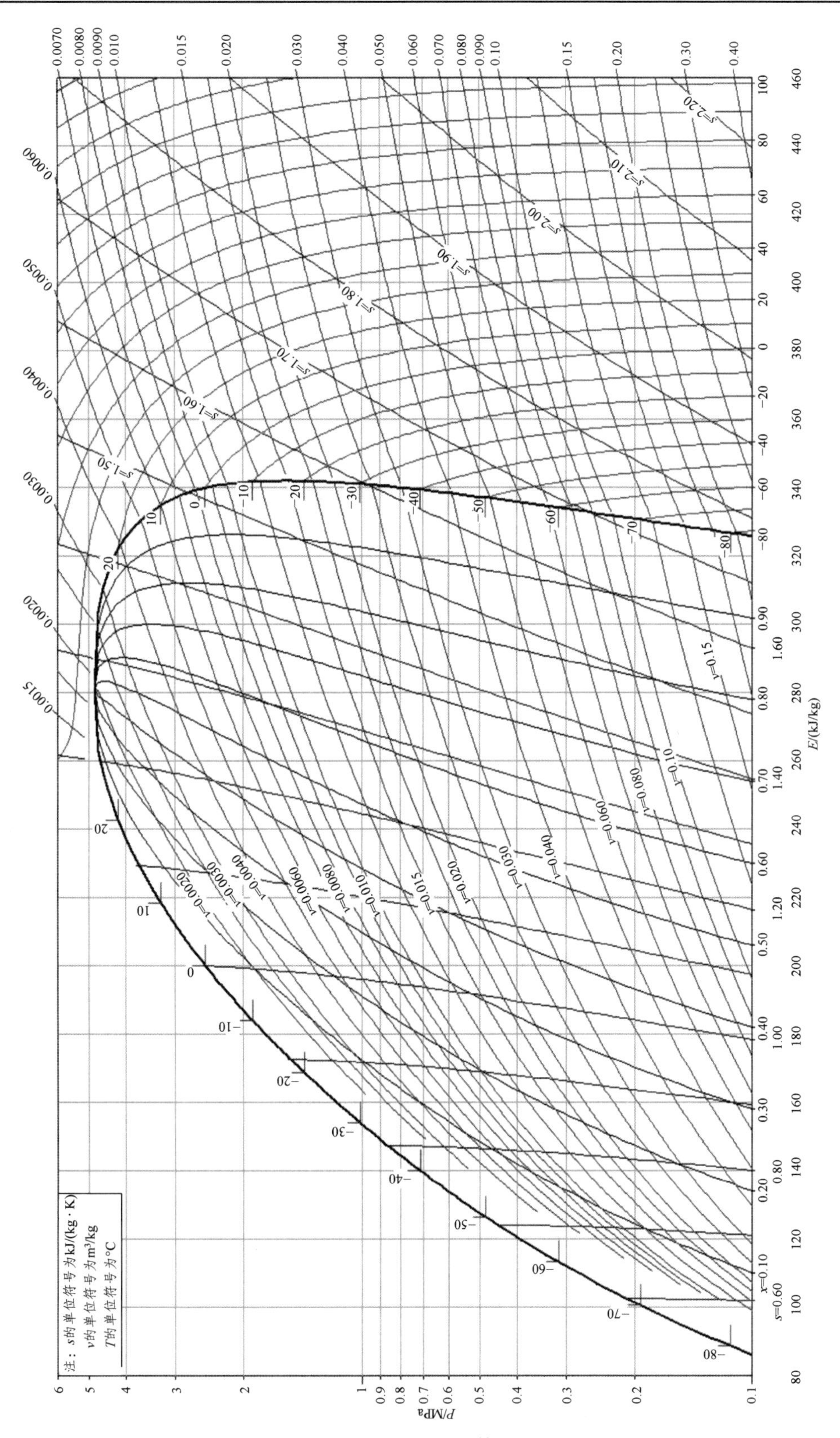

图 A-6 R23 压焓图

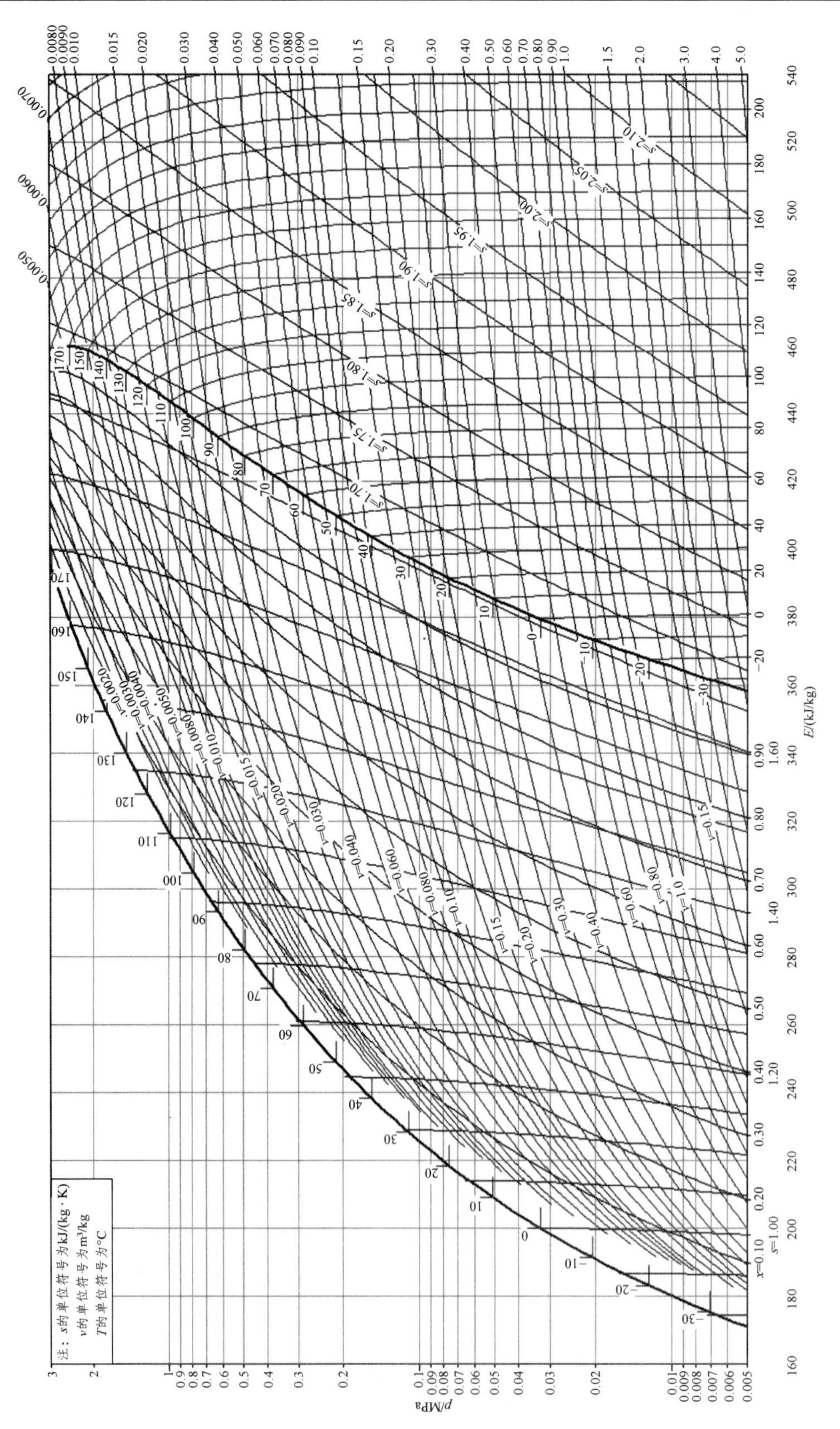

图 A-7 R123 压焓图

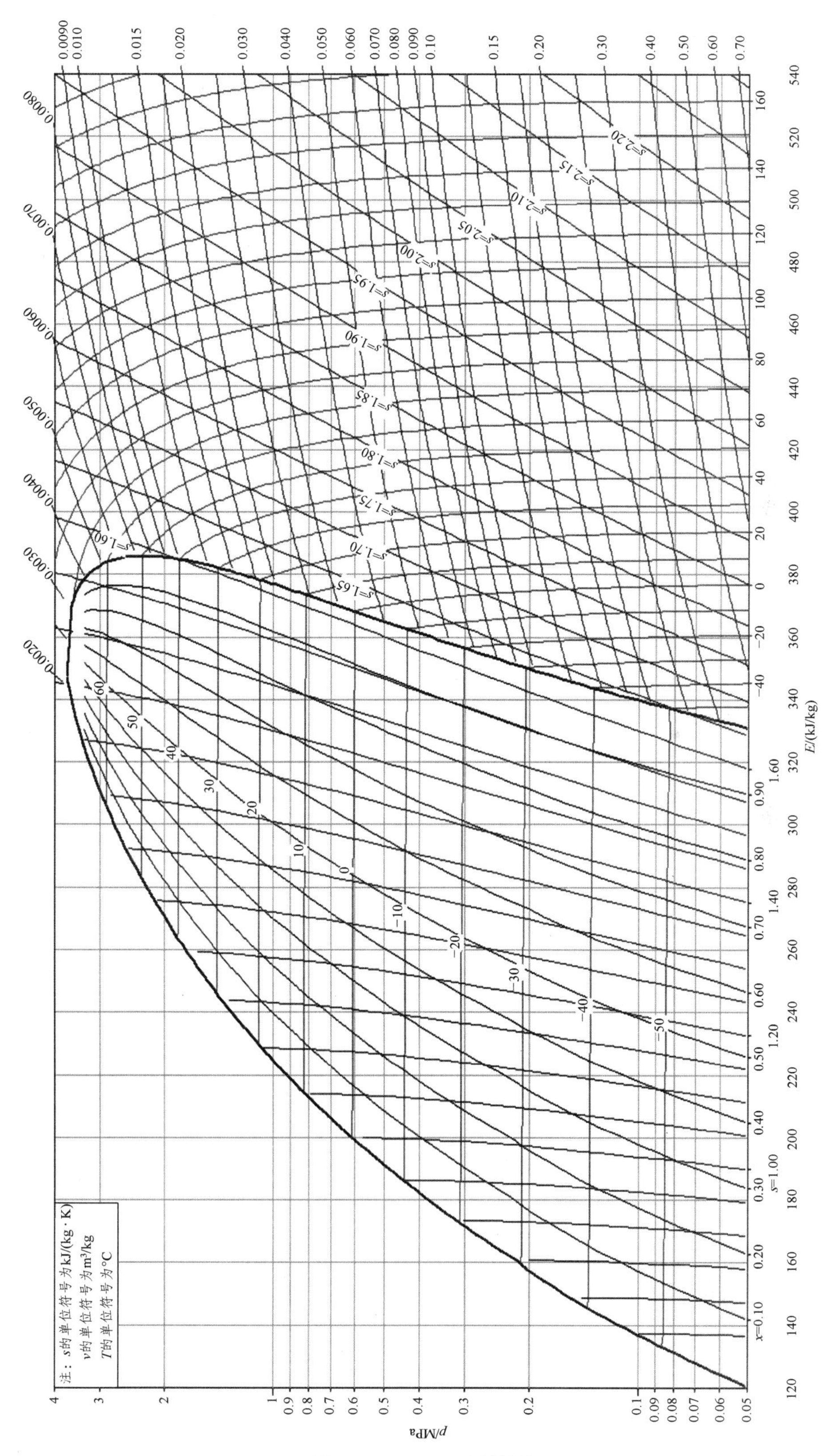

图 A-8　R404A 压焓图

附录 B 常用制冷剂热力性质表

表 B-1 NH_3 饱和热力性质表

t/ °C	压力 p/MPa	液体比体积 V' /（dm³/kg）	蒸气比体积 V'' /（m³/kg）	液体比焓 h' /（kJ/kg）	蒸气比焓 h'' /（kJ/kg）	汽化热 r /（kJ/kg）
−45	0.0547	1.437	2.002	（4.9）	1398.5	1403.4
−40	0.0719	1.449	1.549	17.6	1406.7	1389.1
−35	0.0934	1.462	1.214	40.2	1414.6	1374.4
−30	0.1198	1.476	0.961	62.8	1422.1	1359.3
−25	0.1519	1.489	0.770	83.5	1429.4	1343.9
−24	0.1591	1.492	0.737	90.1	1430.8	1340.7
−22	0.1743	1.498	0.677	99.2	1433.6	1334.4
−20	0.1906	1.504	0.622	108.3	1436.3	1328.0
−18	0.2081	1.510	0.573	117.4	1439.0	1321.6
−16	0.2269	1.515	0.528	126.6	1441.6	1315.6
−14	0.2407	1.522	0.488	135.7	1444.2	1308.5
−12	0.2684	1.528	0.451	144.9	1446.7	1301.8
−10	0.2914	1.534	0.417	154.0	1449.1	1295.1
−8	0.3158	1.540	0.387	163.2	1451.5	1288.3
−6	0.3418	1.546	0.359	172.4	1453.8	1281.4
−5	0.3555	1.550	0.346	177.0	1454.9	1277.9
0	0.4301	1.566	0.289	200.0	1460.3	1260.3
5	0.5105	1.583	0.243	223.1	1456.3	1242.2
10	0.6158	1.601	0.205	246.2	1469.8	1223.6
15	0.7293	1.620	0.174	269.5	1473.8	1204.3
20	0.8582	1.639	0.149	292.8	1477.4	1184.6
25	1.0039	1.660	0.128	316.3	1480.5	1164.2
30	1.1678	1.681	0.110	339.9	1483.0	1143.1
32	1.2388	1.690	0.104	394.4	1483.9	1134.5
34	1.3130	1.700	0.098	358.9	1484.7	1125.8
36	1.3905	1.708	0.098	368.4	1485.4	1117.0
38	1.4715	1.717	0.088	378.0	1485.0	1107.9
40	1.5559	1.727	0.083	387.6	1486.4	1098.8
45	1.7832	1.752	0.072	411.8	1487.2	1075.4
50	2.0346	1.778	0.063	436.4	1487.3	1050.9

表 B-2　R22 饱和热力性质表

t/ °C	压力 p/kPa	液体比体积 V' /（dm^3/kg）	蒸气比体积 V'' /（m^3/kg）	液体比焓 h' /（kJ/kg）	蒸气比焓 h'' /（kJ/kg）	汽化热 r /（kJ/kg）
−50	64.39	0.6952	0.32461	144.94	383.93	238.99
−48	71.28	0.6980	0.29526	147.01	384.88	237.86
−46	78.75	0.7008	0.26907	149.09	385.82	236.73
−44	86.82	0.7036	0.24564	151.19	386.76	235.57
−2	95.55	0.7064	0.22464	153.29	387.69	234.40
−40	104.95	0.7093	0.20578	155.40	388.62	233.22
−38	115.07	0.7123	0.18881	157.52	389.54	232.01
−36	125.94	0.7135	0.17351	159.66	390.45	230.79
−34	137.61	0.7183	0.15969	161.80	391.36	229.55
−32	150.11	0.7214	0.14719	163.96	392.26	228.30
−30	163.48	0.7245	0.13586	166.13	393.15	227.02
−28	177.76	0.7277	0.12588	168.31	394.03	225.72
−26	192.99	0.7309	0.11623	170.50	394.91	224.41
−24	209.22	0.7342	0.10772	172.70	395.77	223.07
−22	226.48	0.7375	0.09995	174.91	396.63	221.72
−20	244.83	0.7409	0.09286	177.13	397.48	220.34
−18	264.29	0.7443	0.08637	179.37	398.31	218.95
−16	284.93	0.7478	0.08042	181.61	399.14	217.53
−14	306.78	0.7514	0.07497	183.87	399.96	216.09
−12	329.87	0.7550	0.06996	186.14	400.77	214.63
−10	354.30	0.7587	0.06535	188.42	401.56	213.14
−8	380.06	0.7625	0.06110	190.71	402.35	211.64
−6	407.23	0.7663	0.05719	193.02	403.12	210.11
−4	435.84	0.7703	0.05357	195.33	403.88	208.55
−2	465.94	0.7742	0.05023	197.66	404.63	206.97
0	497.59	0.7783	0.04714	200.00	405.37	205.37
2	530.83	0.7825	0.04427	202.35	406.09	203.74
4	565.71	0.7867	0.04162	204.72	406.80	202.09
6	602.28	0.7910	0.03915	207.09	407.50	200.41
8	640.59	0.7905	0.03685	209.48	408.18	198.70
10	680.70	0.8000	0.03472	211.88	408.84	196.96
12	722.65	0.8046	0.03273	214.30	409.49	195.19
14	766.50	0.8094	0.03287	216.70	410.13	193.42
16	812.29	0.8142	0.02914	219.15	410.75	191.60
18	860.08	0.8192	0.02752	221.60	411.35	189.74
20	909.93	0.8243	0.02601	224.07	411.93	187.86

续表

t/ °C	压力 p/kPa	液体比体积 V' /（dm^3/kg）	蒸气比体积 V'' /（m^3/kg）	液体比焓 h' /（kJ/kg）	蒸气比焓 h'' /（kJ/kg）	汽化热 r /（kJ/kg）
22	961.89	0.8259	0.02459	226.56	412.49	185.94
24	1016.01	0.8349	0.02326	229.05	413.03	183.98
26	1072.34	0.8404	0.02201	231.57	413.56	181.99
28	1130.95	0.8461	0.02084	234.10	414.06	179.96
30	1191.88	0.8519	0.01974	236.65	414.54	177.89
32	1255.20	0.8579	0.01871	239.22	415.00	175.78
34	1320.97	0.8641	0.01774	241.80	415.43	173.63
36	1389.24	0.8705	0.01682	244.41	415.84	171.43
38	1460.06	0.8771	0.01595	247.03	416.22	169.19
40	1533.52	0.8839	0.01514	249.67	416.57	166.90
42	1609.65	0.8909	0.01437	252.34	416.89	164.55
44	1688.53	0.8983	0.01364	255.03	417.18	162.15
46	1770.23	0.9058	0.01295	257.74	417.44	159.70
48	1854.80	0.9137	0.01229	260.49	417.66	157.18
50	1942.31	0.9219	0.01167	263.25	417.85	154.60
52	2032.84	0.9304	0.01108	266.05	417.99	151.94
54	2126.46	0.9394	0.01052	268.88	418.09	149.21
56	2223.23	0.9487	0.00999	271.74	418.15	146.40
58	2323.24	0.9585	0.00948	274.64	418.15	143.51
60	2426.57	0.9687	0.00900	277.58	418.10	140.52
62	2533.29	0.9796	0.00854	280.57	417.99	137.42
64	2643.49	0.9910	0.00810	283.60	417.81	134.21
66	2757.26	1.0031	0.00768	286.68	417.56	130.88
68	2874.70	1.0161	0.00728	289.82	417.24	127.41
70	2995.90	1.0298	0.00689	293.03	416.82	123.79
72	3120.96	1.0446	0.00652	296.31	416.30	119.99
74	3250.01	1.0606	0.00616	299.69	415.67	115.98
76	3383.16	1.0780	0.00581	303.13	414.91	111.78
78	3520.54	1.0970	0.00548	306.71	414.00	107.29
80	3662.29	1.1181	0.00515	310.42	412.91	102.49
82	3808.56	1.1416	0.00483	314.29	411.60	97.31
84	3959.51	1.1684	0.00452	318.36	410.02	91.66
86	4115.35	1.1994	0.00420	322.70	408.10	85.40
88	4276.27	1.2364	0.00389	327.40	405.72	78.32
90	4442.53	1.2823	0.00357	332.60	402.67	70.07
92	4614.40	1.3436	0.00322	338.65	398.52	59.87
94	4792.22	1.4384	0.00282	346.35	392.13	45.78
96	4977.40	1.9060	0.00191	367.97	967.97	0

表 B-3 R134a 饱和热力性质表

t/ °C	压力 p/MPa	液体比体积 V' / (dm^3/kg)	蒸气比体积 V'' / (m^3/kg)	液体比焓 h' / (kJ/kg)	蒸气比焓 h'' / (kJ/kg)	汽化热 r / (kJ/kg)
−30	0.0847	0.702	0.224	161.9	379.1	217.2
−28	0.0391	0.723	0.205	164.4	380.4	216.0
−26	0.1020	0.727	0.188	166.8	381.6	214.8
−24	0.1116	0.730	0.173	169.3	382.8	213.5
−22	0.1219	0.733	0.159	171.8	384.1	212.3
−20	0.1330	0.736	0.146	174.2	385.3	211.1
−18	0.1448	0.740	0.135	176.8	396.5	209.7
−16	0.1575	0.743	0.125	179.3	387.7	208.4
−14	0.1710	0.746	0.115	181.8	388.9	207.1
−12	0.1854	0.750	0.107	184.4	390.1	205.7
−10	0.2070	0.753	0.099	187.0	391.3	204.3
−8	0.2170	0.757	0.092	189.5	392.5	203.0
−6	0.2344	0.761	0.085	192.1	393.7	201.6
−4	0.2527	0.764	0.079	194.7	394.9	200.2
−2	0.2722	0.768	0.074	197.4	396.1	198.7
0	0.2928	0.772	0.069	200.0	397.2	197.2
2	0.3146	0.776	0.064	202.7	398.4	195.7
4	0.3377	0.780	0.060	205.3	399.5	194.2
6	0.3620	0.784	0.056	208.0	400.7	192.7
8	0.3876	0.788	0.053	210.7	401.8	191.1
10	0.4146	0.793	0.049	213.4	402.9	189.5
12	0.4429	0.797	0.046	216.2	404.0	187.8
14	0.4728	0.802	0.043	218.9	405.1	186.2
16	0.5042	0.807	0.041	221.7	406.2	184.5
18	0.5371	0.811	0.038	224.5	407.3	182.8
20	0.5716	0.816	0.036	227.3	408.3	181.0
22	0.6078	0.821	0.034	230.1	909.4	179.3
24	0.6457	0.826	0.032	232.9	410.4	177.5
26	0.6853	0.831	0.030	235.7	411.5	175.8
28	0.7268	0.836	0.028	238.6	412.5	173.9
30	0.7701	0.842	0.026	241.5	413.5	172.0
32	0.8153	0.847	0.025	244.4	414.5	170.1
34	0.8625	0.853	0.024	247.3	415.4	168.1
36	0.9117	0.859	0.022	250.2	416.4	166.2
38	0.9630	0.865	0.021	253.2	417.3	164.1

续表

t/ °C	压力 p/MPa	液体比体积 V′ /（dm³/kg）	蒸气比体积 V″ /（m³/kg）	液体比焓 h′ /（kJ/kg）	蒸气比焓 h″ /（kJ/kg）	汽化热 r /（kJ/kg）
40	1.0164	0.871	0.020	256.2	418.3	162.1
42	1.0720	0.878	0.019	259.2	419.1	159.9
44	1.1299	0.885	0.018	262.2	420.0	157.8
46	1.1901	0.892	0.017	265.3	420.8	155.5
48	1.2526	0.900	0.016	268.3	421.7	153.4
50	1.3176	0.906	0.015	271.5	422.5	151.0
52	1.3851	0.914	0.014	274.6	423.2	148.6
54	1.4552	0.922	0.013	277.7	424.0	146.3
56	1.5278	0.931	0.013	280.9	424.7	143.8
58	1.6032	0.940	0.012	284.1	425.3	141.2
60	1.6813	0.949	0.011	287.4	426.0	138.6

表 B-4　R600a 饱和热力性质表

t/ °C	压力 p/kPa	液体比体积 V′ /（dm³/kg）	蒸气比体积 V″ /（m³/kg）	液体比焓 h′ /（kJ/kg）	蒸气比焓 h″ /（kJ/kg）	汽化热 r /（kJ/kg）
−40	28.76	1.6039	1.141 19	112.12	502.58	390.46
−38	31.82	1.6091	1.038 91	116.43	505.16	388.73
−36	35.14	1.6142	0.947 56	120.75	507.76	387.01
−34	38.73	1.6194	0.865 80	125.07	510.36	385.29
−32	42.60	1.6246	0.792 47	129.40	512.97	383.57
−30	46.78	1.6299	0.726 59	133.73	515.59	381.85
−28	51.27	1.6353	0.667 26	138.07	518.21	380.14
−26	56.10	1.6407	0.613 76	142.42	520.84	378.42
−24	61.28	1.6461	0.565 40	146.78	523.48	376.70
−22	66.83	1.6516	0.521 63	151.14	526.13	374.99
−20	72.77	1.6572	0.481 94	155.52	528.78	373.26
−18	79.12	1.6628	0.445 88	159.9	531.44	371.53
−16	85.89	1.6685	0.413 08	164.30	534.10	369.80
−14	93.11	1.6743	0.383 19	168.71	536.77	368.06
−12	100.79	1.6801	0.355 91	173.14	539.45	366.31
−10	108.96	1.6860	0.330 98	177.57	542.13	364.56
−8	117.63	1.6920	0.308 15	182.03	544.82	362.79
−6	126.82	1.6981	0.287 23	186.50	547.51	361.01
−4	136.56	1.7042	0.268 03	190.98	550.20	359.22
−2	146.87	1.7104	0.250 38	195.48	552.90	357.42
0	157.77	1.7168	0.234 14	200.00	555.60	355.60

续表

t/ °C	压力 p/kPa	液体比体积 V' /（dm^3/kg）	蒸气比体积 V'' /（m^3/kg）	液体比焓 h' /（kJ/kg）	蒸气比焓 h'' /（kJ/kg）	汽化热 r /（kJ/kg）
2	169.29	1.7232	0.219 17	204.54	558.31	353.77
4	181.43	1.7297	0.205 36	209.09	561.02	351.92
6	194.24	1.7363	0.192 60	213.67	563.73	350.06
8	207.72	1.7430	0.180 80	218.26	566.44	348.18
10	221.91	1.7498	0.169 88	222.88	569.16	346.28
12	236.82	1.7568	0.159 75	227.52	571.87	344.35
14	252.49	1.7639	0.150 35	232.18	574.59	342.41
16	268.93	1.7710	0.141 62	236.87	577.31	340.44
18	286.18	1.7784	0.133 50	241.58	580.03	338.45
20	304.24	1.7858	0.125 94	246.31	582.75	336.44
22	323.16	1.7935	0.118 89	251.07	585.47	334.40
24	342.95	1.8012	0.112 32	255.85	588.18	332.33
26	363.65	1.8091	0.106 18	260.67	590.90	330.23
28	385.27	1.8172	0.100 45	265.51	593.61	328.11
30	407.84	1.8255	0.095 09	270.38	596.33	325.95
32	431.39	1.8340	0.090 06	275.28	599.03	323.76
34	455.95	1.8426	0.085 36	280.20	601.74	321.53
36	481.54	1.8515	0.080 94	285.16	604.44	319.27
38	508.19	1.8605	0.076 80	290.16	607.13	316.98
40	535.93	1.8698	0.072 91	295.18	609.83	314.64
42	564.78	1.8794	0.069 25	300.24	612.51	312.27

表 B-5　R407C 饱和热力性质表

t/ °C	饱和液体压力 p_b/kPa	饱和蒸气压力 p_d/kPa	液体比体积 V' /（dm^3/kg）	蒸气比体积 V'' /（m^3/kg）	液体比焓 h' /（kJ/kg）	蒸气比焓 h'' /（kJ/kg）
−40	121.6	85.87	0.7296	0.255 100	144.4	385.8
−38	133.2	94.96	0.7330	0.232 200	147.0	387.1
−36	145.6	104.80	0.7364	0.211 700	149.6	388.4
−34	158.9	115.40	0.7399	0.193 500	152.3	389.6
−32	173.2	126.80	0.7435	0.177 100	154.9	390.9
−30	188.4	139.00	0.7471	0.162 400	157.6	392.1
−28	204.6	152.10	0.7508	0.149 200	160.3	393.4
−26	222.0	166.20	0.7546	0.137 300	163.0	394.6
−24	240.4	181.20	0.7584	0.126 600	165.7	395.9
−22	260.0	197.30	0.7623	0.116 800	168.5	397.1
−20	280.8	214.40	0.7662	0.108 000	171.3	398.3

续表

t/ °C	饱和液体压力 p_b/kPa	饱和蒸气压力 p_d/kPa	液体比体积 V' / (dm³/kg)	蒸气比体积 V'' / (m³/kg)	液体比焓 h' / (kJ/kg)	蒸气比焓 h'' / (kJ/kg)
−18	302.9	232.70	0.7703	0.099 970	174.0	399.5
−16	326.3	252.10	0.7744	0.092 670	176.9	400.8
−14	351.0	272.70	0.7786	0.086 010	179.7	402.0
−12	377.2	294.60	0.7829	0.079 920	182.5	403.2
−10	404.8	317.80	0.7872	0.074 350	185.4	404.3
−8	433.9	342.40	0.7916	0.069 250	188.3	405.5
−6	464.6	368.40	0.7962	0.064 570	191.2	406.7
−4	496.9	395.80	0.8008	0.060 260	194.1	407.8
−2	531.0	424.90	0.8055	0.056 290	197.0	409.0
0	566.7	455.50	0.8103	0.052 640	200.0	410.1
2	604.2	487.80	0.8152	0.049 260	203.0	411.2
4	643.6	521.80	0.8202	0.046 140	206.0	412.3
6	684.9	557.60	0.8253	0.043 250	209.0	413.4
8	728.2	595.30	0.8306	0.040 560	212.1	414.5
10	773.4	634.90	0.8359	0.038 080	215.1	415.6
12	820.8	676.60	0.8414	0.035 760	218.2	416.6
14	870.3	720.30	0.8470	0.033 610	221.4	417.6
16	922.0	766.20	0.8527	0.031 610	224.5	418.6
18	976.0	814.30	0.8585	0.029 730	227.7	419.6
20	1032.0	864.80	0.8645	0.027 990	230.9	420.5
22	1091.0	917.70	0.8707	0.026 360	234.1	421.5
24	1152.0	973.10	0.8770	0.024 830	237.3	422.4
26	1216.0	1031.00	0.8834	0.023 400	240.6	423.2
28	1282.0	1092.00	0.8901	0.022 060	243.9	424.1
30	1351.0	1155.00	0.8969	0.020 800	247.2	424.9
32	1422.0	1222.00	0.9039	0.019 610	250.6	425.7
34	1497.0	1291.00	0.9111	0.018 500	254.0	426.4
36	1574.0	1364.00	0.9185	0.017 460	257.4	427.1
38	1654.0	1439.00	0.9262	0.016 470	260.8	427.8
40	1737.0	1519.00	0.9340	0.015 540	264.3	428.4
42	1823.0	1601.00	0.9422	0.014 670	267.8	428.9
44	1913.0	1687.00	0.9506	0.013 840	271.4	429.5
46	2005.0	1777.00	0.9593	0.013 060	275.0	429.9
48	2101.0	1870.00	0.9683	0.012 320	278.7	430.3
50	2199.0	1968.00	0.9776	0.011 620	282.4	430.7
52	2302.0	2069.00	0.9874	0.010 960	286.1	430.9

续表

t/ °C	饱和液体压力 p_b/kPa	饱和蒸气压力 p_d/kPa	液体比体积 V' /（dm^3/kg）	蒸气比体积 V'' /（m^3/kg）	液体比焓 h' /（kJ/kg）	蒸气比焓 h'' /（kJ/kg）
54	2407.0	2175.00	0.9975	0.010 340	290.0	431.1
56	2516.0	2285.00	1.0080	0.009 742	293.9	431.3
58	2629.0	2399.00	1.0190	0.009 179	297.8	431.3
60	2745.0	2518.00	1.0310	0.008 646	301.9	431.2
62	2865.0	2641.00	1.0430	0.008 139	306.0	431.1
64	2989.0	2769.00	1.0560	0.007 659	310.3	430.9
66	3116.0	2902.00	1.0700	0.007 204	314.7	430.5
68	3247.0	3039.00	1.0850	0.006 772	319.3	430.0
70	3382.0	3181.00	1.1010	0.006 363	324.1	429.5
72	3520.0	3327.00	1.1190	0.005 977	329.2	428.8
74	3662.0	3478.00	1.1380	0.005 613	334.7	428.0
76	3808.0	3633.00	1.1600	0.005 270	340.7	427.0

表 B-6　R410A 饱和热力性质表

t/ °C	饱和液体压力 p_b/kPa	饱和蒸气压力 p_d/kPa	液体比体积 V' /（dm^3/kg）	蒸气比体积 V'' /（m^3/kg）	液体比焓 h' /（kJ/kg）	蒸气比焓 h'' /（kJ/kg）
−40	176.3	175.9	0.7545	0.141 800	141.6	407.5
−38	192.8	192.3	0.7583	0.130 300	144.4	408.4
−36	210.4	209.9	0.7623	0.119 900	147.2	409.3
−34	229.3	228.7	0.7664	0.110 400	150.0	410.2
−32	249.4	248.8	0.7705	0.101 900	152.8	411.1
−30	270.9	270.2	0.7747	0.094 140	155.6	412.0
−28	293.8	293.1	0.7790	0.087 080	158.5	412.8
−26	318.2	317.4	0.7833	0.080 650	161.4	413.7
−24	344.1	343.2	0.7878	0.074 790	164.2	414.5
−22	371.6	370.6	0.7923	0.069 430	167.1	415.3
−20	400.8	399.7	0.7970	0.064 520	170.0	416.1
−18	431.7	430.5	0.8018	0.060 030	172.9	416.9
−16	464.4	463.1	0.8066	0.055 900	175.9	417.6
−14	498.9	497.5	0.8116	0.052 110	178.8	418.4
−12	535.3	533.8	0.8167	0.048 620	181.8	419.1
−10	573.8	572.1	0.8219	0.045 400	184.8	419.8
−8	614.3	612.5	0.8273	0.042 440	187.8	420.5
−6	657.0	655.0	0.8327	0.039 690	190.8	421.1
−4	701.8	699.8	0.8384	0.037 160	193.8	421.8
−2	749.0	746.8	0.8441	0.034 810	196.9	422.4
0	798.5	796.1	0.8501	0.032 630	200.0	423.0

续表

t/ °C	饱和液体压力 p_b/kPa	饱和蒸气压力 p_d/kPa	液体比体积 V' /（dm^3/kg）	蒸气比体积 V'' /（m^3/kg）	液体比焓 h' /（kJ/kg）	蒸气比焓 h'' /（kJ/kg）
2	850.5	847.9	0.8561	0.030 610	203.1	423.5
4	905.0	902.2	0.8624	0.028 730	206.2	424.1
6	962.0	959.1	0.8688	0.026 990	209.4	424.6
8	1022.0	1019.0	0.8755	0.025 360	212.5	425.1
10	1084.0	1081.0	0.8823	0.023 840	215.7	425.5
12	1150.0	1146.0	0.0889	0.022 430	218.9	425.9
14	1218.0	1214.0	0.8966	0.021 100	222.2	426.3
16	1289.0	1285.0	0.9041	0.019 860	225.5	426.7
18	1364.0	1360.0	0.9119	0.018 710	228.8	427.0
20	1442.0	1437.0	0.9200	0.017 620	232.1	427.3
22	1522.0	1518.0	0.9283	0.016 600	235.5	427.5
24	1607.0	1602.0	0.9370	0.015 650	238.8	427.7
26	1695.0	1690.0	0.9460	0.014 750	242.3	427.9
28	1786.0	1781.0	0.9554	0.013 900	245.7	428.0
30	1881.0	1876.0	0.9652	0.013 110	249.3	428.0
32	1980.0	1974.0	0.9755	0.012 360	252.8	428.0
34	2083.0	2077.0	0.9862	0.011 650	256.4	428.0
36	2190.0	2184.0	0.9974	0.010 980	260.0	427.9
38	2301.0	2295.0	1.0090	0.010 350	263.7	427.7
40	2416.0	2410.0	1.0220	0.009 753	267.5	427.4
42	2536.0	2529.0	1.0350	0.009 187	271.3	427.1
44	2660.0	2653.0	1.0490	0.008 651	275.2	426.7
46	2789.0	2782.0	1.0640	0.008 142	279.2	426.2
48	2923.0	2915.0	1.0800	0.007 658	283.2	425.6
50	3061.0	3053.0	1.0970	0.007 198	287.4	424.9
52	3204.0	3197.0	1.1160	0.006 759	291.7	424.1
54	3353.0	3345.0	1.1370	0.006 340	296.2	423.2
56	3506.0	3499.0	1.1590	0.005 938	300.8	422.1
58	3665.0	3658.0	1.1840	0.005 550	305.6	420.9
60	3830.0	3823.0	1.2130	0.005 174	310.7	419.5
62	4000.0	3993.0	1.2460	0.004 806	316.2	417.9
64	4176.0	4170.0	1.2850	0.004 437	322.0	416.1
66	4358.0	4352.0	1.3330	0.004 055	328.5	413.8
68	4546.0	4540.0	1.3970	0.003 637	335.9	411.1
70	4740.0	4735.0	1.4950	0.003 165	346.6	408.9
72	4939.0	4935.0	1.7910	0.002 752	377.9	411.4

表 B-7　R744 饱和热力性质表

t/ °C	饱和液体压力 p_b/kPa	饱和蒸气压力 p_d/kPa	液体比体积 V' /（dm^3/kg）	蒸气比体积 V'' /（m^3/kg）	液体比焓 h' /（kJ/kg）	蒸气比焓 h'' /（kJ/kg）
−18	2096.13	0.9778	0.018 11	159.26	436.65	277.39
−16	2225.87	0.9870	0.016 99	163.61	436.40	272.80
−14	2361.38	0.9965	0.015 94	167.99	436.07	268.09
−12	2502.82	1.0064	0.014 96	172.40	435.66	263.25
−10	2650.37	1.0167	0.014 05	176.86	435.16	258.29
−8	2804.18	1.0275	0.013 19	181.37	434.56	253.19
−6	2964.43	1.0389	0.012 39	185.93	433.86	247.93
−4	3131.31	1.0508	0.011 63	190.55	433.04	242.50
−2	3304.99	1.0633	0.010 93	195.23	432.11	236.88
0	3485.67	1.0766	0.010 26	200.00	431.05	231.05
2	3673.54	1.0908	0.009 63	204.86	429.85	225.00
4	3868.79	1.1058	0.009 04	209.82	428.49	218.68
6	4071.64	1.1220	0.008 47	214.89	426.96	212.07
8	4282.29	1.1393	0.007 94	220.11	425.24	205.13
10	4500.96	1.1582	0.007 43	225.47	423.30	197.83
12	4727.91	1.1788	0.006 95	231.03	421.09	190.06
14	4963.38	1.2015	0.006 48	236.74	418.62	181.89
16	5207.67	1.2269	0.006 04	242.70	415.79	173.09
18	5461.14	1.2555	0.005 61	248.94	412.54	163.60
20	5724.18	1.2886	0.005 19	255.53	408.76	153.24
22	5997.31	1.3277	0.004 78	262.59	404.30	141.71
24	6281.16	1.3755	0.004 36	270.32	398.86	128.54
26	6576.56	1.4374	0.003 94	279.14	391.97	112.84
28	6884.55	1.5259	0.003 48	290.02	382.42	92.39
30	7206.51	1.6895	0.002 89	306.21	366.06	59.85
31.06	7383.40	2.1552	0.002 16	335.68	335.68	0

表 B-8　R23 饱和热力性质表

t/ °C	压力 p/kPa	液体比体积 V' /（dm^3/kg）	蒸气比体积 V'' /（m^3/kg）	液体比焓 h' /（kJ/kg）	蒸气比焓 h'' /（kJ/kg）	汽化热 r /（kJ/kg）
−82	101.54	0.6950	0.214 25	86.30	325.92	239.62
−80	113.83	0.6982	0.192 45	88.65	326.74	238.09
−78	127.27	0.7015	0.173 27	91.01	327.55	236.53
−76	141.95	0.7049	0.156 35	93.40	328.34	234.94
−74	157.93	0.7084	0.141 40	95.80	329.12	233.32
−72	175.28	0.7119	0.128 13	98.22	329.88	231.66

续表

t/ °C	压力 p/kPa	液体比体积 V' /（dm³/kg）	蒸气比体积 V" /（m³/kg）	液体比焓 h' /（kJ/kg）	蒸气比焓 h" /（kJ/kg）	汽化热 r /（kJ/kg）
−70	194.10	0.7156	0.116 35	100.66	330.62	229.96
−68	214.47	0.7194	0.105 85	103.12	331.35	228.22
−66	236.46	0.7232	0.096 48	105.61	332.05	226.45
−64	260.16	0.7272	0.088 10	108.12	332.75	224.63
−62	285.66	0.7313	0.080 58	110.65	333.42	222.77
−60	313.04	0.7355	0.073 82	113.20	334.07	220.87
−58	342.40	0.7399	0.067 74	115.78	334.70	218.93
−56	373.82	0.7443	0.062 25	118.38	335.32	216.94
−54	407.40	0.7489	0.057 29	121.01	335.91	214.91
−52	443.22	0.7537	0.052 81	123.65	336.48	212.83
−50	481.39	0.7586	0.048 73	126.32	337.03	210.71
−48	521.98	0.7636	0.045 03	129.02	337.56	208.54
−46	565.11	0.7688	0.041 67	131.73	338.07	206.33
−44	610.86	0.7742	0.038 59	134.47	338.55	204.08
−42	659.34	0.7798	0.035 79	137.20	339.01	201.80
−40	710.63	0.7856	0.033 23	139.98	339.44	199.46
−38	764.84	0.7915	0.030 88	142.78	339.85	197.07
−36	822.08	0.7977	0.028 72	145.59	340.23	194.63
−34	882.44	0.8041	0.026 74	148.42	340.58	192.15
−32	946.02	0.8108	0.024 92	151.28	340.90	189.62
−30	1012.94	0.8177	0.023 24	154.14	341.18	187.04
−28	1083.31	0.8248	0.021 69	157.03	341.44	184.41
−26	1157.22	0.8323	0.020 25	159.94	341.66	181.73
−24	1234.81	0.8401	0.018 92	162.86	341.85	178.99
−22	1316.18	0.8483	0.017 69	165.80	341.99	176.20
−20	1401.45	0.8568	0.016 55	168.76	342.10	173.34
−18	1490.77	0.8657	0.015 49	171.74	342.16	170.42
−16	1584.25	0.8848	0.014 50	174.74	342.17	167.43
−14	1682.03	0.8750	0.013 57	177.77	342.13	164.36
−12	1784.26	0.8951	0.012 71	180.82	342.03	161.21
−10	1891.09	0.9059	0.011 90	183.91	341.88	157.97
−8	2002.68	0.9174	0.011 15	187.03	341.65	154.62
−6	2119.19	0.9296	0.010 44	190.19	341.35	151.16
−4	2240.81	0.9425	0.009 77	193.40	340.97	147.57
−2	2367.72	0.9563	0.009 14	196.67	340.50	143.83
0	2500.14	0.9711	0.008 55	200.00	339.92	139.92

续表

t/ °C	压力 p/kPa	液体比体积 V' /（dm^3/kg）	蒸气比体积 V'' /（m^3/kg）	液体比焓 h' /（kJ/kg）	蒸气比焓 h'' /（kJ/kg）	汽化热 r /（kJ/kg）
2	2638.27	0.9869	0.007 99	203.41	339.23	135.81
4	2782.34	1.0041	0.007 45	206.92	338.40	131.47
6	2932.60	1.0227	0.006 95	210.55	337.41	126.86
8	3089.33	1.0431	0.006 46	214.32	336.24	121.91
10	3252.80	1.0657	0.006 00	218.24	334.86	116.62
12	3423.33	1.0909	0.005 55	222.39	333.20	110.81
14	3601.25	1.1194	0.005 12	226.80	331.21	104.42
16	3786.91	1.1524	0.004 70	231.54	328.80	97.26
18	3980.71	1.1916	0.004 28	236.73	325.81	89.08
20	4183.06	1.2400	0.003 86	242.55	321.98	79.44
22	4394.42	1.3043	0.003 42	249.33	316.78	67.45
24	4615.28	1.4041	0.002 92	257.97	308.79	50.83
25.9	4830.00	1.9050	0.001 91	281.32	281.32	0

表 B-9　R123 饱和热力性质表

t/ °C	压力 p/kPa	液体比体积 V' /（dm^3/kg）	蒸气比体积 V'' /（m^3/kg）	液体比焓 h' /（kJ/kg）	蒸气比焓 h'' /（kJ/kg）	汽化热 r /（kJ/kg）
−20	12.28	0.6372	1.107 84	183.13	367.66	184.53
−18	13.66	0.6390	1.003 28	184.75	368.83	184.09
−16	15.16	0.6408	0.910 17	186.38	370.01	183.63
−14	16.80	0.6427	0.827 08	188.03	371.19	183.16
−12	18.59	0.6446	0.752 82	189.70	372.38	182.68
−10	20.53	0.6465	0.686 32	191.38	373.56	182.18
−8	22.63	0.6484	0.626 67	193.07	374.75	181.68
−6	24.91	0.6503	0.573 08	194.78	375.94	181.16
−4	27.37	0.6523	0.524 86	196.50	377.13	180.62
−2	30.03	0.6543	0.481 39	198.24	378.32	180.08
0	32.90	0.6563	0.442 14	200.00	379.52	179.52
2	35.99	0.6583	0.406 66	201.77	380.72	178.95
4	39.31	0.6604	0.374 53	203.56	381.92	178.36
6	42.88	0.6625	0.345 39	205.36	383.13	177.76
8	46.71	0.6646	0.318 93	207.18	384.33	177.15
10	50.81	0.6667	0.294 86	209.02	385.54	176.52
12	55.19	0.6688	0.272 95	210.87	386.76	175.88
14	59.87	0.6710	0.252 96	212.74	387.97	175.23
16	64.87	0.6732	0.234 71	214.62	389.19	174.56
18	70.20	0.6754	0.218 02	216.52	390.40	173.88

续表

t/ °C	压力 p/kPa	液体比体积 V' /（dm^3/kg）	蒸气比体积 V'' /（m^3/kg）	液体比焓 h' /（kJ/kg）	蒸气比焓 h'' /（kJ/kg）	汽化热 r /（kJ/kg）
20	75.87	0.6777	0.202 75	218.44	391.62	173.19
22	81.89	0.6800	0.188 75	220.37	392.84	172.48
24	88.30	0.6823	0.175 89	222.31	394.07	171.75
26	95.10	0.6846	0.164 09	224.28	395.29	171.02
28	102.30	0.6870	0.153 23	226.25	396.52	170.26
30	109.93	0.6894	0.143 22	228.24	397.74	169.50
32	118.00	0.6919	0.134 00	230.25	398.97	168.72
34	126.52	0.6943	0.125 49	232.27	400.19	167.92
36	135.53	0.6968	0.117 62	234.31	401.42	167.11
38	145.02	0.6994	0.110 34	236.35	402.64	166.29
40	155.03	0.7019	0.103 61	238.42	403.87	165.45
42	165.56	0.7045	0.097 36	240.49	405.09	164.60
44	176.65	0.7072	0.091 57	242.58	406.31	163.73
46	188.30	0.7099	0.086 19	244.68	407.54	162.85
48	200.53	0.7126	0.081 19	246.79	408.75	161.96
50	213.37	0.7154	0.076 53	248.92	409.97	161.05
52	226.83	0.7182	0.072 20	251.06	411.19	160.13
54	240.94	0.7210	0.068 16	253.21	412.40	159.19
56	255.70	0.7239	0.064 39	255.36	413.61	158.24
58	271.15	0.7268	0.060 87	257.53	414.81	157.28
60	287.30	0.7298	0.057 58	259.71	416.01	156.30
62	304.17	0.7328	0.054 50	261.90	417.21	155.31
64	321.78	0.7359	0.051 62	264.10	418.40	154.30
66	340.16	0.7390	0.048 92	266.31	419.59	153.28
68	359.31	0.7422	0.046 38	268.52	420.77	152.25
70	379.27	0.7455	0.044 01	270.75	421.95	151.20
72	400.06	0.7488	0.041 78	272.98	423.12	150.14
74	421.69	0.7521	0.039 68	275.22	424.28	149.06
76	444.19	0.7555	0.037 71	277.46	425.44	147.98
78	467.57	0.7590	0.035 85	279.72	426.59	146.87
80	491.87	0.7625	0.034 10	281.98	427.73	145.76
82	517.10	0.7661	0.032 46	284.24	428.87	144.63
84	543.28	0.7698	0.030 90	286.51	429.99	143.48
86	570.43	0.7735	0.029 44	288.77	431.11	142.34
88	598.59	0.7774	0.028 05	291.05	432.22	141.17
90	627.77	0.7813	0.026 74	293.34	433.32	139.98
92	657.99	0.7852	0.025 50	295.63	434.41	138.78

附录 C　制冷工国家职业标准

1. 职业概况

1.1 职业名称：制冷工。

1.2 职业定义：操作制冷压缩机及辅助设备，使制冷剂及载冷体在生产系统中循环制冷的人员。

1.3 职业等级：本职业共设四个等级，分别为：初级（国家职业资格五级）、中级（国家职业资格四级）、高级（国家职业资格三级）、技师（国家职业资格二级）。

1.4 职业环境：室内，常温。

1.5 职业能力特征

职业能力	非常重要	重要	一般
学习能力	√		
手臂灵活性		√	
动作协调性	√		
色觉		√	
手指灵活性		√	
计算能力		√	
表达能力	√		
形体知觉			√
空间感			√

1.6 基本文化程度：初中毕业。

1.7 培训要求

1.7.1 培训期限

全日制职业学校教育，根据其培养目标和教学计划确定。晋级培训期限：初级不少于 200 标准学时，中级不少于 150 标准学时，高级不少于 150 标准学时，技师不少于 100 标准学时。

1.7.2 培训教师

培训初级、中级、高级制冷工的教师应具有本职业技师及以上职业资格证书或具有相关专业中级及以上专业技术职务任职资格；培训技师的教师应具有相关专业高级专业技术职务任职资格。

1.7.3 培训场地设备

理论培训应具有可容纳 20 名以上学员的标准教室，并配备投影仪、电视机及播放设备。技能操作培训应具有制冷系统的可操作实物教具一套。

1.8 鉴定要求

1.8.1 适用对象：从事或准备从事本职业的人员。

1.8.2 申报条件

——初级（具备以下条件之一者）

（1）经本职业初级正规培训达规定标准学时数，并取得结业证书。

（2）在本职业连续见习工作 2 年以上。

（3）本职业学徒期满。

——中级（具备以下条件之一者）

（1）取得本职业初级职业资格证书后，连续从事本职业工作 2 年以上，经本职业中级正规培训达规定标准学时数，并取得结业证书。

（2）取得本职业初级职业资格证书后，连续从事本职业工作 4 年以上。

（3）连续从事本职业工作 7 年以上。

（4）取得经劳动保障行政部门审核认定的、以中级技能为培养目标的中等以上职业学校本职业（专业）毕业证书。

——高级（具备以下条件之一者）

（1）取得本职业中级职业资格证书后，连续从事本职业工作 3 年以上，经本职业高级正规培训达规定标准学时数，并取得结业证书。

（2）取得本职业中级职业资格证书后，连续从事本职业工作 5 年以上。

（3）取得高级技工学校或经劳动保障行政部门审核认定的、以高级技能为培养目标的高等职业学校本职业（专业）毕业证书。

（4）取得本职业中级职业资格证书的大专以上本专业或相关专业毕业生，连续从事本职业工作 2 年以上。

——技师（具备以下条件之一者）

（1）取得本职业高级职业资格证书后，连续从事本职业工作 5 年以上，经本职业技师正规培训达规定标准学时数，并取得结业证书。

（2）取得本职业高级职业资格证书后，连续从事本职业工作 6 年以上。

（3）取得本职业高级职业资格证书的高级技工学校本职业（专业）毕业生，连续从事本职业工作满 2 年。

1.8.3 鉴定方式

鉴定方式分为理论知识考试和技能操作考核。理论知识考试采用闭卷笔试方式，技能操作考核采用现场实际操作方式。理论知识考试和技能操作考核均实行百分制，成绩皆达 60 分及以上者为合格。技师还需进行综合评审。

1.8.4 考评人员与考生配比

理论知识考试考评人员与考生配比为 1∶20，每个标准教室不少于 2 名考评人员；技能操作考核考评员与考生配比为 1∶5，且不少于 3 名考评员。

1.8.5 鉴定时间

理论知识考试时间不少于 90 min，技能操作考核时间不少于 120 min，综合评审时间不少于 30 min。

1.8.6 鉴定场所设备

理论知识考试在标准教室进行。技能操作考核在模拟教具或可操作实物教学系统上进行。

2. 基本要求

2.1 职业道德

2.1.1 职业道德基本知识

2.1.2 职业守则

（1）遵纪守法，爱岗敬业。

（2）努力学习，勤奋工作。

（3）严谨求实，一丝不苟。

（4）恪尽职守，不断进取。

（5）团结协作，安全生产。

2.2 基础知识

2.2.1 热工及流体力学知识

（1）工程热力学基础知识。

（2）流体力学基础知识。

（3）传热学基础知识。

2.2.2 制冷原理

（1）单级蒸气压缩式制冷循环。

（2）两级蒸气压缩式制冷循环。

（3）复叠式制冷循环。

2.2.3 制冷系统的实际流程

2.2.4 制冷系统的控制知识

（1）电工、电子学基础知识。

（2）计算机基础知识。

（3）自动控制元件知识。

（4）自控阀门知识。

2.2.5 制冷装置的安装与维修工艺知识

（1）机械常识。

（2）钳工工艺基础知识。

（3）金属材料基础知识。

（4）电、气焊操作基础知识。

（5）管道施工基础知识。

（6）安全用电知识。

2.2.6 相关法律、法规知识

（1）劳动法相关知识。

（2）中华人民共和国安全生产法相关知识。

（3）中华人民共和国国家标准冷库设计规范相关知识。

（4）氨制冷系统安装工程施工及验收规范相关知识。

（5）压力容器、压力管道及气瓶管理等相关安全生产的法规知识。

（6）中华人民共和国消防法及相关法规、规定。

3. 工作要求

本标准对初级、中级、高级和技师的技能要求依次递进，高级别涵盖低级别的要求。

3.1 初级

职业功能	工作内容	技能要求	相关知识
一、制冷压缩机、辅助设备及冷却设备启动前的准备	（一）查看交接班记录	能根据交接班记录判断制冷压缩机、辅助设备及冷却设备是否正常	1. 制冷压缩机、辅助设备及冷却设备的运行参数 2. 冷冻物的基本要求
	（二）检查仪表、电器、设备	1. 能查看相关仪表的工作参数 2. 能查看相关电器的状态 3. 能查看制冷压缩机、辅助设备及冷却设备的状态和工作参数	1. 温度、压力、液位、电压、电流及其他相关控制指示仪表的作用及识读方法 2. 制冷压缩机、辅助设备及冷却设备的工作原理 3. 安全操作规范中关于启动前检查内容的规定
	（三）确认启动方案	能理解启动方案并做好启动准备	1. 制冷系统基本原理 2. 制冷压缩机、辅助设备及冷却设备的名称、规格、型号、用途及在系统流程中的位置
二、制冷压缩机、辅助设备及冷却设备的启动	（一）确定启动程序	能确定制冷压缩机、辅助设备及冷却设备的启动程序	制冷压缩机、辅助设备及冷却设备的启动方法与程序
	（二）启动制冷压缩机、辅助设备及冷却设备	能正确启动制冷压缩机、辅助设备及冷却设备	1. 电器设备的安全要求 2. 相关安全规范
三、制冷系统的运行操作	（一）巡视与检查	1. 能进行值班巡视 2. 能处理制冷系统运行中的一般问题	1. 正常运行的参数和状态 2. 制冷压缩机、辅助设备及冷却设备的基本工作原理
	（二）记录运行参数	能正确填写运行记录	运行记录填写的规范要求
	（三）异常情况的处理	能及时发现运行中出现的异常情况并做出报告	制冷压缩机、辅助设备及冷却设备的一般故障表现
四、制冷压缩机、辅助设备及冷却设备的停机	（一）正常情况停机	能按操作程序正常停机	1. 正常停机程序 2. 异常情况停机程序 3. 制冷系统安全运行的基本要求
	（二）异常情况停机	能按异常情况处理程序停机	
五、制冷系统的交接班	交接班	1. 能正确填写交接班记录 2. 能在系统稳定运行时交接班	交接班规范

3.2 中级

职业功能	工作内容	技能要求	相关知识
一、制冷压缩机、辅助设备及冷却设备启动前的准备	（一）确定启动方案	能根据制冷系统的负荷情况，确定冷量与启动方案	1．制冷系统的工作原理 2．制冷压缩机、辅助设备及冷却设备制冷量的基本知识 3．负荷所需冷量的相关知识
	（二）查看交接班记录	1．能按交接班记录进行正常工作 2．能对一般故障进行分析并予以排除	1．分析机械故障的基本知识 2．制冷系统中控制仪器仪表的知识
二、制冷系统的运行操作	（一）制冷系统的排污及气密试验	1．能够用高压气体对制冷系统进行排污 2．能够用高压气体对制冷系统进行气密性实验 3．能填写气密性试验报告	1．安全排污知识 2．气密性试验的规范要求
	（二）充加制冷剂	1．能对制冷系统进行抽真空操作 2．能对制冷系统充加制冷剂	1．制冷剂的基本知识 2．充加制冷剂的安全操作规范
	（三）冷冻机油的更换	1．能将冷冻机油从系统中放出 2．能进行冷冻机油的加油操作	1．冷冻机油的选择方法 2．冷冻机油的更换指标 3．充加冷冻机油的操作方法
	（四）处理异常情况	1．能处理制冷压缩机异常声响、异常温度等一般异常情况 2．能处理制冷辅助设备液位过高或过低等一般异常情况 3．能处理节流阀等处管道堵塞造成的制冷系统异常	1．制冷系统的正常工作状态 2．一般性异常情况的处理方法
	（五）融霜操作	1．能对蒸发器进行融霜操作 2．能合理选择融霜时间	1．融霜对局部环境的影响 2．人工除霜、制冷剂热融霜、水融霜、电热融霜的安全操作规范
三、制冷系统的调整	（一）调整制冷系统的基本参数	能调整温度、压力等基本参数	1．制冷系统控制元件的基本知识 2．影响系统参数的相关因素
	（二）调试制冷压缩机、辅助设备及冷却设备	能对安装或维修后的制冷压缩机、辅助设备及冷却设备进行调试	1．制冷压缩机、辅助设备及冷却设备的调试方法与规范 2．运行参数的相互关系

续表

职业功能	工作内容	技能要求	相关知识
四、制冷系统的故障排除及维护保养	（一）处理正常长期停机	能对长期停机的制冷系统进行处理	长期停机制冷系统的安全处理方法
	（二）分析、处理一般性故障停机	1. 能分析一般性故障停机原因 2. 能排除一般性故障停机	1. 制冷压缩机、辅助设备及冷却设备的常见故障分析知识 2. 常见故障的排除方法
	（三）制冷压缩机、辅助设备及冷却设备的初级维护保养	1. 能对制冷压缩机、辅助设备及冷却设备进行初级维护保养 2. 能更换制冷压缩机、辅助设备及冷却设备的易损件	1. 制冷压缩机、辅助设备及冷却设备的维护保养知识 2. 专用工具、仪表的使用知识
	（四）事故处理	能对轻微湿冲程等一般性事故进行应急处理	一般性事故的引发原因及处理方法
五、制冷系统的交接班	交接班	1. 能在制冷系统正常运行时交接班，并能对运行参数进行分析 2. 能在制冷系统操作调整的状态下交接班，并能分析运行参数的变化趋势	1. 系统运行相关参数正常值的范围 2. 对相关参数的分析方法

3.3 高级

职业功能	工作内容	技能要求	相关知识
一、制冷系统的运行操作	（一）确定系统运行方案	1. 根据制冷系统负荷变化的情况制定运行方案 2. 能看懂制冷系统图	1. 制冷系统负荷需求的处理方法 2. 制冷系统图的有关知识
	（二）运行操作	能按系统运行方案进行运行操作	制冷系统中制冷压缩机、辅助设备及冷却设备的结构和原理
二、制冷系统的调整	调整制冷系统	能根据制冷系统的负荷变化调整制冷压缩机、辅助设备、冷却设备及载冷剂系统的运行状态	1. 制冷压缩机、辅助设备及冷却设备的结构原理与调整方法 2. 冷却系统的工作原理 3. 载冷剂的基本知识
三、制冷系统的故障分析及维修保养	（一）分析、处理故障	能分析和处理系统故障	1. 制冷压缩机、辅助设备及冷却设备的故障分析知识 2. 电路、电器的有关知识

续表

职业功能	工作内容	技能要求	相关知识
三、制冷系统的故障分析及维修保养	（二）事故处理	能对严重湿程及制冷剂泄漏等类事故进行应急处理	1．电气安全知识 2．易燃易爆气体处理知识 3．制冷系统事故的处理方法
	（三）制冷压缩机、辅助设备及冷却设备的维修保养	能组织制冷压缩机、辅助设备及冷却设备的维修保养	1．机械零件知识 2．机器、设备装配知识

3.4 技师

职业功能	工作内容	技能要求	相关知识
一、制冷控制系统参数的调整	（一）确定控制系统的运行参数	1．能确定系统的工作程序 2．能确定系统的运行参数	1．控制系统的工作原理 2．控制系统中仪表、器件的性能及其使用方法 3．数字电路、模拟电路基本知识
	（二）制冷系统控制仪表、器件的调整	能根据负荷变化和工况变化，调整仪表和相关器件	控制仪表和相关器件的结构原理
二、制冷系统的调整	综合调整	1.能根据负荷变化和工况变化对制冷系统进行综合调整 2．能绘制制冷系统草图	1．压焓图的应用知识 2．制冷系统图的绘制知识 3．制冷监控系统的基本知识
三、制冷系统的故障分析与处理	（一）对负荷所需温度的分析处理	能找出负荷所需温度不达标的原因并做出相应处理	冷冻、冷却工艺知识
	（二）分析、处理故障	1.能分析制冷系统中制冷压缩机、辅助设备及冷却设备的复杂故障 2．能排除复杂故障	各种制冷压缩机、辅助设备及冷却设备的原理、结构、性能相关知识
四、培训与指导	（一）培训	1．能编制培训计划和讲义 2．能对低级别制冷工进行理论培训	1．培训教学计划的编制方法 2．应用文写作知识
	（二）指导	能对低级别制冷工的操作和安全进行指导	生产实习教学的有关知识

4.比重表

4.1 理论知识

项目		初级/%	中级/%	高级/%	技师/%
基本要求	职业道德	5	5	5	5
	基础知识	25	25		
相关知识	制冷压缩机、辅助设备及冷却设备启动前的准备	10	15		
	制冷压缩机、辅助设备及冷却设备的启动	20			
	制冷系统的运行操作	10	10	25	
	制冷控制系统参数的调整				25
	制冷系统的调整		15	20	20
	制冷压缩机、辅助设备及冷却设备的停机	20			
	制冷系统的故障排除及维护保养		20		
	制冷系统的交接班	10	10		
	制冷系统的故障分析及维修保养			50	
	制冷系统的故障分析与处理				40
	培训与指导				10
合计		100	100	100	100

4.2 技能操作

项目		初级/%	中级/%	高级/%	技师/%
技能要求	制冷压缩机、辅助设备及冷却设备启动前的准备	20	30		
	制冷压缩机、辅助设备及冷却设备的启动	30			
	制冷系统的运行操作	25	15	25	
	制冷控制系统参数的调整				30
	制冷系统的调整		20	25	25
	制冷压缩机、辅助设备及冷却设备的停机	20			
	制冷系统的故障排除及维护保养		25		
	制冷系统的交接班	5	10		
	制冷系统的故障分析及维修保养			50	
	制冷系统的故障分析与处理				40
	培训与指导				5
合计		100	100	100	100

附录 D　制冷工高级理论知识复习题

一、单项选择题

1. 职业具有不断发展和世代延续的特征，职业道德具有（　　）。
   A. 职业义务　　B. 职业责任
   C. 恒定的特点　　D. 发展的历史继承性
2. 不断提高本行业的职业道德标准，是（　　）的客观要求。
   A. 个人跨行业发展　　B. 宏观调控发展
   C. 企业跨行业发展　　D. 行业自身建设和发展
3. 制冷工的主要工作内容是操作和维护（　　）及辅助设备以及由其组成的成套系统。
   A. 制冷设备　　B. 制冷装置
   C. 制冷系统　　D. 制冷压缩机
4. （　　）是从业人员自己更好地工作、生活和家庭幸福的要求。
   A. 延迟客户投诉　　B. 减缓操作速度
   C. 主动维护客户的利益　　D. 钻研业务、规范操作
5. 在生产中，（　　）就是要满足生产系统的要求。
   A. 合理报酬　　B. 国家法律
   C. 社会责任　　D. 优质服务
6. 共发射极单级放大电路是（　　）。
   A. 运算放大器　　B. 功率放大器
   C. 电流放大器　　D. 电压放大器
7. 在制冷空调机器、设备中使用最多的是（　　）联轴器。
   A. 金属弹簧式弹性　　B. 非金属弹性元件式弹性
   C. 固定式刚性　　D. 移动式刚性
8. 在 lg*p*-*h* 图上，饱和蒸气线的右边为（　　）。
   A. 过冷液体区　　B. 饱和液体区
   C. 饱和蒸气区　　D. 过热蒸气区
9. 大部分卤代烃制冷剂对（　　）有腐蚀作用。
   A. 钢及合金钢　　B. 金属材料
   C. 铜以及除磷青铜外的铜合金　　D. 镁及含镁超过 2%的铝镁合金
10. 空气等湿冷却降温的极限是（　　）。
    A. 干球温度与湿球温度之差　　B. 干球温度与露点温度之差
    C. 湿球温度　　D. 露点温度
11. VRV 系统是（　　）。
    A. 全水系统　　B. 全空气系统
    C. 空气-水系统　　D. 直接蒸发式系统

12. 开启活塞式制冷压缩机的（　　）用两个滑动轴承支承。

A. 连杆　　B. 曲轴　　C. 活塞　　D. 气阀

13. 气液分离器是用来使蒸气和氨液分离的设备，设在（　　）。

A. 压缩机排气管与冷凝器之间　　B. 冷凝器出液管与膨胀阀之间

C. 膨胀阀出液管与蒸发器之间　　D. 蒸发器与压缩机回气管之间

14. 制冷系统双位调节时的差动范围是（　　）。

A. 开机时间与停机时间之差　　B. 开机温度与停机温度之差

C. 开机时间与停机时间的比值　　D. 开机温度与停机温度的比值

15. 蒸发压力调节阀通过压缩机吸气节流，来维持（　　）相匹配。

A. 冷却水量与制冷剂量　　B. 制冷剂量与载冷剂量

C. 载冷剂量与负荷　　D. 制冷剂量与负荷

16. R502 等因（　　），作为制冷剂使用已经被禁止了。

A. 有毒　　B. 易燃

C. 易爆　　D. 会给大气环境造成很大破坏

17. 从业人员违反操作规程，造成重大事故（　　）。

A. 由生产经营单位给予批评教育

B. 由安全生产监督管理部门给予批评教育

C. 构成犯罪的，依照刑法有关规定追究刑事责任

D. 追究经济责任

18. 国家对特种设备实施安全监督检查制度，主要包括（　　）。

A. 高耗能设备淘汰制度　　B. 强制检验制度

C. “三同时”制度　　D. 召回制度

19. 停机时间超过（　　）以上属长期停机。

A. 一周　　B. 一月　　C. 三个月　　D. 半年

20. 离心式压缩机长期停用期间，（　　）时应检查油过滤器是否完好。

A. 油泵和油系统检查　　B. 润滑油运动黏度检查

C. 润滑油浊度检查　　D. 安全保护项目检查

21. 制冷机器设备长期停机时，（　　）故障隐患由灰尘或其他污垢过多所致。

A. 换热设备　　B. 管路爆裂　　C. 阀门泄漏　　D. 电气

22. 制冷机器设备长期停机时充氮保压，压力需要（　　）。

A. 3 ~ 5 MPa　　B. 300 ~ 500 kPa　　C. 30 ~ 50 kPa　　D. −100 kPa

23. 机器设备长期停用再运转前，如对冷却水系统进行试压、排污、清洗过滤器，则冷却水泵应试运行（　　）以上。

A. 10 min　　B. 1 h　　C. 2 h　　D. 5 min

24. 长期停用的制冷压缩机再次启动时，能量调节装置应处于（　　）。

A. “0”　　B. “25%”　　C. “50%”　　D. “100%”

25. 污物在热交换器内与油混合，会（　　）。

A. 形成胶状的物质，积附在热交换器中　　B. 沉积在油分离器中

C. 堵塞排气过滤器　　D. 造成冰堵

26. 排污通常用（ ）对管道、系统吹除，吹除压力为 0.6 MPa。

A. 高压水 B. 高压溶剂 C. 压力气体 D. 制冷剂

27.（ ）应结合水管路清洗进行。

A. 制冷系统清洗 B. 水系统排污

C. 制冷系统排污 D. 风系统排污

28. 制冷系统排污时，为保证安全，（ ）应用铁丝拴牢。

A. 螺钉 B. 木塞 C. 盲板 D. 丝堵

29. 制冷系统排污时，打开（ ）排污口上的木塞，使气流急剧吹出。

A. 设备底部 B. 设备中部 C. 设备上部 D. 设备侧面

30. 压力气密性试验时，充气至规定的试验压力后，在（ ）后开始记录压力表读数。

A. 6 h B. 12 h C. 18 h D. 24 h

31. 进行压力气密性试验时，应关闭制冷机组及制冷剂循环系统上（ ）。

A. 所有阀门 B. 所有与压力容器相连通的阀门

C. 所有与气瓶相连通的阀门 D. 所有与大气相连通的阀门

32. 水系统压力试验采用弹簧管压力计时，其最大量程宜为试验压力的（ ）倍

A. 1.3 ~ 1.5 B. 1.5 ~ 2.0 C. 2.0 ~ 2.5 D. 2.5 ~ 3.0

33. 钢管进行水系统压力试验时，在（ ）条件下充分浸泡后再进行水压试验。

A. 压力不大于 0.3 MPa B. 压力不小于 0.3 MPa

C. 不大于工作压力 D. 不小于工作压力

34. 制冷系统真空密封性试验时，抽真空后保持真空的时间通常为（ ）。

A. 6 h B. 12 h C. 24 h D. 48 h

35. 活塞式制冷压缩机空车（无负荷）试运转时，在相对运动部件的外部，温度不应高于室温（ ）。

A. 5 ~ 10 °C B. 10 ~ 20 °C C. 25 ~ 30 °C D. 35 ~ 50 °C

36. 活塞式制冷压缩机试运转启动前，曲轴箱压力不应超过（ ）。

A. 0.5 MPa（表压） B. 0.2 MPa（表压）

C. 0.1 MPa（表压） D. 0.01 MPa（表压）

37. 螺杆式制冷压缩机安装完毕，试车前将低压控制器的保护压力设定为（ ）。

A. 0 MPa B. 0.1 MPa C. 0.2 MPa D. 0.4 MPa

38. 离心式制冷机组试运转时，油压差应符合（ ）的要求。

A. 使用说明书 B. 最大压差 C. 最高转速 D. 0.4 MPa

39. 离心式制冷机组试运转，启动后应（ ）。

A. 开大进口导叶，并快速进入壅塞区

B. 关小进口导叶，并快速进入壅塞区

C. 逐步开启进口导叶，并快速通过喘振区

D. 逐步开启进口导叶，并缓慢通过喘振区

40. 采用（ ）制冷系统的低温试验装置，通常只能达到-40 °C 低温。

A. 单级压缩 B. 双级压缩

C. 复叠式 D. 溴化锂吸收式

41. 采用普通隔热材料的低温箱，围护结构内外侧用金属板，金属板之间填充（　　）。

A. 硬质聚氨酯泡沫塑料　　B. 真空隔热材料

C. 松散隔热材料　　D. 软质聚氨酯泡沫塑料

42. 复叠式制冷系统的两个部分用一个（　　）联系起来。

A. 冷凝蒸发器　　B. 中间冷却器

C. 回热器　　D. 联轴器

43. 复叠式制冷系统的低温部分使用（　　）。

A. 低压制冷剂　　B. 中压制冷剂

C. 低温制冷剂　　D. 中温制冷剂

44. 复叠式制冷系统低温级压缩机吸入（　　）。

A. 来自冷凝蒸发器的制冷剂气体

B. 来自蒸发器中经回热器过热的制冷剂气体

C. 来自油分离器的制冷剂气体

D. 来自冷凝器的制冷剂气体

45. 冷凝蒸发器的高温级制冷剂通道入口有（　　）。

A. 制冷剂液体分配器　　B. 制冷剂气体分配器

C. 载冷剂液体分配器　　D. 载冷剂气体分配器

46. 复叠式制冷机（　　），低温制冷剂会全部汽化。

A. 停止运行后　　B. 启动后　　C. 降温时　　D. 运行中

47. 复叠式制冷机启动时，（　　）下降到足以保证较低温度部分的冷凝压力不超过 1.6 MPa 时，再启动较低温度部分。

A. 中间温度　　B. 冷凝温度　　C. 排气温度　　D. 吸气温度

48. 低温箱的（　　）功能，可防止随意开启。

A. 温度数字显示　　B. 灯光闪烁报警　　C. 开机延时保护　　D. 安全门锁

49. 分散供冷的机械保温车上的电加热器，可用于（　　）。

A. 温度补偿　　B. 车厢内的升温　　C. 排水口防冻　　D. 精密控温

50. 冷藏汽车根据是否带制冷装置，分为（　　）。

A. 保温汽车和加冰盐保温汽车　　B. 加冰盐保温汽车和机械冷藏汽车

C. 加冰盐保温车和机械冷藏车　　D. 保温汽车和机械冷藏汽车

51. 冷藏运输船货舱（　　）。

A. 为加冰冷藏舱　　B. 包括机舱和加工舱

C. 只能一部分是冷藏舱　　D. 可以全部是冷藏舱

52. 冷藏船制冷系统（　　）的选择要考虑船体摇摆的问题。

A. 节流阀　　B. 液体管路　　C. 各热交换器　　D. 冷风机

53. 数控仪表与（　　）是配套设计的，必须配套使用。

A. 敏感元件　　B. 输入通道　　C. 显示方式　　D. 压力控制

54. 带微处理器的数字式控制仪表，借助（　　）来实现有关功能。

A. 双通道　　B. 高准确度测量　　C. 用运算放大器　　D. 软件

55. 双位调节时，冷间温度最低值即（　　）。

A. 冷间设计温度　B. 控制的温度上限
C. 控制的温度下限　D. 运行温度波动

56. 数字温度显示控制仪的（　　）是制冷系统的开停温差。
A. $\Delta t_c = t_{max} - t_{min}$　B. $\Delta t_c = t_{min} - t_{max}$
C. $\Delta t_{cs} = t_{on} - t_{off}$　D. $\Delta t_{cs} = t_{off} - t_{on}$

57. 制冷装置采用双位调节，由于有热惰性，制冷系统停机后（　　）。
A. 制冷系统开停频繁　B. 冷负荷减小而制冷量增大
C. 开停温差减小　D. 制冷温度仍有短时下降

58. 数字温度显示控制仪技术参数包括温度显示和控制范围以及（　　）。
A. 所适用的制冷剂　B. 感温工质种类
C. 三种单位制对照刻度　D. 输出触点容量

59. 采用数字式温度显示控制仪的单机多温系统，通过（　　）来控制每个负载的温度。
A. 控制压缩机的开停　B. 热力膨胀阀开度的控制
C. 蒸发器制冷剂流通和截止的控制　D. 冷凝压力的调节

60. 相对湿度控制一般仍为双位控制，控制过程的特性与（　　）相同。
A. 融霜控制　B. 库温控制　C. 变频控制　D. 流量控制

61. 液位控制器传感器的导管中排列着（　　）组成一可变电阻值。
A. 一组继电器　B. 一组干簧管和电阻
C. 电容和电阻　D. 定位圈和电阻

62. 冷凝器的（　　）是远程控制系统监控的主要参数。
A. 冷凝温度　B. 油位
C. 制冷剂干度　D. 不凝性气体

63. 在远程控制系统的（　　）可以完成打印班、日报表。
A. 数据采集装置　B. 基本控制器　C. 过程接口单元　D. 操作站

64. 远程控制系统设定参数时，风机延时时间（　　）。
A. 由延时关风机时间决定　B. 由延时开风机时间决定
C. 为设定参数　D. 为固定值

65. 自动/手动转换是远程控制系统冷间监控的（　　）。
A. 模拟输入量　B. 模拟输出量
C. 开关输入量　D. 开关输出量

66. 远程控制系统热氨冲霜控制时，风机全部关闭后（　　）。
A. 开供液电磁阀　B. 开热氨冲霜阀
C. 开回气电磁阀　D. 关供液电磁阀

67. 载冷剂是将（　　）的热量传递给制冷剂的中间介质。
A. 环境空气　B. 冷却循环水
C. 蒸发器　D. 被冷却物体

68. 可以与食品直接接触的载冷剂是（　　）。
A. 丙三醇　B. 丙二醇　C. 乙二醇　D. 甲醇

69. 蒸发温度为−85 ~ 55 °C 时，可以采用（　　）为载冷剂。

A. 氯化钙（$CaCl_2$）水溶液　　B. 氯化钠（NaCl）水溶液
C. 乙二醇　　D. 乙醇

70. 使用盐水作为载冷剂时，盐水溶液的凝固温度一般比（　　）。
A. 蒸发温度低 5 ~ 10 °C　　B. 蒸发温度高 5 ~ 10 °C
C. 共晶温度低 5 ~ 10 °C　　D. 共晶温度高 5 ~ 10 °C

71. 铬酸锂是常用于（　　）的缓蚀剂。
A. 溴化锂水溶液　　B. 氯化钠水溶液
C. 氯化钙水溶液　　D. 乙二醇水溶液

72. 铬酸锂在碱性的条件下能在铁和铜表面生成以（　　）为主要成分的保护膜。
A. 氢氧化锂　　B. 氢氧化铬　　C. 溴化锂　　D. 溴化铬

73. 制冷压缩机伸出轴和机体之间要设置（　　）装置。
A. 润滑　　B. 输气　　C. 密封　　D. 安全

74. 如轴封密封不严，会使（　　）全部漏逸。
A. 制冷剂钢瓶内的卤代烃　　B. 制冷系统内的卤代烃
C. 载冷剂系统内的卤代烃　　D. 间接冷却系统内的卤代烃

75. （　　）式轴封普遍应用小型开启式制冷压缩机中。
A. 摩擦环　　B. 波纹管　　C. 固定环　　D. 填料

76. （　　）不是摩擦环式轴封的零部件。
A. 弹簧　　B. 弹簧座　　C. 波纹管　　D. 固定环

77. 摩擦环式轴封中，动摩擦环在弹簧力作用下与固定环（　　），形成摩擦副。
A. 端面紧密接触　　B. 油槽保持间隙
C. 内圆紧密接触　　D. 外圆紧密接触

78. 波纹管式轴封的径向密封面由固定环紧压在（　　）构成。
A. 活动摩擦环外圆面上　　B. 活动摩擦环端面上
C. 活动摩擦环密封线上　　D. 活动摩擦环内圆凸台上

79. 轴封固定环采用铸铁材料时，活动摩擦环可以用（　　）材料制造。
A. 铸铁　　B. 石墨　　C. 45 号钢　　D. 20 号钢

80. 轴封研磨后摩擦表面应没有（　　）。
A. 刻痕　　B. 肉眼看到的刻痕
C. 大于 1 mm 的刻痕　　D. 环形刻痕

81. 液击时会由于曲轴箱内温度低，造成（　　）冻裂事故。
A. 油冷却管　　B. 油加热器　　C. 油过滤器　　D. 油泵

82. 气缸内的压力超过排气压力的 0.3 MPa 左右，液体从气缸内泄向高压腔，称为（　　）。
A. 湿冲程　　B. 干冲程　　C. 压缩冲程　　D. 液击

83. （　　）可以认为制冷压缩机发生了液击。
A. 吸气腔不结霜，油压上升　　B. 吸气腔不结霜，排气腔发冷或结霜
C. 气缸、曲轴箱、排气腔均发冷或结霜　　D. 吸气腔、排气腔均不发冷、无结霜

84. 如（　　）内液位超高，压缩机应保护停机以避免液击。
A. 冷风机　　B. 气液分离器　　C. 油分离器　　D. 干燥过滤器

85. 多台制冷压缩机并联（　　）时，应利用其他制冷压缩机抽取制冷剂。

A. 且系统辅助设备相互独立　　B. 且连接在不同回气总管

C. 全部发生液击　　D. 其中一台发生液击

86. 单级氨压缩机发生轻微湿行程时，查明制冷压缩机发生湿行程的原因，包括（　　）。

A. 检查高压贮液器内的液面

B. 检查油分离器内的液面

C. 检查排液桶内的液面

D. 检查氨液分离器或低压循环贮液器内的液面

87. 湿行程发生时，当油压低于（　　），无法调整上去时须停机。

A. 0.3 MPa　　B. 0.2 MPa　　C. 0.1 MPa　　D. 0.05 MPa

88. 处理氨双级压缩机的高压级液击时，待机体表面霜层融化，可缓慢开启（　　）。

A. 高压级吸气阀　　B. 高压级排气阀　　C. 进、排油阀　　D. 旁通阀

89. 液击时（　　）会造成卤代烃压缩机吸气阀片断裂。

A. 吸气中带有较多液体，产生的低温　　B. 排气中带有较多液体，产生的低温

C. 吸气中带有较多液体，产生的冲击　　D. 排气中带有较多液体，产生的冲击

90. 为防止奔油，活塞式卤代烃制冷压缩机应装（　　）。

A. 排气止回阀　　B. 排气油过滤器

C. 油冷却器　　D. 曲轴箱油加热器

91. 低压循环贮液器液位过高时，（　　）加大向蒸发器的供液。

A. 开大回气阀，启动备用氨泵　　B. 关小节流阀，备用停机

C. 关闭节流阀，启动备用氨泵　　D. 关闭节流阀，备用氨泵停机

92. 中间冷却器液位过高时，就失去（　　）的作用，严重时制冷剂液体会进入高压级压缩机，造成液击。

A. 气液分离　　B. 循环贮液

C. 净正吸入压头　　D. 液体循环倍率

93. 由于油的密度大于氨液的密度，若蒸发器中存油过多会形成油柱，造成（　　）中的制冷剂无法通过蒸发器。

A. 氨泵系统　　B. 直接蒸发系统

C. 强制供液系统　　D. 重力供液系统

94. 卤代烃制冷系统的低压侧因泄漏出现负压，渗入的水分会与（　　）发生化学反应，生成腐蚀性化合物。

A. 润滑油　　B. 空气　　C. 载冷剂　　D. 制冷剂

95. 管路防潮层和防腐涂料破坏后，（　　）会使管路、容器存在锈蚀。

A. 润滑油　　B. 制冷剂　　C. 干空气　　D. 水分

96. 制冷系统运行时，测量压缩机电机的（　　），与额定电流相比较，较低则表明可能有泄漏。

A. 启动电流　　B. 运行电流　　C. 堵转电流　　D. 泄漏电流

97. 为预防制冷剂泄漏事故，应定期检查（　　）的腐蚀情况。

A. 水冷却塔表面　　B. 制冷设备、管道钢铁表面

C. 循环水泵和管道　　D. 盐水池壁面

98. 为防止压力急剧升高造成制冷剂泄漏事故，决不能（　　）。

A. 关闭气体管道流出端的阀门

B. 关闭充满气体的管道两端的阀门

C. 关闭满液的液体管道流出端的阀门

D. 同时关闭满液的液体管道两端的阀门

99. 处理泄漏事故时，（　　）应有必要的个人安全防护措施。

A. 管理人员　　B. 被撤离人员

C. 围观人员　　D. 现场处置人员

100. 发生氨泄漏时，如有可能，尽快隔离泄漏点（　　）。

A. 保护压缩机　　B. 防止液击

C. 减少制冷剂泄漏量　　D. 减少冷却水用量

101. 当制冷系统情况紧急时，可将紧急泄氨器的水阀和（　　）打开排出氨。

A. 排气阀　　B. 节流阀　　C. 安全阀　　D. 液氨排出阀

102. 零部件的规格型号是反映其性质、性能、品质的一系列指标，一般由一组字母和（　　）组成。

A. 算式　　B. 公式　　C. 数字　　D. 编号

103. 制冷设备使用维护时应准确详尽掌握设备及其零部件的（　　）、规格型号等参数，才能够保证零部件归类准确、统计清晰、便于管理、更换正确，进而保障设备安全可靠地运行。

A. 质保期　　B. 出厂编号　　C. 价格　　D. 品名

104. 对于活塞式制冷压缩机的连杆，应常备的备品备件主要有（　　）与连杆小头衬套。

A. 活塞销　　B. 连杆螺栓

C. 砂纸　　D. 连杆大头轴瓦

105. 在制冷设备维护及零部件更换过程中，装配精度要求严格。装配精度主要包括：零部件间的尺寸精度、相对运动精度、相互位置精度和接触精度。零部件间的尺寸精度包括配合精度和（　　）精度。

A. 形状　　B. 组合　　C. 加工　　D. 距离

106. 零部件的损坏原因主要有（　　），疲劳失效，老化，腐蚀，制造及装配质量差，操作、维护不当等。

A. 磨损　　B. 风化　　C. 人为破坏　　D. 氧化

107.（　　）指在设备正常运转过程中容易损坏失效，使用寿命较短，经常需要更换的或在规定期限内必须更换的零件或部件。

A. 附件　　B. 备件　　C. 专用件　　D. 易损件

108. 拆卸制冷压缩机前必须做好安全防护工作，应保证作业场所整洁、通风良好、照明充足，配备适用足够的（　　），配齐救护用品，熟悉应急预案并落实各项防范措施。

A. 运输工具　　B. 消防器材　　C. 监控设施　　D. 计量器具

109. 拆卸制冷压缩机应尽量采用（　　）的或选用合适的工具和设备。

A. 进口　　B. 专用　　C. 国产　　D. 自制

110. 位于轴端的带轮、链轮、齿轮以及轴承等零件，不可用（　　）法拆卸。

A. 拉卸　　B. 顶压　　C. 击卸　　D. 温差法

111. 键连接拆卸时，常采用浸润（　　）的方法来帮助拆卸，由于它渗透性强，进入连接面后，可使金属接触面间的摩擦力减小，并可将阻塞在接触面间的尘垢溶化，便于松动拆卸。

A. 机油　　B. 酸液　　C. 煤油　　D. 碱液

112. 成组螺纹连接件拆卸时，首先将各螺纹件拧松 1 ~ 2 圈，然后按照一定的顺序，先四周后中间按（　　）方向逐一拆卸，以免力量集中到最后一个螺纹件，造成难以拆卸或零部件的变形和损坏。

A. 对角线　　B. 平行线　　C. 顺时针　　D. 逆时针

113. 拆卸尺寸较大的轴承或过盈配合件时，为了使轴和轴承免受损害，可利用（　　）的方法来拆卸。

A. 冷冻　　B. 浸油　　C. 加热　　D. 锤击

114. 小型制冷压缩机的机体，一般将气缸体和曲轴箱铸成一体，称为气缸体曲轴箱结构，这种结构可提高整个机体的（　　），使用寿命长。

A. 刚度　　B. 硬度　　C. 耐腐蚀性　　D. 紧凑性

115. 以下叙述错误的是（　　）。

A. 筒形结构的活塞组主要由筒形活塞、活塞销、活塞环（气环和油环）、弹簧挡圈等零件组成

B. 筒形活塞通常由顶部、环部、裙部和活塞销座四部分组成

C. 中小型高速多缸压缩机的活塞上，一般装有 1 ~ 3 道气环和 1 道油环

D. 气环和油环如果不出现折断现象，不必拆卸更换

116. 制冷压缩机常用的阀片主要有环片阀和（　　）。

A. 止逆阀　　B. 截止阀　　C. 安全阀　　D. 簧片阀

117. 如图所示的工具是（　　）。

A. 塞尺　　B. 直尺　　C. 千分尺　　D. 游标卡尺

118. 活塞与气缸之间的间隙用（　　）测量，要从气缸面上、中、下三个部位测量。

A. 钢尺　　B. 游标卡尺　　C. 塞尺　　D. 内卡钳

119. 更换新的活塞环时（　　）。

A. 不必检查调整间隙

B. 只检查调整锁口间隙

C. 对各项间隙进行检查，不符合技术要求的应调整

D. 只要规格型号相同即可

120. 金属零件与周围介质产生化学或电化学反应造成表面材料损耗、表面质量破坏、内

部晶体损伤导致零件失效的现象称为（　　）。

A. 变形　　B. 断裂　　C. 腐蚀损伤　　D. 磨损

121.（　　）是指由于劳动生产率的提高，引起的设备价值损失，又叫精神损耗。

A. 有形磨损　　B. 正常磨损　　C. 闲置磨损　　D. 无形磨损

122. 腐蚀磨损是一种极为复杂的磨损过程，（　　）不易发生腐蚀磨损。

A. 高温环境　　B. 酸、碱、盐环境

C. 潮湿环境　　D. 常温干燥环境

123. 设备正常磨损阶段的磨损量与（　　）成正比。

A. 设备运行时间　　B. 设备闲置时间

C. 设备购置时间　　D. 设备承受冲击力

124. 以下零件必须更换的是（　　）。

A. 阀片表面击伤　　B. 活塞环磨损

C. 压缩机的主要承力件发现裂纹　　D. 主轴磨损

125. 零件修复后，必须恢复零件原有的技术要求，如零件的尺寸公差、形位公差、表面粗糙度、硬度等，即满足零件修复的（　　）要求。

A. 安全性　　B. 准确性　　C. 可靠性　　D. 经济性

126. 常用的无损检测方法主要有磁粉法、渗透法、超声波法和（　　）等。

A. 测距法　　B. 检视法　　C. 射线法　　D. 测量法

127. 零件的检验内容分修前检验、修后检验和（　　）。

A. 修中检验　　B. 装配检验　　C. 拆卸检验　　D. 综合检验

128.（　　）是一个或几个合件与若干个零件的组合，在结构与装拆上有一定独立性，但不具有完整功能。

A. 部件　　B. 组件　　C. 零件　　D. 合件

129.（　　）装配就是将若干个零件、组件安装在另一个基础零件上而构成部件的过程。

A. 部件　　B. 组件　　C. 零件　　D. 合件

130.（　　）是相对运动的零部件间在运动方向和相对速度上的精度。

A. 尺寸精度　　B. 相互位置精度　　C. 相对运动精度　　D. 配合精度

131. 校正零部件的位置精度、调整运动副间的间隙属于装配工作的（　　）环节。

A. 清洗　　B. 连接

C. 调整　　D. 检验、试验

132. 建立尺寸链的正确步骤是（　　）。

A. 找出封闭环即装配精度→查找组成环→建立尺寸链→判别组成环的性质

B. 找出封闭环即装配精度→建立尺寸链→查找组成环→判别组成环的性质

C. 建立尺寸链→找出封闭环即装配精度→查找组成环→判别组成环的性质

D. 判别组成环的性质→查找组成环→建立尺寸链→找出封闭环即装配精度

133. 若封闭环的实际尺寸已小于所要求的封闭环的最小尺寸，则修配环再进行修配，只能使封闭环的尺寸（　　）。

A. 更大　　B. 更小　　C. 不变　　D. 不存在

134. 制定装配工艺规程不需考虑（　　）。

A. 零部件装配顺序和方法　　B. 装配所需的工具和设备
C. 检验工具　　D. 零部件价格

135. 松键连接应用广泛，以下做法不符合松键装配要求的是（　　）。
A. 清除键和键槽的毛刺　　B. 检查键槽对轴线的对称度和平行度
C. 检查键侧直线度　　D. 配合面应打毛，以加大摩擦力

136. 如图所示是（　　）气缸盖。
A. 整体式风冷却　　B. 可拆式水冷却
C. 整体式水冷却　　D. 可拆式风冷却

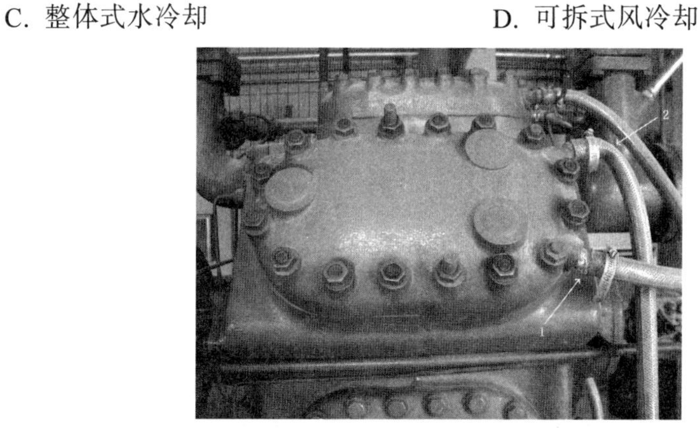

137. 对于水垢，以下表述错误的是（　　）。
A. 降低换热效率
B. 增大设备的运行成本
C. 缩短设备的使用寿命
D. 在金属表面形成保护层，减缓金属腐蚀速度

138. 以下叙述正确的是（　　）。
A. 酸洗后，可以防止传热面上形成水垢
B. 碱洗后，可以防止传热面上形成水垢
C. 机械清洗后，可以防止传热面上形成水垢
D. 定期清理、清洗除垢，能保持换热器的传热效率

139. 以下叙述错误的是（　　）。
A. 交换树脂吸附能力强，能将游离在水中的钙、镁离子吸附，从而使给水硬度达到合格标准
B. 所有的热交换器都适合用软化水
C. 水经电磁场处理后，可暂时消除碳酸钙的结晶附壁能力
D. 应降低补充冷却水的碳酸盐硬度

140. 酸洗结束后，应进行（　　）。
A. 酸液浸泡　　B. 水冲洗　　C. 通风干燥　　D. 碱洗

141. 水的导热性能和比热容与空气相比（　　）。
A. 高　　B. 低　　C. 一样　　D. 或高或低

142. 按被冷却对象的不同，蒸发器可分为冷却固体、冷却液体和（　　）等种类。
A. 卧式　　B. 立管　　C. 冷却气体　　D. 螺旋管式

143. 壳管式冷凝器的进出水温差（　　）控制；操作管理方便。

A. 不能　　B. 不易　　C. 容易　　D. 很难

144. 下图所示是（　　）冷凝器的结构。

A. 套管式　　B. 板式　　C. 蒸发式　　D. 壳管式

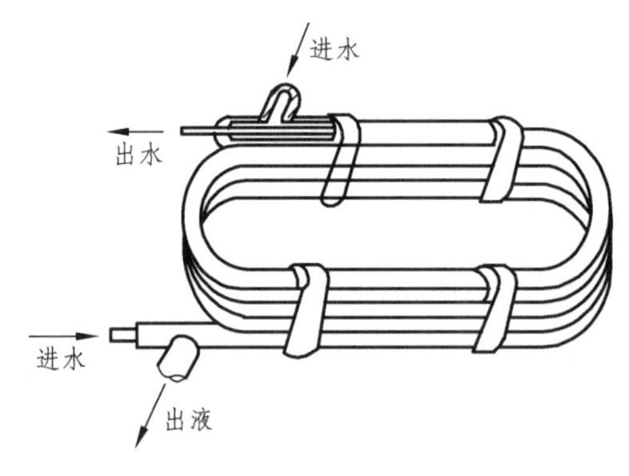

145. 下图所示是（　　）冷凝器的结构。

A. 套管式　　B. 板式　　C. 蒸发式　　D. 壳管式

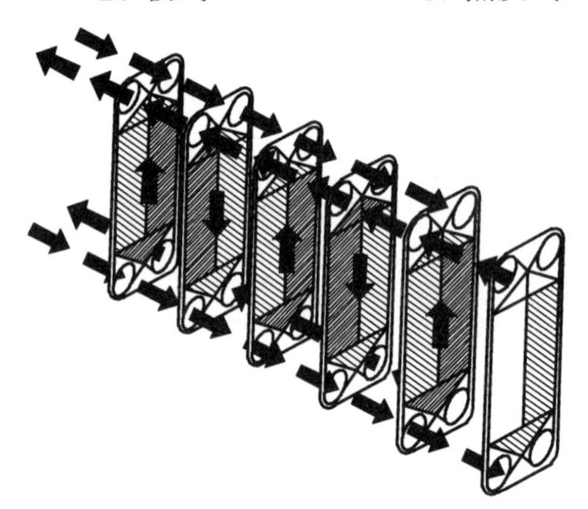

146.（　　）集水冷壳管式冷凝器、冷却塔、循环水泵、水池、连接水管道为一体，采用上、下箱组装方式，结构紧凑、占地小、质量轻、接管少、安装方便快捷。

A. 蒸发式冷凝器　　B. 板式冷凝器

C. 壳管式冷凝器　　D. 套管式冷凝器

147. 下图所示是（　　）。

A. 卧式壳管式蒸发器　　B. 螺旋管式蒸发器

C. 立管式蒸发器　　D. 干式氟利昂蒸发器

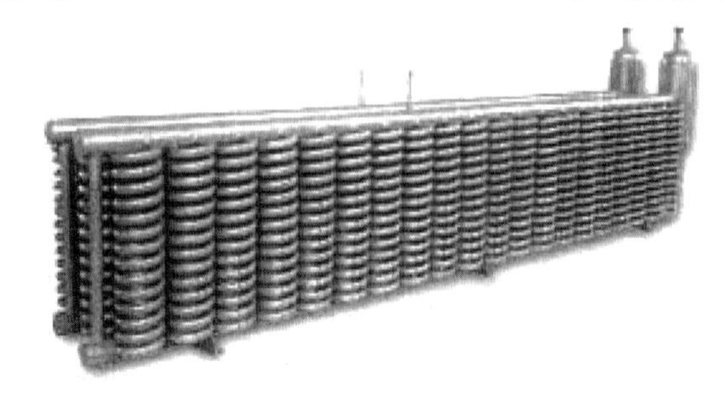

148. 如图所示是（　　）。

A. 螺旋管　B. 顶排管　C. 搁架排管　D. 墙排管

149. 换热器中水垢的主要成分是（　　）。

A. $CaCO_3$　B. $Mg(OH)_2$　C. $CaSiO_3$　D. $CaSO_4$

150. 在正常使用的循环冷却水中加入（　　），可降低金属表面氧化速率，抑制藻类、菌类滋长，延缓水垢生成。

A. 水质稳定剂　B. 酸　C. 碱　D. 缓蚀剂

151. 制冷设备检修前应准备好消防器材、（　　）、橡皮手套、通风机及急救药品等防护用品。

A. 应急预案　B. 相关材料　C. 工具　D. 防毒面具

152. 冷凝器检修时需先抽取制冷剂，如果需要氨罐或氨瓶盛装，加氨站与氨罐或氨瓶之间应用（　　）连接。

A. 低压橡皮管　B. 高压橡皮管　C. 有缝钢管　D. 铜管

153. 从制冷系统中把卤代烃制冷剂取出，以下表述正确的是（　　）。

A. 从压缩机排气阀多用通道处取出，制冷剂是高压蒸气的形态

B. 从压缩机排气阀多用通道处取出，制冷剂是高压液体的形态

C. 从高压贮液桶（或冷凝器）出液阀的多用通道处取出，制冷剂是低压液体的形态

D. 从高压贮液桶（或冷凝器）出液阀的多用通道处取出，制冷剂是高压蒸气的形态

154. 胀管形式的冷凝器修复管子，一般采用（　　）的方法修复。

A. 电焊　B. 换新管子胀装　C. 气焊　D. 堵管

155. 卤素灯检漏时如发现火焰呈深绿色或蓝色说明泄漏严重，为查明漏点，可用（　　）进一步检漏。

A. 酚酞试纸　B. 电子检漏仪　C. 石蕊试纸　D. 肥皂水

156. 氨蒸发器泄漏时（　　）。

A. 产生臭鸡蛋气味　B. 无味

C. 产生刺激性气味　D. 无法发现

157. 如果卤代烃制冷系统蒸发器管路内表面有（　　），很容易引起蒸发器阻塞。

A. 润滑油　B. 制冷剂不蒸发　C. 机械杂质　D. 液囊

158. 当冷却排管局部锈蚀处出现针状小孔时，如果不能停产修理，可暂时用（　　）漏点。

A. 管卡垫胶皮堵住　　B. 用铜焊焊补

C. 用银焊焊补　　D. 用锡焊焊补

159. 在检查管道锈蚀程度时，可将锈蚀严重的管子除锈后，用（　　）测量管子外径。

A. 钢尺　　B. 卷尺　　C. 游标卡尺　　D. 直尺

160.（　　）在氨味较大的环境中焊接裂纹或漏点。

A. 禁止　　B. 可以　　C. 必须　　D. 应该

二、判断题

161.（　　）纪律既是法律又是道德行为规范。

162.（　　）职业道德是用来调节从业人员与企业的劳务关系，以及从业人员与其服务对象之间的关系。

163.（　　）制冷工的工作目的是使制冷剂及载冷体在制冷系统中循环制冷。

164.（　　）职业技能水平是从业人员爱岗敬业的标志。

165.（　　）规章制度是法律法规的组成部分。

166.（　　）在制冷空调装置的各种热传递过程中，辐射换热起主要作用。

167.（　　）饱和温度上升，饱和压力则下降。

168.（　　）在电阻并联电路中，各电阻的电流相等。

169.（　　）焊条电弧焊引弧方法有直击法和划擦法两种。

170.（　　）在卧式壳管式冷凝器中，制冷剂蒸气在垂直管内凝结。

171.（　　）热力膨胀阀的感温包应垂直放置或头部向上安装。

172.（　　）进入氨制冷系统的润滑油并不会增加系统功耗。

173.（　　）压力气密性试验中，补漏操作时系统维持试验压力，防止外部空气进入。

174.（　　）加冰保温车排出的盐水会腐蚀钢轨。

175.（　　）通用位式控制的温度显示控制仪，用于库温双位控制时，上、下限继电器与压缩机电机直接连接。

176.（　　）远程控制系统的机房与设备间控制，开关输入量不包括自动/手动选择。

177.（　　）密度计是根据制冷原理制成的仪器。

178.（　　）重铬酸钠水溶液的质量分数可以取 90%。

179.（　　）轴封检（校）漏时，应保持曲轴静止。

180.（　　）冷凝器出液阀开启过大易引起液击。

181.（　　）如复叠式制冷机无膨胀容器，停止运行后压力通常会高于系统设备和管路的极限承压值。

182.（　　）加冰保温车利用制冷剂的蒸发来吸收车厢内及外部传入的热量。

183.（　　）远程控制系统热氨冲霜控制时，先关热氨冲霜阀，后关冲霜水阀。

184.（　　）在载冷剂中，氯化钠与氯化钙不能混用。

185.（　　）载冷剂密度随温度的降低而减小。

186.（　　）利用密度计测量溶液的密度，不必经过换算。

187.（　　）制冷压缩机轴封用来封闭制冷剂气体。

188.（　　）铸铁制成轴封的固定环必须与铸铁制活动摩擦环配合使用。

189.（　　）轴封装配时，橡胶圈箍得太紧，则轴封的密封效果差。

190.（　　）只要把吸气阀一关，液击响声就会逐渐消失。

191.（　　）压缩机吸气温度和排气温度升高，即可使压缩机恢复正常工作。

192.（　　）奔油是由于润滑油与制冷剂互溶造成的。

193.（　　）奔油会造成活塞式氨压缩机油压下降。

194.（　　）冷却水进入曲轴箱和油路，是造成奔油的原因之一。

195.（　　）直接供液系统回气管道上也会存在气囊。

196.（　　）液囊不会影响强制供液的冷风机。

197.（　　）为防止蒸发器不进液，在氨泵启动前，需对氨泵放气。

198.（　　）卤代烃制冷系统中制冷剂不足，会造成蒸发器进液不足。

199.（　　）如节流阀开启度过小，应更换此节流阀。

200.（　　）检查、清洗润滑系统及三通阀，检查卸载装置是否良好不属于压缩机中修工作内容。

附录E 中级制冷工职业技能鉴定模拟试卷

职业技能鉴定国家题库
制冷工中级操作技能考核试卷（笔答部分）

试题1、简述检查电动机温升的操作流程。

试题2、简述检查制冷压缩机加载情况的操作准备、操作步骤及注意事项。

试题3、简述清洗油过滤器的操作准备、操作步骤及注意事项。

制冷工中级理论知识试卷

一、单项选择题（第1～80题，选择一个正确答案，将相应的字母涂入答题卡中。每题1分，满分80分。）

1.（　　）是一种职业规范，受社会普遍的认可。

A. 职业标准　B. 职业技能　C. 职业道德　D. 职业知识

2. 制冷系统一旦泄漏就会引起（　　）、中毒等事故，对公众和从业人员的安全有一定威胁。

A. 超压或超温　B. 超压和超温　C. 燃烧或爆炸　D. 堵塞或超温

3. 气体或液体物质所占有的容积与它自身质量的比值称为该物质的（　　）。

A. 容量　B. 比体积　C. 比密度　D. 比重度

4. 带电微粒的定向移动就是（　　）。

A. 电流　B. 电阻　C. 电压　D. 电位

5.（　　）是螺纹连接的防松措施之一。

A. 用平垫圈　B. 用斜垫圈　C. 用密封垫片　D. 用弹簧垫圈

6. 焊炬和割炬在与乙炔胶管接通之前，必须检查（　　）。

A. 带出丙酮　B. 射吸性能　C. 气体压力　D. 气体温度

7.（　　）必须具有双重绝缘结构。

A. 台钻　B. 砂轮机　C. 型材切割机　D. 手持电动工具

8. 单位制冷量与（　　）的比值称为单位容积制冷量。

A. 节流之前制冷剂比体积　B. 节流之后制冷剂比体积

C. 压缩机排气状态下制冷剂比体积　D. 压缩机吸入状态下制冷剂比体积

9. 滚动转子式压缩机（　　）。

A. 机壳承受低压，电机定子绕组承受高温

B. 机壳承受高压，电机定子绕组承受高温

C. 机壳承受低压，电机定子绕组由吸气冷却

D. 机壳承受高压，电机定子绕组由吸气冷却

10. 进入空气分离器的混合气体来自于（　　）。

A. 油分离器　　B. 冷凝器　　C. 高压贮液器　　D. 气液分离器

11. 从业人员对事故隐患，有权向（　　）报告或者举报。

A. 特种设备主管部门　　B. 质量监督检验部门

C. 人力资源和社会保障部门　　D. 安全生产监督管理部门

12. 放冷却物体的进货量、进库温度、出库温度、比热容、冷却时间都会对制冷系统的冷负荷产生影响，一般地说，（　　）。

A. 进货量越小，制冷系统冷负荷越大

B. 进库温度越高，制冷系统冷负荷越大

C. 出库温度越高制冷系统冷负荷越大

D. 被冷却物体的比热容越小制冷系统冷负荷越大

13，对于水冷冷凝器，在冷却水进水温度、出水温度一定时，（　　），冷凝器的换热效果越好。

A. 冷却水量越小　　B. 冷却水量越大

C. 冷冻水量越小　　D. 冷冻水量越大

14. 活塞式制冷压缩机采用顶开吸气阀片的办法来调节输气量，当吸气阀片密封面在吸气阀片（　　）时，需将吸气阀片向上顶开来调节输气量。

A. 上面　　B. 下面　　C. 左面　　D. 右面

15. 如图所示，滑阀调节能量调节机构减载时，（　　）。

A. 电磁阀 a 和 c 开启，电磁阀 b 和 d 关闭

B. 电磁阀 a 和 c 关闭，电磁阀 b 和 d 开启

C. 电磁阀 a 和 b 开启，电磁阀 c 和 d 关闭

D. 电磁阀 a 和 b 关闭，电磁阀 c 和 d 开启

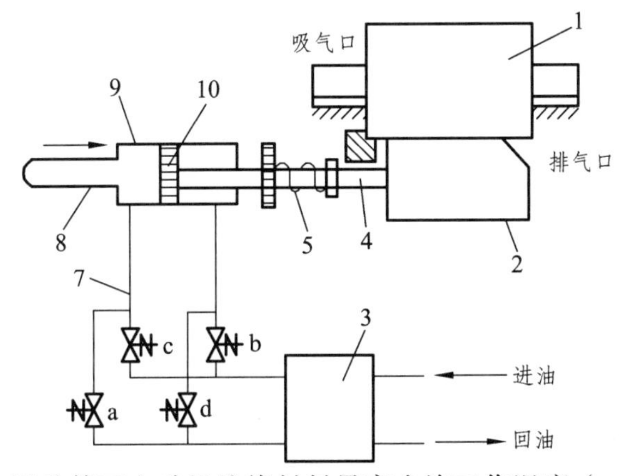

16. 电动机的允许温升等于电动机绝缘材料最高允许工作温度（　　）环境温度。

A. 减去　　B. 加上　　C. 乘以　　D. 除以

17. 不会造成三相电动机过热的是（　　）。

A. 电动机的风扇损坏或未装　　B. 防护式电机风道堵塞

C. 加脂量为轴承空间的 60%　　D. 电动机工作环境温度为 35 °C

18. 指针式万用表上的符号“≈”表示（　　）。

A. 直流　　B. 交流　　C. 非直流非交流　　D. 交流和直流共用

19. 在测量电阻之前，应对指针式万用表先进行（ ）。

A. 电压调零 B. 机械调零 C. 欧姆调零 D. 电流调零

20. 下列说法不正确的是（ ）。

A. 在使用万用表过程中，不能用手去接触表笔的金属部分

B. 在使用万用表测量电流时，如需换挡，应先断开表笔，换挡后再进行测量

C. 万用表在使用时应避免外界磁场的影响

D. 万用表若长期不使用，不必将其内部的电池取出，以方便紧急情况下使用

21. 选量程为 500 mA，当指针指示在满刻度为 250 的刻度盘上的 150 处时，测量值是（ ）。

A. 150 mA B. 250 mA C. 300 mA D. 350 mA

22. 一个 R22 制冷系统正常运行时的蒸发压力为 280 kPa，若其蒸发压力长时间维持在（ ）kPa，则通常表明制冷系统制冷剂不足。

A. 350 B. 380 C. 180 D. 320

23. 一个 R134a 制冷系统正常运行时压缩机的电流为 35 A，若压缩机的运行电流长时间维持在（ ）A，则通常表明制冷系统制冷剂不足。

A. 42 B. 40 C. 38 D. 30

24. 下列说法错误的是（ ）。

A. 制冷剂的钢瓶必须严格遵守《气瓶安全监察规程》的规定

B. 盛装不同制冷剂的钢瓶，其耐压要求是一样的

C. 制冷剂钢瓶不可用高压储液器代替

D. 制冷剂钢瓶必须每三年检验一次，检验合格后打上钢印方可使用

25. 下列说法错误的是（ ）。

A. 制冷剂钢瓶与暖气片的距离不得小于 1 m

B. 制冷剂钢瓶充装完成后，应认真填写充装记录，其内容有充装日期，氨瓶编号等

C. 制冷剂钢瓶的瓶阀冻结时，可用火烘烤进行解冻

D. 制冷剂钢瓶的瓶阀冻结时，可把钢瓶移到较暖的地方解冻

26. 对于制冷剂钢瓶仓库的要求，下列说法错误的是（ ）。

A. 取暖设备必须采用水暖或气暖，不能有明火

B. 门窗应向外开

C. 周围 5 m 内不得存放易燃物品和进行明火作业

D. 仓库内的温度不得高于 35 °C

27. 一个制冷系统正常运行时的冷凝压力为 1.6 MPa，若其冷凝压力长时间维持在（ ）MPa，则通常表明制冷系统制冷剂过多。

A. 1.2 B. 1.3 C. 1.4 D. 1.8

28. 虽然新型 HFC 类制冷剂（R134a、R404A 等）不会破坏（ ），但它们仍属于温室气体，因此不允许直接把它排放到大气中。

A. 平流层 B. 对流层 C. 臭氮层 D. 臭氧层

29. 下列说法错误的是（ ）。

A. 制冷剂回收机使用的软管长度不宜超过 0.9 m

B. 当制冷剂回收机长时间不使用时，应彻底抽空并用干燥的氮气净化处理

C. 在回收制冷剂前，必须先将空罐抽真空至-0.1 MPa

D. 当回收罐压力低于 1.5 MPa 时，应采用回收罐冷却降温操作

30. 氨库房发生漏氨事故时，若库内氨气较浓，可用 10% ~ 15%（　　）溶液喷露中和。

A. 硫酸　　B. 盐酸　　C. 醋酸　　D. 乳酸

31.制冷压缩机与设备发生爆炸事故，应紧急停机，切断（　　）总电源。

A. 压缩机　　B. 机房　　C. 冷凝器　　D. 库房

32. 油压调节阀实质上是一种（　　）。

A. 压差阀　　B. 截止阀　　C. 单向阀　　D. 旁通阀

33. 油压差控制器上的试验按钮的是用于（　　）。

A. 手动复位　　B. 测试延时机构的可靠性

C. 自动复位　　D. 测试油压

34. 通过调整空气阻尼式时间继电器上的调节螺钉可调整其（　　）。

A. 通电时间　　B. 延时时间

C. 反力弹簧的弹力　　D. 塔形弹簧的弹力

35. 制冷压缩机的（　）通常不得超过 70 °C。

A. 吸气温度　　B. 油温　　C. 排气温度　　D. 冷凝温度

36. WTZK-50 型温度控制器的温包是把感受到的被测温度变化转换为（　　）变化，最后转换为位移信号。

A. 电压　　B. 电流　　C. 压力　　D. 速度

37. WTZK-12 型温度控制器的幅差为（　　）°C。

A. 2　　B. 5　　C. 8　　D. 2 ~ 8

38. 手动节流阀的开启度一股不超过（　　）圈。

A. 1/4　　B. 1　　C. 2　　D. 3

39.某高低压控制器的高压设定值为 2.0 MPa，若要将高压设定值调整为 2.2 MPa，则正确的操作为（　　）。

A. 逆时针方向转动高压压差调节螺杆

B. 顺时针方向转动高压压差调节螺杆

C. 顺时针方向转动高压调节螺杆

D. 逆时针方向转动高压调节螺杆

40. 电子式温度继电器的主要功能不包括（　　）。

A. 化霜滴水时间　　B. 报警延时

C. 湿度控制　　D. 化霜终止

41. 自动化制冷装置中的被控参数不包括（　　）。

A. 排气温度　　B. 油压

C. 供电频率　　D. 蒸发器冷却风扇的开停

42. 抽空停机的氟利昂自动化制冷系统，库温温度控制器控制（　　）。

A. 液管电磁阀　　B. 气路电磁阀

C. 制冷压缩机　　D. 冷库蒸发器

43. 带有能量调节装置的活塞式制冷压缩机油泵供油压力润滑系统中，曲轴箱中的润滑油通过粗滤油器被油泵吸入，提高压力后经过（　　）被送至各个部位。

A. 粗滤油器　　B. 细滤油器　　C. 干燥器　　D. 干燥过滤器

44. 带有输气量调节装置的压力润滑系统中的油压差通常不大于（　　）MPa。

A. 0.15　　B. 0.2　　C. 0.25　　D. 0.3

45. 油泵齿轮磨损严重会使油压（　　）。

A. 过高　　B. 过低　　C. 不变　　D. 不确定

46. 活塞撞击阀板是指活塞到达（　　）时撞击阀板。

A. 靠上 1/4 点　　B. 中间点　　C. 下止点　　D. 上止点

47. 制冷压缩机“液击”时，曲轴箱内积存大量的湿蒸气，使（　　）明显下降，润滑条件恶化。

A. 低压　　B. 高压　　C. 供液压力　　D. 油压

48. 判断制冷剂进入气缸引起的“液击”故障，主要从排气温度的（　　）来判断。

A. 缓慢下降后上升　　B. 缓慢上升　　C. 急剧下降　　D. 急剧上升

49. 制冷压缩机出现尖叫声，可能的原因是制冷压缩机（　　）。

A. 缺油　　B. 缺制冷剂　　C. 开机　　D. 停机

50. 进行电路检查前，检查人员必须了解和熟悉所检查电路中的各个电气元件的电气参数，并熟悉（　　）。

A. 电气原理图　　B. 电气接线图

C. 制冷系统原理图　　D. 制冷系统轴测图

51. 当电路呈（　　）状态时，整个电路既无电压，也无电流。

A. 断路　　B. 短路　　C. 短接　　D. 过电流

52. 电路发生（　　）的瞬间，电路中电流忽然增大。

A. 欠压　　B. 欠流　　C. 断路　　D. 短路

53.（　　）易出现短路故障。

A. 空气开关规格过小　　B. 空气开关规格过大

C. 线路绝缘被破坏　　D. 线径过大

54. 交流接触器的（　　）的作用是带动触点的闭合与断开。

A. 杠杆系统　　B. 触点系统　　C. 灭弧系统　　D. 电磁系统

55. 交流接触器的灭弧系统的作用是减小电弧对（　　）的损伤。

A. 释放弹簧　　B. 缓冲弹簧　　C. 主触点　　D. 辅助触点

56. 交流接触器的触点损坏多发生于（　　）。

A. 主触点　　B. 常开辅助触点　　C. 常闭辅助触点　　D. 不确定

57. 在冷却塔下部的水池中可能用到的加热器为（　　）。

A. 冷却水加热器　　B. 融霜加热器　　C. 融霜水管加热器　　D. 门加热器

58. 油过滤器安装在（　　）系统管路上。

A. 制冷剂　　B. 冷却水　　C. 冷冻水　　D. 润滑油

59. 按干燥剂能否更换，干燥过滤器可分为（　　）。

A. 法兰式和焊接式　　B. 纳子式和焊接式

C. 整体式和法兰式　　D. 整体式和焊接式

60. 干燥过滤器中的（　　）易造成冰塞故障。

A. 过滤网堵塞　　B. 过滤网破损　　C. 干燥剂破碎　　D. 干燥剂失效

61. 截止阀的作用是（　　）。

A. 节流制冷剂　　B. 对制冷剂降压

C. 接通和切断制冷剂的流动　　D. 调节制冷剂的流量

62.（　　）的阀芯为平头，调节时流通截面变化很大。

A. 单向阀　　B. 截止阀　　C. 浮球阀　　D. 球阀

63.（　　）起阻断制冷剂反向流动的保护作用。

A. 截止阀　　B. 止回阀　　C. 压差阀　　D. 膨胀阀

64. 制冷压缩机运行时，若其曲轴箱上有一个视油镜，正常油位的最高水平通常为视油镜的（　　）。

A. 1/8　　B. 1/4　　C. 1/2　　D. 3/4

65. 旋片式真空泵的旋片分为（　　）部分。

A. 2　　B. 3　　C. 4　　D. 5

66. 低压单侧抽真空常用于（　　）制冷系统的抽真空。

A. 氨　　B. 小型　　C. 中型　　D. 大型

67. 氨制冷系统抽真空试验要求系统内剩余绝对压力小于（　　）kPa 时，保持 24 h，系统内压力无变化为合格。

A. 5.3　　B. 6.3　　C. 7.3　　D. 83

68. 中小型制冷压缩机的金属网式粗油过滤器通常采用（　　）cm^2 左右的过滤网。

A. 5　　B. 10　　C. 15　　D. 20

69. 凸缘联轴器的轴通过（　　）与半联轴器连接。

A. 键槽　　B. 键　　C. 螺栓　　D. 螺钉

70. 外形最大直径为 170 mm 的梅花形弹性联轴器装配时，其两轴线倾斜的允许偏差为（　　）。

A. 0.2/1000　　B. 0.5/1000　　C. 1.0/1000　　D. 1.5/1000

71. 转子油泵的两个转子（　　）。

A. 向不同方面转动，转速相等　　B. 向不同方面转动，转速不相等

C. 向同一方面转动，转速相等　　D. 向同一方面转动，转速不相等

72. 外啮合齿轮油泵工作时，最后残存于由啮合齿面所形成的封闭空间中的润滑油通过卸压槽泄向（　　），从而避免了强力的压机。

A. 吸油腔　　B. 偏心套　　C. 月牙体　　D. 排油腔

73. 月牙形齿轮油泵的（　　）把吸油腔和排油腔隔开。

A. 偏心套　　B. 内齿轮　　C. 外齿轮　　D. 月牙体

74. 壳管式油冷却器往往只在（　　）制冷系统中使用。

A. 空冷型　　B. 蒸发冷型　　C. 直接蒸发型　　D. 水冷型

75. 酸洗除垢法清洗油冷却器时，用酸洗液除垢后，应使用 1% 的氢氧化钠溶液或 5%的（　　）溶液循环清洗 15 min。

A. 醋酸　　B. 碳酸钙　　C. 碳酸钠　　D. 硝酸

76. 电动机直接启动的启动级数为（　　）。

A. 4　　B. 3　　C. 2　　D. 1

77. 电动机晶闸管启动的启动级数为（　　）。

A. 5　　B. 4　　C. 3　　D. 连续无级

78. 固态继电器是用半导体器件代替传统电接点作为切换装置的具有（　　）特性的无触点开关器件。

A. 接触器　　B. 继电器　　C. 熔断器　　D. 启动器

79. 制冷工程中所用隔热层的作用是（　　）。

A. 增大被冷却空间的冷负荷　　B. 减小围护结构的保温性能

C. 增大制冷管道的冷量损失　　D. 防止低压制冷管道结露结霜

80. 用作制冷工程隔热材料的聚苯乙烯泡沫塑料，其质量吸水率的要求为不超过（　　）%。

A. 2　　B. 1.5　　C. 1　　D. 0.75

二、判断题（第 81～100 题。将判断结果入答题卡。正确的涂“A”，错误的涂“B”每题 1 分，满分 20 分。）

81.（　　）职业道德没有任何强制性。

82.（　　）制冷工的主要工作内容是安装和修理制冷压缩机及辅助设备、由制冷压缩机及辅助设备组成的成套系统。

83.（　　）规章制度是法律法规的组成部分。

84.（　　）没有温差就不能传热。

85.（　　）电功率的大小与电路中的电压 U 和电流 I 以及通电时间 t 有关。

86.（　　）在 $\lg p$-h 图中共有等压线和等比焓线两种等参数线簇。

87.（　　）对于一台现有的压缩机，输气系数仅与蒸发温度有关。

88.（　　）溴化锂水溶液无色、无味、有毒。

89.（　　）交流电对人的伤害低于直流电。

90.（　　）制冷工可以进行压力容器补焊。

91.（　　）制冷系统报废时，直接将制冷系统丢弃于垃圾场即可。

92.（　　）油压差控制器动作后，当油压恢复正常时油压差控制器自动复位。

93.（　　）WTZK-50 型温度控制器的幅差调节旋钮上分 0～10 格的刻度，每格代表 1 °C。

94.（　　）高低压控制器的高压控制部分动作后，当高压压力下降至保护值时，高压控制部分即能让压缩机开机。

95.（　　）半封闭式制冷压缩机曲轴箱中的油温通常不得高于 75 °C。

96.（　　）油加热器只用于加热制冷压缩机曲轴箱内的润滑油。

97.（　　）止回阀的弹簧压紧一些，阀关闭较严，但同时要求开启压降增大，流经止回阀的压力损失增大。

98.（　　）按电机功率将 2ZX 系列真空泵划分成不同的规格。

99.（　　）与轴流风机相比，离心风机的风压较高，但风量较小。

100.（　　）用作制冷工程隔热材料的硬质聚氨酯泡沫塑料，其导热系数应≥ 0.024 W/(m·K)。